Abriß
der
Geologie von Bayern r. d. Rh.
in sechs Abteilungen.

Abteilung IV:

Geologische Darstellung des schwäbisch-fränkischen Juras, seines triadischen Vorlandes und des südlich angrenzenden Molasse-Gebietes.

Bearbeitet von

Lothar Reuter,

mit Beiträgen von

Axel Schmidt, Mattheus Schuster und **Heinrich Laubmann.**

Zugleich Erläuterungen zu Blatt IV der Geologischen Übersichtskarte von Bayern r. d. Rh. 1:250000.
Herausgegeben von der Gesellschaft für Bayerische Landeskunde mit Unterstützung der Geologischen Landesuntersuchung von Bayern, bearbeitet von Dr. Matth. Schuster.

München 1927.
Verlag von R. Oldenbourg und Piloty & Loehle.

H. Thürach gewidmet.

Inhaltsverzeichnis.

Seite

Einleitung 1

A. Der bayerische Anteil des Gebietes (L. Reuter) . . . . . 1—132

I. Allgemeine Übersicht . . . . . 1—4

II. Formationsbeschreibung . . . . . 4—132

Das Grundgebirge . . . . . 4—8

Das Variskische Gebirge und das Vindelizische Land . . . . . 5—8

Geologische Geschichte des Vindelizischen Gebirges . . . 7—8

Das Deckgebirge (Mesozoikum und Tertiär) . . . . . 9—115

Der Muschelkalk . . . . . 9—19

Das Muschelkalk- und Lettenkeuper-Gebiet in der Umgebung von Rothenburg o/T. und Crailsheim . . . . . 13—19

Die tieferen Schichten des Hauptmuschelkalks bei Rothenburg 18—19

Der Keuper . . . . . 19—45

Der Lettenkeuper = Unterer Keuper . . . . . 19—22

Der fränkische Bunte Keuper . . . . . 23—45

Übersicht über den fränkischen Keuper (von oben nach unten) 27—42

Oberer Keuper oder Rät . . . . . 27—31

Mittlerer Keuper, obere Abteilung = Sandsteinkeuper . . . . 31—36

untere Abteilung = Gipskeuper . . . . . 37—42

Das Rät als Grenzschicht zwischen Keuper und Jura . . . . 43—46

Der Jura . . . . . 46—91

Gesamtübersicht über die fränkischen Jura-Schichten . . . 47

Der schwarze Jura (Lias) . . . . . 49—60

Einteilung der Schwarzjura-(Lias-)Schichten in Franken . . 51

Unterer Lias (Alpha bis Gamma) . . . . . 52—54

Mittlerer Lias (Delta) 54

Oberer Lias (Epsilon bis Zeta) . . . . . 54—55

Die Stufen des fränkischen Lias und ihre morphologische Bedeutung . . . . . 57—59

Die Grenze zwischen Lias und Dogger . . . . . 59—60

Der Braune Jura (Dogger) . . . . . 60—71

Einteilung der Braunjura-(Dogger-)Schichten in Franken . 61

Opalinus-Ton . . . . . 62—64

Eisensandstein . . . . . 64—67

Der Obere Braune Jura . . . . . 67—71

Das Callovien . . . . . 69—71

Seite

Der Weiße Jura (Malm) . . . . 71—92
Einteilung der Weiß-Jura-Formation im südlichen Frankenjura 72—73
Unterer grauer Mergelkalk . . . . 74—75
Werkkalk . . . . 75—76
Oberer grauer Mergelkalk . . . . 76—77
Treuchtlinger Marmor . . . . 77—78
Massenformation . . . . 79—81
Stufe des Plattenkalkes und der oberen Schichtkalke . 82—91
Die Formationslücke zwischen Weiß-Jura- und Kreide-Schichten 91
Die Kreide-Formation . . . . 92—95
Das Cenoman zwischen Altmühl und Donau 92
Einteilung der fränkischen Kreide-Formation 93
Die Kreide-Formation im Neumarkter Jura 94
Das Tertiär . . . . 95—115
I. Die tertiären Ablagerungen im fränkischen Jura- und Keupergebiet 95—98
Der Tertiärkalk im Ries . . . . 96—97
Tertiärer Süßwasserkalk in Mittelfranken . . . . 97—98
II. Die tertiären Ablagerungen zwischen Donauwörth und Ulm . . 98—104
Das Oberoligozän . . . . 99—101
Das Miozän . . . . 101—104
Pliozäne Quarzschotter 104
III. Das Tertiär südlich der Donau . . . . 104—105
Die Unterlage der Flinzschichten am südlichen Donau-Talrand 105
Die obermiozäne Süßwassermolasse 105
IV. Vulkanische Bildungen . . . . 106—115
Das Nördlinger Ries (M. Schuster) . . . . 106—112
Zeit der Rieskatastrophe und Verbreitung des Ries-Schuttes (L. Reuter) 113
Das Quartär . . . . 115—125
Diluvium und Alluvium in Mittelfranken 115
Die Diluvialflächen im Jura-Vorland und das mittelfränkische Nadelwald-Gebiet . . . . 116—118
Diluvium und Alluvium südlich der Donau . . . . 118—120
Die Donauniederung 120
Die Moorgebiete . . . . 122—125
Das Dachauer und Erdinger Moos . . . . 122—123
Die Talmoore der Donau und ihrer Zuflüsse . . . . . 123—125

III. Tektonik . . . . 125—126

IV. Morphologie und Morphogenie . . . . 126—130
Die Stufenlandschaft 128
Die Flüsse und ihre Geschichte 129

V. Nutzbare Bodenschätze . . . . 130—133

Anhang: Minerallagerstätten (H. Laubmann) 133

Seite

B. Der württembergische Anteil des Gebietes. (A. SCHMIDT) . . . 134

I. Allgemeine Übersicht . . . 134—139

II. Formationsbeschreibung . . . 139—154

Mesozoische Bildungen . . . 139—151

Die Trias . . . 139—146

A. Der Buntsandstein . . . 139—140

B. Der Muschelkalk . . . 140—143

1. Der Untere Muschelkalk oder Wellenkalk . . . 141—142

2. Der Mittlere Muschelkalk oder das Anhydritgebirge . . . 142

3. Der Obere Muschelkalk oder Hauptmuschelkalk . . . 142—143

C. Der Keuper . . . 143—146

1. Der Untere Keuper oder die Lettenkohle (Lettenkeuper, Kohlenkeuper) . . . 143—144

2. Der Mittlere oder Bunte Keuper . . . 144—145

3. Der Obere Keuper oder das Rät . . . 145—146

Der Jura . . . 146—151

A. Der Lias, Untere oder Schwarze Jura . . . 146—148

1. Der untere Lias oder Lias α und β . . . 147

2. Der mittlere Lias oder Lias γ und δ . . . 147

3. Der obere Lias oder Lias ε und ζ . . . 147—148

B. Der Dogger, Mittlere oder Braune Jura . . . 148—149

1. Der untere Dogger oder Braun-Jura α und β . . . 148

2. Der mittlere Dogger oder Braun-Jura γ und δ . . . 148—149

3. Der obere Dogger oder Braun-Jura ε und ζ . . . 149

C. Der Malm, Obere oder Weiße Jura . . . 149—151

1. Der untere Weiße Jura oder Weiß-α und β . . . 149

2. Der mittlere Weiße Jura oder Weiß-γ und δ . . . 150

3. Der obere Weiße Jura oder Weiß-ε und ζ . . . 150—151

Känozoische Bildungen . . . 151—155

Das Tertiär . . . 151—154

A. Schichtbildungen . . . 151—152

B. Vulkanische Bildungen . . . 152—153

1. Das Urach-Kirchheimer Vulkangebiet . . . 152—153

2. Das Steinheimer Becken . . . 153

3. Das Ries . . . 153

Das Quartär . . . 154

A. Das Diluvium . . . 154

B. Das Alluvium . . . 154

III. Tektonik . . . 154—155

IV. Technisch nutzbare Mineralien und Gesteine . . . 155—156

Ortsverzeichnis:

A. Bayerischer Anteil . . . 157—163

B. Württembergischer Anteil . . . 164—166

Einleitung.

Die Abteilung IV des Abrisses der Geologie von Bayern r. d. Rh. bringt die geologische Darstellung des Gebietes, das im Norden durch den Breitengrad von Nürnberg, im Westen von dem Längengrad von Tübingen begrenzt wird, während die östliche Grenze etwa durch den Längengrad von Riedenburg an der Altmühl gegeben ist. Im Süden findet es an dem Breitengrad sein Ende, der südlich von Laupheim, Illertissen, Krumbach zwischen Dachau und Fürstenfeldbruck durchzieht.

Das zu besprechende Gebiet umfaßt zu beinahe gleichen Teilen einen bayerischen und einen württembergischen Anteil, beide in orographischer und geologischer Hinsicht bedeutungsvoll und zum Teil wesentlich verschieden voneinander entwickelt.

Diese Verschiedenheit der beiden Gebietshälften verlangte eine getrennte Besprechung durch einen bayerischen und einen württembergischen Geologen.[1])

A. Der bayerische Anteil des Gebietes.

Von Landesgeologen **Dr. Lothar Reuter.**

I. Allgemeine Übersicht.

Abteilung IV vom vorliegenden „Abriß der Geologie von Bayern" umfaßt den größten Teil des schwäbisch-fränkischen Landes. Die Donau durchzieht in breiter Ebene und trennt das Ganze in zwei natürliche Hauptmassen und zwar in mehrfacher Art. Zunächst zeigt sich in geologischer Hinsicht nördlich der Donau das Jura- und Triasgebiet, südlich der Donau das Tertiär- und Diluvial-Gebiet. Der Unterschied im geologischen Bau macht sich weiterhin geltend in morphologischer Hinsicht im Landschaftsbild: der Norden ist ausgesprochene Schichtstufenlandschaft, der Süden zeigt teils wellige Hügel (Tertiär-Hügelland), teils terrassierte Schotterfelder.

Diese geologisch-morphologischen Gegensätze machen sich weiterhin bemerkbar in verschiedenartigen Vegetationsdecken und schließlich haben sich allen diesen natürlichen Verschiedenheiten nördlich und südlich der Donau die Bewohner in ihrer Beschäftigung, Siedlung und Lebensart anzupassen gesucht, wodurch die mannigfaltige Differenzierung entstanden ist, die W. H. Riehl so anschaulich in seinem Werk „Land und Leute" geschildert hat.[2])

Der geologische Charakter. Das hier zu behandelnde Gebiet ist hinsichtlich seiner geologischen Entwicklungsgeschichte ein Teil des großen germanischen Sen-

[1]) Die sprachlichen Erklärungen der Fachausdrücke, die zwischen den Fußnoten stehen, wurden durch den Herausgeber eingeschaltet.

[2]) W. H. Riehl, Land und Leute (Verlag Cotta-Stuttgart, 9. Aufl. 1894), Abschnitt VI.

kungsraumes. Er umfaßt ein weites Gebiet von Mitteleuropa, das zur Zeit des Mesozoikums[1]) von variskischen[2]) Gebirgszügen umgeben war und sich langsam, aber dauernd senkte. Auch die Gebirgsumrahmung war nicht ruhig, ihr Boden senkte oder hob sich bald hier bald dort, während der umschlossene Senkungsraum immer tiefer hinabgedrückt wurde. So kam es bald zu Meereseinbrüchen, bald zum Abschluß vom Meer und zur Verdunstung der abgeschnürten Meeresbuchten. Deshalb mußte in den Ablagerungen, die sich im Senkungsraum anhäuften, ein wiederholter Fazieswechsel[3]) eintreten. Auf marine Sedimente folgten limnische[4]) und aride,[5]) die ihrerseits wiederum durch marine überdeckt wurden.

Im allgemeinen darf man annehmen, daß die buntfarbigen roten Ablagerungen und die ausgebleichten verfestigten Sandmassen unter aridem Klima entstanden sind, daß die grauen und dunkelgrauen tonigen Sedimentschichten limnische Bildungen sind, und daß die Kalkgesteine, namentlich die hellfarbenen und weißen Kalkmassen ferne vom Land, am Meeresboden abgelagert wurden.

Betrachtet man hiernach sowie nach dem Fossilinhalt die Gesteine des fränkisch-schwäbischen Senkungsraumes, so ergibt sich für den Buntsandstein und die größte Masse des Keupers festländische Bildung unter aridem Klima. Der Muschelkalk verdankt seine Entstehung vorübergehendem Meereseinbruch. Der Jura läßt das langsam eindringende Meer und in der Folge langandauernde Verbindung mit dem Ozean erkennen.

Die in der Kreidezeit einsetzende alpine Gebirgsbildung unterbricht diese Vorgänge. Der Senkungsraum wird endgültig gegen Süden hin abgeschlossen. Die mächtigen Tertiärmassen südlich der Donau füllen den letzten Rest des süddeutschen Senkungsraumes auf. Es entsteht eine Strandebene, die breiter und breiter wird. Auf ihr graben die von den Alpen kommenden Flüsse ihre Furchen ein. Das süddeutsche Stromnetz der Donau entsteht. Während des Diluviums wird die Tertiärlandschaft zum Teil und wiederholt unter Diluvialschutt begraben. Die folgende Talbildung hat diesen Schutt im Bereiche der Täler teilweise wieder entfernt und die vielfach zerlappten Terrassenfelder zurückgelassen, namentlich zwischen Iller und Lech.

Das hydrographische Netz des Bereiches gehört der Hauptsache nach zum Donaugebiet, der kleinere Teil zum Rheingebiet. Die Wasserscheide verläuft in vielfach gewundenem Lauf von der Rauhen Alb im Südwesten zur Frankenhöhe zwischen Rothenburg und Ansbach. Ostwärts davon macht dann das rheinische Gewässernetz mit Hilfe der Rezat nochmals einen weiten Vorstoß ins Donaugebiet.

Im Abschnitt über die Morphogenie des Gebietes wird gezeigt werden, daß ursprünglich die Donau allein das ganze Gebiet beherrschte, daß es ihr aber nach und nach durch das Vordringen der rheinischen Gewässer verkleinert wurde. Denn die

[1]) Das Mesozoikum oder Mittelalter der Erde umfaßt Trias, Jura und Kreide, (mesos, gr. = mittel, zoon = Lebewesen).

[2]) Erklärung des Begriffes „Variskisch" s. S. 5 Anm. 4.

[3]) Fazies nennt man die verschiedenartige Beschaffenheit gleichaltriger Gesteine, (facies, lat. = Aussehen).

[4]) Limnische Sedimente nennt man die Ablagerungen, die (im Gegensatz zu marinen) auf Kontinenten in größeren oder kleineren Seebecken oder in Sümpfen entstanden sind, (limne, gr. = Sumpf).

[5]) Aride Sedimente sind auf dem Festland unter Wüstenklima entstanden (aridus, lat. = trocken).

süddeutschen Gewässer fanden seit der älteren Tertiärzeit im Rheintal eine nähere und wesentlich tiefer gelegene Vorflut (Erosionsbasis), als sie das verhältnismäßig hoch liegende Donautal bot, besonders nachdem der Rhein am Ende der Miozänzeit[1]) das rheinische Schiefergebirge durchbrochen und damit die nächste Verbindung mit dem Meere hergestellt hatte.

So trennt nun die Donau-Rhein-Wasserscheide ein altes hydrographisches Netz und damit alte Landformen von einem verhältnismäßig jungen Stromgebiet. Beschränkt man sich hier auf das Trias-Jura-Gebiet nördlich der Donau, so zeigen sich kurz angedeutet folgende Gegensätze: Im Bereich der Donau haben hier die Flüsse geringes Gefälle, ihre Strömung ist schwach. Ihre Täler sind — bis auf einzelne Strecken im Weißen Jura — breit und offen (z. B. Altmühl- und Wörnitztal im Keupergebiet). Die Talböden sind durchzogen von vielfach gewundenen Altwasserrinnen; flach abgeböschte Hügelreihen umranden die Täler. Wo die Flüsse durch Felsmassive fließen, wie im Jura, überzieht tiefer Verwitterungsschutt die Hänge. Die Laufrichtung der Gewässer ist im allgemeinen konsequent, d. h. die Gewässer fließen vorwiegend in gleicher Richtung mit dem Gefälle der Schichten.

Die Täler des rheinischen Gewässernetzes zeigen hier wesentlich unruhigere Formen. Die am weitesten vorgeschobenen Quellflüsse und Quellbäche entspringen häufig in wilden Schluchten an den Steilrändern und Stirnen des Stufenlandes: von da fließen sie, meist entgegengesetzt zur allgemeinen Schichtenneigung über die ausstreichenden Schichtköpfe hinweg. Die breiten Streifen weicher Gesteine queren sie in weit offenen Tälern; die harten Gesteinszonen werden in engen Tälern mit steilen Wänden, zuweilen auch in tiefen Schluchten durchbrochen.

An Bodenschätzen ist das Gebiet nicht arm. Von nutzbaren Mineralien sind zwar nur wenige Rohstoffe zu nennen und diese werden nur zum Teil noch dauernd ausgebeutet: die Eisenerze im Jura, die Gips- und Salzflöze im Muschelkalk und Keuper, der Ölschiefer im Lias und das Neuburger Weiß am Südrande des Juragebietes.

Um so reicher ist das Gebiet an Bau- und Werksteinen aller Art. Schon dem flüchtigen Reisenden fallen die alten Städte mit ihren stattlichen Mauern und Türmen auf, deren Baumaterial vor Jahrhunderten an Ort und Stelle gebrochen wurde. Beispielsweise sei erinnert an die Stadt Rothenburg, die aus dem Quaderkalk des oberen Muschelkalks erbaut ist; an die Stadt Nürnberg, welcher der Burgsandstein das Baumaterial geliefert hat; an die aus Ries-Traß errichtete Stadt Nördlingen. Im Juragebiet haben die weißen Kalk- und Dolomitfelsen den Wohnorten und Städten die Bausteine geliefert, selbst die weißen Ziegel auf den Dächern sind jurasische Natursteine. Trotzdem sind die Vorräte immer noch unerschöpflich, welche Trias- und Juraformation hier in ihren Sand- und Kalksteinflözen besitzen.

[1]) Miozän (meion, gr. = weniger, kainos = neu), untere Abteilung des oberen Tertiärs. Das Tertiär (tertius, lat. = der Dritte) ursprünglich als dritter Zeitabschnitt der Erdgeschichte aufgefaßt, besteht von Unten nach Oben aus Eozän, Oligozän, Miozän und Pliozän. Vgl. Abt. III. Tabelle: Übersicht ü. d. geol. Vorgänge in Mittel-Bayern während der einzelnen geologischen Perioden. S. 72.

Das wertvollste Material unter den jurasischen Kalksteinen ist der Lithographiestein, der seit Erfindung der Lithographie (1796) bei Solnhofen, Mörnsheim und Langenaltheim in ausgedehnten tiefen Steinbrüchen gewonnen wird.

Auch Ton und Lehm zur Herstellung von Töpferwaren, Ziegeln und Backsteinen sind in großer Menge vorhanden, zum Teil in feuerfesten Sorten. Hier sind namentlich die oberen Keuperschichten zu nennen, deren Ton dort die besten Eigenschaften besitzt, wo die Karbonate durch die Bodenwässer im Laufe der Zeit gelöst und weggeführt wurden.

II. Formationsbeschreibung.

Unser engeres, bayerisches Gebiet enthält folgende geologische Formationen:
Jüngere Bildungen: Quartär (Alluvium und Diluvium)
Schichten des Deckgebirges:
Tertiär[1]) (geschichtetes und vulkanisches);
Mesozoikum: Kreide, Jura und Trias (Keuper, Muschelkalk);
Grundgebirge: Schollen im Ries und Vorries (kristalline Schiefer, Granite, Diorite).

Das Grundgebirge.

Unter „Grundgebirge" versteht man die älteste Unterlage des Landbodens, auf welcher die Sedimentschichten[2]) liegen. In unserem Gebiet lagert es in unbekannter Tiefe unter den Deckschichten (Trias und Jura). Nun fehlen gerade hier bis jetzt noch Tiefbohrungen, die bis in das Grundgebirge hinabgedrungen wären. Das schadet aber nichts, denn die Natur war selbst so gütig, uns eine Anzahl der besten Aufschlüsse zu schaffen und uns eine Mustersammlung all der Gesteine vorzulegen, welche in unzugänglicher Tiefe liegen.

Zur Tertiärzeit hat nämlich eine vulkanische Explosion in der Umgebung von Nördlingen, im Ries, die Trias- und Juradecke emporgehoben und fortgeschleudert. Dabei wurden die Massen des Grundgebirges mit emporgerissen, die nun im Ries und seiner Umgebung verstreut herumliegen. Auch weiter im Südwesten, in der Schwäbischen Alb zwischen Reutlingen und Göppingen verdanken wir vulkanischen Vorgängen wertvolle Kunde über die Gesteine der Tiefe. Die vulkanischen Ereignisse haben hier zwar nicht derartige Umwälzungen zustande gebracht wie im Ries, sie haben aber durch das triasische und jurasische Deckgebirge etwa 150 röhrenartige Löcher, sog. Vulkanschlote geschlagen, die mit all den Gesteinsarten erfüllt sind, die verdeckt unter dem Juragebirge ruhen.

So bringen uns diese vulkanischen Auswürfe greifbare Kunde von dem in der Tiefe verborgenen Grundgebirge. Sie zeigen, daß die älteste Unterlage aus Gneisgesteinen mit granitischen Stöcken besteht, ähnlich wie sie das Bayerische Waldgebirge, der Schwarzwald und das Gotthardmassiv zeigt. Dies alles sind Teile des sogleich näher zu besprechenden Variskischen Grundgebirges. Somit liegen auch in Süddeutschland die Sedimentformationen auf einem in die Tiefe versunkenen Teil dieses Variskischen Grundgebirges.

---

[1]) Erklärung siehe Anmerkung 1 auf S. 3.

[2]) Sediment = Absatzgestein, (sedimentum, lat. = Bodensatz, Niederschlag).

Während im Ries die vulkanische Explosion große Trümmer des anstehenden Grundgebirges emporgerissen hat, sind in den Vulkanschloten der Schwäbischen Alb die kristallinen Gesteinsarten fast ausnahmslos gerundete Gerölle, wie sie durch Transport und Abrollung im Wasser entstehen, dann auch Windkanter, oft mit glänzender Rinde. Die hier vorgefundenen Gesteinsarten sind: Gneis, Granit, Aplit, Kersantit, Diorit, Gabbro, Serpentin und Hornblendegestein.

M. Bräuhäuser-Stuttgart, der diese kristallinen Grundgebirgs-Gerölle näher untersuchte [1]), erkannte, daß sie einer unter der Triasdecke begrabenen Geröll-Ablagerung entstammen, die zur Permzeit [2]) ein Fluß aus seinem Einzugsgebiet im Variskischen Gebirge zusammengeschwemmt hat. Somit haben wir hier nicht nur etwa die Gesteine des zufällig unter den betr. Vulkanschloten liegenden Grundgebirges, sondern eine Sammlung all der Gesteine, die in dem vermutlich weit ausgedehnten Einzugsgebiet des betr. Flusses zur Permzeit vorkamen.

Eine ähnliche fossile Sammlung von Gesteinen aus weiter südlich gelegenen variskischen Gebirgsteilen ist erhalten im sog. Verrucano-Konglomerat [3]) der Südtiroler Alpen und des Apennins es besteht aus den Schuttmassen, die sich zur Permzeit am Südfuße des Variskischen Gebirges anhäuften, also zur gleichen Zeit, als sich im Norden die genannten Gerölle über das unebene vindelicische Gebirgsvorland ausbreiteten, das jetzt unter dem süddeutschen Stufenland begraben liegt.

Das Variskische Gebirge und das Vindelicische Land. [4])

C. W. Gümbel erkannte bereits im Jahre 1861 [5]) aus der Verschiedenartigkeit der Gesteinsformationen und ihrer fossilen Faunen in den Alpen einerseits, in Schwaben, Franken und Mitteldeutschland andernseits, daß eine alte Landmasse, die er „Vindelicisches Gebirge“ nannte, während der mesozoischen Zeit (Trias, Jura, Kreide) den Ozean im Süden vom germanischen Bezirk getrennt haben müsse. Heute, wo durch so viele Einzelbeobachtungen das Grundgebirge bereits etwas erforscht ist, wird die alte Gümbel'sche Erkenntnis als richtig anerkannt.

---

[1]) M. Bräuhäuser, Die Herkunft der kristallinen Urgebirgsgerölle in den Basalttuffen der Schwäb. Alb. (Jahreshefte d Ver. f. vaterländ. Naturkunde in Württbg. LXXIV Stuttgart 1918).

[2]) Perm, oberste Abteilung des Palaeozoikums. (palaios, gr. = alt, zoon = Lebewesen). Dieses umfaßt von unten bis nach oben: Kambrium, Silur, Devon, Karbon, Perm. Vgl. auch Abt. III. Tabelle S. 72.

[3]) Konglomerat, (conglomerare, lat. = zusammenhäufen), Gestein aus abgerundeten zusammengekitteten Gesteinsbrocken bestehend.

[4]) Die Erklärung des Begriffes „variskisch“ verlangt folgende Ausführung: Europa erhielt nicht erst in der Tertiärzeit ein hohes, langes Faltengebirge, unsere heutigen Alpen; ähnliche Gebirge waren auf europäischem Boden bereits in früheren Erdperioden entstanden, waren aber wieder zerstört, abgetragen und unter den Sedimentdecken begraben worden, so daß nur noch ihre Sockel erhalten sind und auch diese treten nur dort zu tage, wo sie durch die Abtragung von den Sedimentdecken befreit wurden.

Eduard Suess nannte diese Gebirgsbildungen:

Kaledonische Gebirgsbildung, an der Wende von Silur und Devon
Variskische „ im Oberkarbon
Alpine „ im Tertiär

Uns interessiert hier das Variskische Gebirge, denn es liegt als Grundgebirge unter den oberkarbonischen, permischen und mesozoischen Decken in Mitteleuropa. Es besteht aus gefalteten palaeozoischen Schichten (bis einschl. zum mittleren Karbon). E. Suess benannte es nach den alten

Das „Vindelicische Gebirge" ist der süddeutsche Anteil des „Variskischen Gebirges". Dieses entstand zur Zeit des oberen Karbons[1]) durch Zusammenfaltung des Erdbodens von Mitteleuropa. Es war ein Kettengebirge von größerer Breite und Ausdehnung als unsere heutigen Alpen.

In einer Breite von etwa 500 km erstreckte es sich von Südfrankreich über das Ober- und Mittelrheingebiet durch Süd- und Mitteldeutschland nach Böhmen. Bald nach der Gebirgsfaltung begann der Boden sich von Norden her zu senken. Zunächst wuchsen dort auf sinkendem Boden Generationen von Wäldern aus Farnbäumen und Schachtelhalmen über- und aufeinander. Aus ihnen wurden später die Steinkohlenflöze, die den Reichtum des Saar- und Ruhrgebiets sowie Schlesiens bedingen. Durch die weitere Senkung kamen die nördlichen Teile unter die mächtigen Decken permischer, mesozoischer und tertiärer Schichten zu liegen, die nun das Variskische Grundgebirge bedecken. Nur einzelne Teile des Variskischen Gebirges sind in den kristallinen Massen unserer deutschen Mittelgebirge (Schwarzwald, Odenwald, Spessart, Fichtelgebirge und Bayerischer Wald) erhalten. Doch das sind nicht etwa Reste, die hier in unveränderter Lage seit der Oberkarbonzeit gestanden hätten, sondern Gesteinsmassen aus dem Untergrund des verschwundenen Variskischen Gebirges, die erst in verhältnismäßig später Zeit (nach der Jurazeit) aus der Tiefe emporgehoben und erst dadurch zu den heutigen Gebirgen wurden.

Der süddeutsche Anteil des Variskischen Gebirges, der — wie erwähnt — dem Vindelicischen Gebirge Gümbel's entspricht, blieb länger als die übrige variskische Masse Gebirgsland bezw. Festland. Dies ist dem Umstand zu entnehmen, daß die oben erwähnten vulkanischen Auswürfe im Ries und in der Schwäbischen Alb von älteren Sedimentgesteinen nur Keupersandsteine zu tage gefördert haben; von jüngeren Formationen dagegen die nahezu lückenlose Folge jurasischer Gesteine.[2])

Während sich somit im Norden auf dem mehr und mehr sinkenden Boden der permische und triasische Landschutt zu Schichtstößen von einigen tausend Metern Mächtigkeit anhäufte und sich vorübergehend (zur Muschelkalkzeit) sogar das Meer in den Senkungsraum ergoß, blieb das Vindelicische Gebirge als solches noch lange erhalten. Lediglich die Abwitterung hat es nach und nach zum „Vindelicischen Land" erniedrigt und erst nach der Zeit des mittleren Keupers griffen die Sandsteindecken weiter nach Süden, gegen das Gebiet der heutigen Donau-Niederung vor. Der Rest des Vindelicischen Landes kam zu Beginn der Jurazeit durch die nach Süden fortschreitende Bodensenkung unter den Meeresspiegel. Später wurden einzelne Teile wieder emporgepreßt und damit unserer Beobachtung zugänglich.

Variskern, die einst (vor dem Markomannenkrieg, 166 n. Chr.) den Böhmerwald und das Vogtland bewohnten, wo größere Flächen der alten Gebirgsmasse frei zu tage liegen.

Schon vor Suess hatte Gümbel den von SO. nach NW. streichenden Teil der Variskischen Gebirgsmasse „Hercynisches Gebirge" genannt (bezw. Hercynisch-Böhmische Masse, im Gegensatz zu der von SW. nach NO. streichenden Rheinischen Masse). Die Benennung erfolgte nach dem keltischen Gesamtnamen „Herkynia" (silva hercynia), den die Römer bei ihren Streifzügen nach Germanien vorfanden.

Die Benennung „Vindelicisches Gebirge" wählte Gümbel nach der Provinz Vindelikien, die zur Römerzeit südlich der Donau zwischen Bodensee und Inn lag. Ihre einstige Hauptstadt, Augusta Vindelicum ist das heutige Augsburg.

[5]) C. W. Gümbel, Geognost. Beschreibung des bayer. Alpengebirges, Gotha 1861 S. 867.

[1]) Karbon (carbo, lat. = Kohle), vierte Formation des Palaeozoikums, enthält die bedeutendsten Steinkohlenflöze, vgl. Abt. III. Tabelle S. 72.

[2]) W. Branco, Ein neuer Tertiär-Vulkan nahe bei Stuttgart (Tübinger Universitäts-Programm 1892).

Diese in späterer Zeit wiederum gehobenen Teile sind: im NO. der Bayerische und Oberpfälzer Wald, im Westen Schwarzwald und Vogesen, im Süden das kristalline Gebirge der Schweizerischen Hochalpen (Gotthardmassiv). Die übrige Hauptmasse dieses Grundgebirges liegt verdeckt von jüngeren Schichten, teils unter der bayerischen, schwäbischen und Nordschweizer Hochebene, teils unter den von Süden auf und über sie geschobenen alpinen Gebirgsketten.

Geologische Geschichte des Vindelicischen Gebirges.

Es möge hier kurz die geologische Geschichte des Vindelicischen Gebirges in unserem Gebiet besprochen werden, wie sie sich aus den Ablagerungen der jüngeren Triaszeit ergibt.

Zur Muschelkalkzeit mag die Meeresküste des vorübergehend eingedrungenen Meeres in Schwaben und Franken im wesentlichen auf der Linie Reutlingen-Aalen-Gunzenhausen-Weiden gelegen haben.[1]) Dann trat während der Keuperzeit wiederum eine Festland-Epoche ein. Der Gesteinsschutt, der in diesem letzten Abschnitt der Triaszeit durch Wasser und Wind aus dem Vindelicischen Land nach Norden getragen wurde, ist in den Süd- und Mitteldeutschen Keuperschichten enthalten. Durch Untersuchung dieser Sedimente und ihrer Verbreitung gelingt es, Schlüsse auf die Art des Vindelicischen Gebirges, seine Ausdehnung und Höhe zu ziehen. R. Lang-Tübingen hat dies in einer interessanten Abhandlung versucht.[2])

Die älteren Keuperschichten sind vorwiegend Ablagerungen von mechanischen und chemischen Verwitterungsprodukten des Vindelicischen Gebirges, die als toniger Schlamm in das ebene, tiefliegende Vorland zwischen dem heutigen Donautal und dem Teutoburger Wald hinausgetragen wurden.

Dieses Gebirgsvorland war die „zentrale Depression einer Wüste“[3]), deren Oberfläche durch seichte Seen bedeckt war, die nur während der Regenzeiten Wasser hatten, in der übrigen Zeit ausgetrocknet dalagen. In ihnen häuften sich die wasserlöslichen Mineralien, die Chloride, Sulfate und Karbonate an, die nun als Salz- und Gipsflöze und als Kalk- und Dolomitbänke zwischen den bunten Mergelschichten liegen.

In diesem Zeitraum war das Vindelicische Gebirge zerstört, abgetragen und zum Vindelicischen Land erniedrigt worden. Zur mittleren Keuperzeit wurde es (soweit es südlich vom heutigen Donautal lag) von neuem zum Gebirgsland empor gehoben. Nun begann eine Neubelebung der zerstörenden Kräfte. Vermehrte Verwitterung, erhöhte Niederschläge und vergrößerte Flußgefälle schleppten nun Mengen von grobkörnigem Sand aus dem kristallinen Gebirge heraus und lagerten die ungeheuren Sandmassen ab, die als Blasensandstein, Stuben- und Burgsandstein ein Gebiet von mehr als 100000 qkm in Süd- und Mitteldeutschland bedeckten.

Nach Lang wurde die Hauptmasse des Gesteinsschuttes aus der Richtung von Augsburg und Nördlingen nach NNO. verfrachtet. Die heute noch vorhandene bezw. nachweisbare Menge beträgt nach seiner Schätzung etwa 20000 Kubikkilometer. Daraus ergibt sich, daß sich das Ursprungsland dieser Schuttmassen, das Vindelicische Gebirge, nicht nur auf den Raum der Schwäbisch-Bayerischen Hochebene erstreckt haben kann, sondern weit gegen Süd und Südwest in das heute von den Alpen überdeckte Gebiet hineingereicht haben muß. Die Kammhöhe (etwa 500 m über dem Meeresspiegel) des Vindelicischen Gebirgslandes kann zur mittleren Keuperzeit nach dieser Berechnung etwa da gelegen haben, wo heute Sterzing und Franzensfeste an der Brennerbahn sind.

Der Schutt, der sich aus diesem Gebirge zur Triaszeit nach Nord und Nordwest hin über das germanische Festland ergoß und hier sich zu Gesteinsformationen anhäufte, wird „Germanische Trias“ oder „Binnenmeer-Trias“ genannt, während im Süden vom Vindelicischen Gebirge

---

[1]) Näheres hierüber findet sich im Abschnitt über den Muschelkalk, Seite 11.

[2]) R. Lang, Das Vindelicische Gebirge zur Mittleren Keuperzeit (Jahreshefte des Vereins für vaterl. Naturkunde in Württemberg. Stuttgart 1911).

[3]) Joh. Walther, Das Gesetz der Wüstenbildung, Leipzig 1912, S. 324.

ein Meer lag, das den Schutt der südlichen Gebirgsabdachung aufnahm. Diese südlichen Ablagerungen nennt man „Alpine Trias" oder „Weltmeer-Trias". Während der Alpenbildung wurden diese südlichen Meeressedimente durch die Faltung ergriffen und weit nach Norden über das abgetragene Vindelicische Gebirge hinübergeschoben. (Vgl. auch Abt. I und II). LANG berechnet den Weg, den die Triasschichten in den jetzigen deutschen Alpen bei dieser Verschiebung zurückgelegt haben, auf mindestens 80 bis 100 km.

LANG nimmt als Nordrand des Vindelicischen Gebirges zur mittleren Keuperzeit für Süddeutschland eine Linie an, die von Baden (bei Zürich) in der Schweiz über Augsburg nach dem Bayerischen Wald südlich von Cham verläuft. Nun lassen aber die Kaolin-reichen Keuperschichten auf dem Keilberg bei Regensburg sowie das Keupersandstein-Vorkommen an der Randspalte des Bayerischen Waldes bei Münster unfern Straubing die Annahme GÜMBELS gerechtfertigt erscheinen, daß sich die Keuperschichten ehemals weit über das Granit- und Gneisgebirge des Bayerischen Waldes ausbreiteten. Deshalb dürfte dort der Nordrand des Vindelicischen Gebirges noch weiter südlich verlaufen sein, als dies LANG annimmt, nämlich ungefähr von Augsburg über Langwaid-Eggmühl (südlich von Regensburg) in die Gegend von Deggendorf. (Vgl. Abt. III.)

Bei dieser Gelegenheit mögen auch noch folgende weitere Angaben über das Vindelicische Gebirge hier Platz finden[1]):

Was das Vorkommen vindelicischer Gesteine im bayerischen Alpengebirge betrifft, so haben neuere Forschungen von O. M. REIS und K. BODEN bemerkenswerte Feststellungen gebracht.

REIS[2]) beschreibt das Vorkommen großer Granitblöcke bei Achtal (4 km SW. von Teisendorf unfern Traunstein) und erinnert dabei an das Vorkommen isolierter Klippen-artiger Gebilde in den östlichen Ostalpen, namentlich an die Aufzählung von Granit-, Granitit- und Gneis-Klippen zwischen Wien und Salzburg, die bereits 1858 v. HAUER gab. Doch wagt REIS nicht zu entscheiden, ob es sich hier um abgesplitterte Stücke des vindelicischen Grundgebirges handelt, oder ob es zentralalpine erratische Blöcke sind, die vom Gletscher hierher getragen wurden.

Dagegen spricht sich BODEN[3]) für die vindelicische Natur von Gesteinsblöcken aus, die er zwischen Tegernsee und Schliersee, bei Marienstein fand. Es sind Mischgesteine von Grünstein und Kalk, die wohl dadurch zustande kamen, daß im Mesozoikum basische Magmen empordrangen und sich über den Boden des damaligen Vindelicischen Landes ergossen, bezw. in die damals dort auslaufenden mesozoischen Schichtgesteine (oberer Jura) eindrangen. Als sich später bei der alpinen Faltung die Flyschdecke über die dort inzwischen abgelagerten helvetischen Kreideschichten schob, schürfte sie Stücke (Schubfetzen und Schubsplitter) des Grundgebirges aus ihrem Untergrund auf und trug sie bis an ihren nördlichen Schubrand mit, wo sie nun durch die Abwitterung freigelegt werden. Ähnliche diabasführende Schubfetzen fand BODEN auch noch im Jenbach-Tale, nördlich vom Wendelstein, und im Lechner Graben, sö. von Obersiegsdorf bei Traunstein.

Auch TORNQUIST[4]) teilt dem Vindelicischen Gebirge die Grundscholle der Nordalpen zu, die in den schweizerischen Hochalpen (z. B. Gotthard-Massiv) zu Tage tritt, und bringt in Verbindung damit weiter gegen SW. hin sogar den granitischen Urgebirgsstock von Sardinien und Korsika.

[1]) Als eingehendere Darstellung sei erwähnt und empfohlen: W. PFEIFFER, Das Vindelizische Land (Erdgeschichtliche und landeskundliche Abhandlungen aus Schwaben und Franken, Heft 5, Öhringen 1923).

[2]) O. M. REIS, Über Granitblöcke von Achtal (Geognost. Jahreshefte XXXIII, 1920 S. 229).

[3]) K. BODEN, Der Flysch im Gebiet des Schliersees (Geogn. Jahresh. XXXV, 1922 S. 216).

[4]) A. TORNQUIST, Alpen und Apennin auf Sardinien und Korsika (Geolog. Rundschau I, 1910 S. 4).

Das Deckgebirge (Mesozoikum und Tertiär).

Das Mesozoikum ist in unserem Gebiet durch Trias, Jura und etwas Kreide vertreten. Die tiefste Stufe der Trias, der Buntsandstein tritt darin nicht zutage, doch liegt er unter der Muschelkalkdecke im württembergischen Teil des Gebietes. Dagegen zeigen die beiden oberen Stufen der Trias, Muschelkalk und Keuper, eine so vielgestaltige und ausgezeichnete Entwicklung, daß hier eine eingehende Besprechung nötig ist. Das gleiche gilt für die mächtige und abwechslungsreiche Jura-Formation.

Die Trias.

Der Muschelkalk.[1])

Im Gebiet der Abteilung IV hat der Muschelkalk seine überwiegende Verbreitung auf württembergischen Boden, dank der hier weiter vorgeschrittenen Abtragung der jüngeren Schichten. Er hat in letzter Zeit durch die geologische Erforschung von Georg Wagner-Künzelsau eine gute und eingehende Bearbeitung erfahren.

Noch vor zwei Jahrzehnten hielt man den süddeutschen Muschelkalk nicht weniger einheitlich und normal aufgebaut als andere Formationen, obwohl man beim Durchwandern der tiefeingeschnittenen Muschelkalk-Täler meist ratlos vor den hohen Muschelkalkwänden stand und vergeblich nach Leitlinien suchte, die sich auch in anderen Aufschlüssen hätten wiedererkennen lassen und dadurch eine genaue Vergleichung der einzelnen Zonen auch in entfernter liegenden Gebieten gestattet hätten.

Erst als man begann, sich näher mit den einzelnen Schichten zu befassen und versuchte, diese in den verschiedenen Aufschlüssen in der gleichen Reihenfolge und Mächtigkeit wieder zu erkennen, stieß man auf große Schwierigkeiten. Man fand, daß einerseits eine petrographische Behandlung des Muschelkalks schwierig sei, weil die Fazies oft zu rasch wechselt, und daß andernseits eine rein palaeontologische Behandlung unpraktisch sei, da Leitfossilien im Anstehenden nicht gerade häufig sind und solche, die sich auf eine Schicht beschränken, namentlich im oberen Hauptmuschelkalk völlig fehlen.

Daß diese Schwierigkeiten überwunden wurden, verdanken wir in erster Linie den Geologen Dr. Otto M. Reis und Dr. Georg Wagner.

Für das bayerische Gebiet hat O. M. Reis eine bis ins kleinste gehende petrographische Bearbeitung gegeben.[2]) Ihr liegt die Tendenz zugrunde, „Beiträge zur Morphologie der Gesteinsbildungen und zur Kenntnis der Geschehnisse während der Ablagerung zu bieten.“ Gg. Wagner verwendete sowohl die petrographische wie die palaeontologische Methode. Profil-Aufnahmen in mehr als 500 Aufschlüssen im weiten Muschelkalk-Gebiet zwischen Uffenheim, Würzburg, Karlsruhe und Ludwigsburg gestatteten ihm die Vergleichung der einzelnen Zonen; dies führte zu einem klaren Bild des Schichtenbaues und ließ auch den Werdegang des Muschelkalkmeeres und seiner Schichten feststellen.

Von diesem Muschelkalk-Gebiet, dessen württembergischen Anteil in vorliegendem Werk Axel Schmidt-Stuttgart schildert, reicht nur ein kleines Stück seines Ostrandes nach Bayern herein, und zwar ins Rothenburger Tauber-Gebiet.

Dieses südöstlichste Stück des Hauptmuschelkalk-Gebietes (bei Rothenburg) verdient aber um so mehr Interesse, als hier die Denudation[3]) die Keuperschichten

[1]) Auf der geologischen Übersichtskarte, Blatt IV, mit „m“ bezeichnet.

[2]) O. M. Reis. Beobachtungen über Schichtenfolge und Gesteinsausbildungen in der fränkischen Unteren und Mittleren Trias. I. Muschelkalk und Untere Lettenkohle. (Geognost. Jahreshefte XXII, 1901 S. 1—285). Eine ganz kurze vorläufige Übersicht war im Zentralbl. f. Min. 1911 Nr. 6 S. 179—182 gegeben worden: O. M. Reis. Über den oberen Hauptmuschelkalk Frankens.

[3]) Denudation, (denudare, lat. = entblößen), Abtragung.

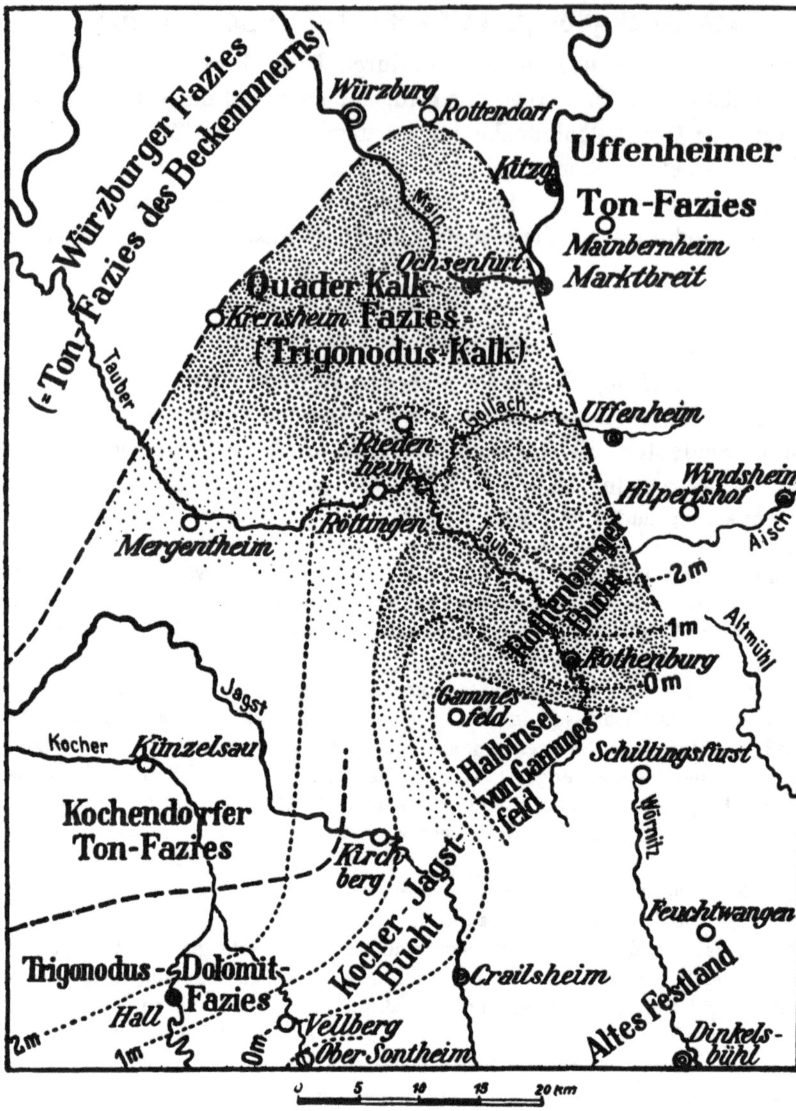

Abb. 1.
Die Ausbildung des Hauptmuschelkalks im nordwestlichen Franken
nach Gg. Wagner und M. Schuster.
– – – – Fazies Grenzen im oberen Hauptmuschelkalk.
. . . . Mächtigkeit der Fränkischen Grenzschichten in Metern.

soweit entfernt hat, daß der fossile Meeresstrand der Muschelkalkzeit in vielen Aufschlüssen frei liegt. Bei Rothenburg befinden wir uns also in der Nähe der Küste des alten Muschelkalk-Meeres.

Die nachfolgende Darstellung beruht auf der Wagner'schen Forschung.[1])

[1]) Georg Wagner, Beiträge zur Stratigraphie und Bildungsgeschichte des Oberen Hauptmuschelkalks und der Unteren Lettenkohle in Franken. Jena, Gustav Fischer 1913 Geolog. paläont. Abhandl. N. F. XII 3. — Georg Wagner, Vom oberen Hauptmuschelkalk (Jahreshefte des Vereins f. vaterländ. Naturkunde in Württbg. 1914, LXX S. 169).

Die außerordentliche Mannigfaltigkeit des Hauptmuschelkalks rührt daher, daß es sich hier um Ablagerungen einer flachen, küstennahen Meeresregion handelt, die vielgestaltiger und wechselvoller sind als diejenigen einer Tiefsee weit ab vom Festland, das die Sedimente liefert.

Das Meer des germanischen Hauptmuschelkalkes hatte eine verhältnismäßig geringe Ausdehnung. Die Breite (NW.—SO.-Richtung) betrug nur etwa 300 km. Es kann am besten mit der heutigen Nord- und Ostsee verglichen werden, nur seine Verbindung mit dem Weltmeer war noch geringer. Der zentrale Teil dieses Meeres reichte zur Zeit des oberen Hauptmuschelkalks vom Weserland (Holzminden—Göttingen) über Meiningen, den Werngrund nach Würzburg und über das nördliche Baden zum Saargebiet. Eine Verflachung erfolgte einerseits gegen die Ardennen, andernseits gegen das Elsaß. das Ries, Oberfranken und Thüringen. Die Südostküste lag etwa auf der Linie Tuttlingen—Gmünd—Ellwangen—Dinkelsbühl—Ansbach—Nürnberg—Eschenbach i. Opf. —Kemnath. Von hier bog sie nach Norden ab.[1])

Die Gesteine des Hauptmuschelkalkes sind terrigene[2]) Sedimente: Grünsand Grünschlamm, Blauschlamm, Kalkschlick, Mergelschlick und Korallensand. Die landnächsten Sedimente kommen in den höchsten Muschelkalk-Lagen vor; in regionaler Hinsicht macht sich die Landnähe am meisten im Südosten (Crailsheim -Rothenburg) bemerkbar. Je näher man der Küstenregion kommt, desto unregelmäßiger findet man die Schichtung.

Gegen das Ende der Muschelkalkzeit begann das Meer sich zurückzuziehen. Seine Rückzugslinie ist in der Gegend zwischen Crailsheim und Rothenburg zu erkennen. Die höchsten Muschelkalk-Lagen, die „Fränkischen Grenzschichten" fehlen sö. der Linie Rothenburg—Crailsheim—Backnang. Sie kamen hier überhaupt nicht mehr zur Ablagerung; hier dürfte also damals bereits Festland gewesen sein, nordwestlich davon flaches Meer.

Eine lokale Bodenhebung hatte aus diesem Flachmeer eine Barre emporgehoben, die „Halbinsel von Gammesfeld" (7 km sw. von Rothenburg). Sie erstreckte sich von Gammesfeld in NNW.-Richtung gegen Riedenheim (westlich von Aub). Zu beiden Seiten dieser Barre waren große Meeresbuchten, im Osten die Rothenburger Bucht, im Süden zwischen Crailsheim und Gaildorf die Kocher-Jagstbucht. Um die Barre legten sich konzentrisch Riffkalke in einem 15 bis 20 km breiten Gürtel (Trigonodus-Kalk oder Quaderkalk). (Abb. 1 S. 10).

Auf grund dieser Feststellungen konnte Wagner verschiedene Faziesgebiete ausscheiden. Die normale Ausbildung des fränkischen Muschelkalkes ist die Kochendorfer Fazies. In ihr beherrschen die Bairdien-Letten (= Ostrakoden-Schiefer[3]) als toniges Schichtglied das Gesamtbild des obersten Muschelkalks am stärksten. Die Süd- und Ostgrenze der Kochendorfer Fazies ist dort, wo die dicken Tonlagen in Dolomit und Kalk übergehen, hier beginnt die

Kalk- und Dolomit-Fazies. Dieser Fazieswechsel vollzieht sich südlich der W.—O.-Linie Eppingen—Heilbronn—Dörrmenz (westlich von Kirchberg a. Jagst). Zunächst bildet der Bairdien-Letten noch dünne Schiefertonlagen zwischen den Kalkbänken, dann geht die ganze Schichtenreihe in Kalk über, so daß für das Gebiet der Kalk- und Dolomit-Fazies hohe einheitliche Kalkwände charakteristisch sind, bei denen eine Gliederung schwer durchzuführen ist. Die Aufschlüsse sind daher meist viel höher, aber vielfach auch schwerer zugänglich als im Norden. Trotzdem konnte auch hier Wagner eine Gliederung durchführen, indem er die Leithorizonte der Kochendorfer

---

[1]) Georg Wagner, Beiträge zur Kenntnis des Oberen Hauptmuschelkalks von Mittel- und Norddeutschland (Zeitschr. d. Deutsch. Geol. Ges 1919, Bd. 71).

[2]) Feingeriebener Gesteinsschutt, der aus dem Festland ins Meer getragen und hier mit tierischen und pflanzlichen Stoffwechselprodukten (Muschelschalen, Knochen- und Korallenresten), sowie mit marinen Sedimenten (Kalk, Dolomit, Glaukonit) vermengt wurde. (terra, lat. = Land, genao, gr. = erzeugen).

[3]) Ostrakoden (ostrakon, gr. = Gehäuse) sind kleine, zweischalige Muschelkrebse; ein Vertreter ist *Bairdia pirus*.

Fazies (obere und Haupt-Terebratelbank) nach Süd und Ost verfolgte und neue Leithorizonte auffand (Sphärocodien-Kalk,[1]) Bank der kleinen Terebrateln, Tonhorizont).

Da im Flußgebiet von Tauber, Jagst und Kocher der Dolomit eine sehr untergeordnete Rolle spielt oder ganz verschwindet, trennte WAGNER die Kalk- und Dolomit-Fazies in die „Dolomit-Fazies im Westen und Süden“ um Ludwigsburg—Vaihingen—Bietigheim und die „Kalk-Fazies im Osten“ zwischen Hall und Crailsheim.

Ein eigener Bezirk ist schließlich noch das Gebiet des Trigonodus-Kalkes, der Quader- oder Muschelriffkalke, das uns hier besonders interessiert. Es legt sich nördlich um die bereits erwähnte Barre von Gammesfeld (5 km sw. von Rothenburg). Dieser fränkische Trigonodus-Kalk nimmt kein einheitliches Niveau ein, er fällt in alle möglichen Horizonte zwischen Glaukonit-Kalk und oberen Nodosus-Kalk, einschließlich dieser Zonen. (Vgl. Abb. 1 und 3).

So umfaßt der Trigonodus-Kalk von Rothenburg (Aufschluß an der Walkmühle) die ganzen Semipartitus-Schichten einschließlich der Haupt-Terebratelbank (4,4 m) und darunter noch 3 m vom Nodosus-Kalk. Der sog. Crailsheimer Trigonodus-Dolomit und der Vitriolschiefer nehmen insoferne eine besondere Stellung ein, als sie bereits in den Lettenkeuper gehören und nicht mit dem Muschelkalk-Glaukonitkalk, bezw. mit echtem Trigonodus-Kalk oder mit dem Bairdien-Ton in Parallele zu bringen sind.

Der Trigonodus-(Quader)-Kalk wird als wertvoller Baustein allenthalben in seinem Verbreitungsgebiet in großen Steinbrüchen abgebaut (Rothenburger Baustein, Mainbaustein). Er besteht aus Resten von zertrümmerten Muschelschalen; ganze Schalen sind seltener; unter ihnen fällt auch die Dreiecksmuschel *Trigonodus Sandbergeri* in größeren und kleineren Exemplaren auf. Zur Zeit der Entstehung muß also im Trigonodus-Kalkgebiet ein sehr reiches Tierleben geherrscht haben. Die Schalen der toten Tiere wurden von den Wellen erfaßt, hin und hergerollt und zu regelrechten Muschelbänken aufgeschichtet, dann wieder abgetragen und umgeschichtet. So entstand die Schräg- und Kreuzrichtung, die in den Quadern häufig zu sehen ist. Später verkittete Kalk die Muschelschalenbänke zu einem festen Kornstein.[2])

Die Trigonoduskalk-Fazies schiebt sich als mächtiger Keil gegen Nord bis in die Gegend von Rottendorf (Bahnlinie Würzburg—Kitzingen) in die Ton-Fazies ein und verdrängt hier zum Teil den Bairdien-Ton. Die normale Ausbildung des Oberen Muschelkalks ist nämlich im Maingebiet die Ton-Fazies des Beckeninnern, die sich von Osterburken (zwischen Mosbach und Mergentheim) über Eubigheim, Gerchsheim und Würzburg in den Werngrund und von da nordwärts zur Weser erstreckt. Sieht man vom Trigonodus-Kalk ab, der sich, wie erwähnt, gewissermaßen als Fremdkörper einschiebt, so geht die Würzburger Tonfazies gegen Südost in die küstennähere Ausbildung, in die Uffenheimer Fazies über. Sie hängt mit ihr direkt zusammen nördlich der Bahnlinie Würzburg—Kitzingen. Diese küstennähere Fazies macht sich durch allgemeine Schichtenabnahme bemerkbar, der Kalkgehalt steigt etwas, Mergel tritt an Stelle des Tons. Die Gegend Burgbernheim—Uffenheim—Mainbernheim liegt im Bereiche der Uffenheimer Fazies.[3])

Bemerkenswert ist, wie sich die Gesteinsfazies in der Bauart der Häuser und Ortschaften kenntlich macht. Im Gebiet des Trigonodus-Kalkes sind stattliche Häuser, aus mächtigen Quadern zusammengefügt. Im Gebiete der Uffenheimer Fazies, wo namentlich die Hauptmasse des Gervillienkalkes aus dünnen glatten Blaukalkbänken mit Schieferzwischenlagen besteht, verwendet man die dünnen, leicht und glatt springenden Kalkbänke („Knaller“ oder „buchene Steine“ genannt, im Gegensatz zu den „eichenen Steinen“ = Muschelbänken und Kornsteinen) wie Backsteine zum Bauen, so daß hier die Mauern aus vielen dünnen Kalkbänken aufgeführt sind.

[1]) Sphärocodien (sphaira = Kugel), rundliche Kalkalgen.

[2]) GEORG WAGNER, Aus der Geschichte des fränkischen Muschelkalkmeeres. (Zeitschrift „Fränkische Heimat“ 1920, Nürnberg, L. Spindler-Verlag.)

[3]) Über den Muschelkalk dieses Gebietes berichtet ausführlich M. SCHUSTER in Abteilung VI.

Das Muschelkalk- und Lettenkeupergebiet in der Umgebung von Rothenburg o. Tauber und Crailsheim.

Landschaftlicher Charakter.

Die Darstellung des landschaftlichen Charakters muß die beiden genannten Formationen umfassen, denn der Muschelkalk tritt nur in den tiefen und engen Taleinschnitten von Tauber und Jagst sowie von ihren Seitenbächen zutage, während die dazwischen liegenden Hochebenen dem Lettenkeuper angehören.

Abb. 2.

Fränkische Muschelkalk-Landschaft.

Bettwar im Taubertal unterhalb Rothenburg. Links im Hintergrund die Hochebene des Lettenkeupers. Der Talboden im Vordergrund liegt im weichen Mittleren Muschelkalk, ist daher breit ausgewaschen, im Gegensatz zur Tauberschlucht im felsigen Haupt-Muschelkalk unmittelbar bei Rothenburg. Die Hänge oberhalb vom Dorf liegen noch im Haupt-Muschelkalk. Bezeichnend für diese geologische Stufe sind die Steinriegel (Rosseln), die sich als Steinwälle zwischen den Grundstücken von der Höhe senkrecht herunterziehen und aus den Lesesteinen und Geröllen bestehen, die bei der Bodenkultur aus den Feldern ausgelesen und beiseite geworfen wurden.

(Phot. Aufnahme Dr Hans Kraus, Ansbach-Lichtenfels.)

Das Rothenburg-Crailsheimer-Gebiet umgreift nur ein kleines Stück des weiten Lettenkeuper-Landes, in dem die Flüsse und Bäche den Hauptmuschelkalk freigelegt haben. Es umfaßt im Westen die Hohenloher Ebene zwischen Rothenburg und Öhringen, weiter gegen Nordwesten und Norden noch die Hochebenen zu beiden Seiten des Taubergrundes und des Main-Gebietes. Sein natürliches Ostende erreicht es an den Keuperbergen (Frankenhöhe und Steigerwald).

Die volkstümliche Bezeichnung nennt diese ebenen unbewaldeten Lettenkeuperflächen „Gäu“ im Gegensatz zu den Tälern, den Waldgebieten und den Keuperbergen der Umgebung. Diese Gäue sind ausgezeichnet durch die tiefgründigen Böden, die als die fruchtbarsten des ganzen Trias-Gebietes gelten.

Die Täler. Zwischen den flachwelligen, lehmbedeckten, gelbbraunen Hochflächen der Gäue, die weithin nur Äcker tragen, liegen breite Wiesengründe durchflossen von Bächen, deren Ursprung in den großen Lettenkeuperflächen oder auf den benachbarten Keuperhöhen liegen. Der vielfach gewundene Lauf der Bäche ist meist von Erlengebüsch umrahmt und bringt dadurch eine angenehme Abwechslung in das sonst eintönige Landschaftsbild.

Gegen die großen Muschelkalktäler hin ändert sich plötzlich das Bild. Dort, wo in den Lettenkeuper-Tälchen die Erosion[1]) die unteren Lettenkeuperlagen durchschnitten hat und in die felsige Muschelkalk-Unterlage eintritt, wird der Taleinschnitt schluchtenartig eng. Das Tal wird hier häufig zum Trockental, denn das Bachwasser versinkt im klüftigen Felsboden. Nur wenn Gewitter niedergehen oder Taufluten ankommen, tost darin ein Wildbach talabwärts, der bald wieder verschwindet, zuweilen aber große Mengen von Geröll liegen läßt.

So beginnen alle die Seitentäler, die zu den Haupttälern (Tauber, Kocher, Jagst) führen, als flache breite Wiesentälchen auf den großen Lettenkeuperflächen, nehmen beim Eintritt in den Hauptmuschelkalk den Charakter felsiger, vielverschlungener Waldtäler an und enden in wilden Felschluchten im Haupttal.

Die Haupttäler selbst zeigen, soweit sie im Hauptmuschelkalk liegen, diesen Charakter in größerem Maßstab: sie verlaufen in Schlingen und Windungen zwischen den bald von rechts, bald von links ins Tal hereinreichenden Bergnasen und Talspornen; die Gehänge sind hoch und steil. Wo die Talsohle in den mittleren Muschelkalk mit seinen weicheren, leichter löslichen Schichten eintritt, verschwinden die Talschlingen und steilen Gehänge; die Talsohlen werden breiter, die Talränder flacher.

Die Tauber zeigt besonders schön diese Entwicklung. Sie entspringt zwischen Wettringen und Michelbach im Grundgipsflöz und fließt bis kurz vor Rothenburg im breiten Wiesental durch den untersten Bunten Keuper und Lettenkeuper. Beim Siechenhaus erreicht sie den Quader-Kalk. Hier beginnt die enge vielgewundene Talschlucht, deren lange Nordkante die Erbauer der Stadt Rothenburg so geschickt zur Anlage der alten Mauern und Bastionen ausgenützt haben. Das Talgefälle, das im Lettenkeuper nur 0,2 % betragen hat, erhöht sich in der Hauptmuschelkalk-Strecke auf 0,5 % und vermag darin ein Dutzend Mühlen zu treiben. Bereits unterhalb vom NW.-Ende der Stadt erreicht der Fluß den mittleren Muschelkalk; das Tal erweitert sich, verliert die Schlingen und nimmt einen geradlinigeren Lauf an; das Talgefälle beträgt von hier bis Creglingen 0,3 bis 0,35 %.[2])

Die tiefste Schlucht hat von den genannten Haupttälern die Jagst zwischen Crailsheim und Kirchberg im Hauptmuschelkalk. Steile, zum Teil unersteigliche Felswände trennen die Talsohle von der Lettenkeuper-Ebene. Pfeilartig ragen die Talsporne in die engen Talschlingen hinein. Bei Kirchberg sind einige von ihnen bereits von ihrem Hinterland abgetrennt und stehen nun als Inselberge mitten im Talboden.

---

[1]) Erosion (erodere, lat. = ausnagen), die zerstörende Arbeit des fließenden Wassers.

[2]) E. Fraas, Begleitworte zur geognostischen Spezialkarte von Württemberg, Blatt Kirchberg, Stuttgart 1892. Eine eingehendere Ausführung hierüber gibt G. Wagner in seiner empfehlenswerten Abhandlung: Berg und Tal im Triasland von Franken und Schwaben. Oehringen (F. Rau) 1922.

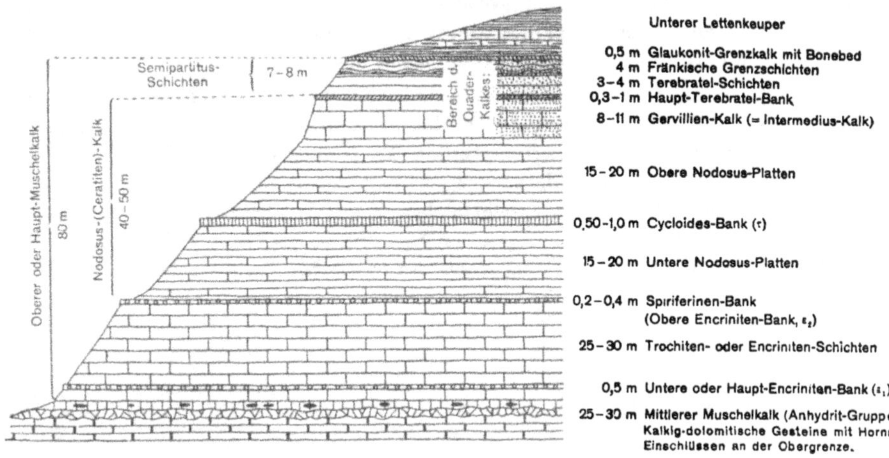

Abb. 3.

Normalprofil des Fränkischen Haupt-Muschelkalks.

(Nach G. Wagner und M. Schuster.)

Die Ausbildung der Schichten des Hauptmuschelkalks in der Umgebung von Rothenburg o. Tauber.

Das Wagner'sche Normalprofil des süddeutschen Hauptmuschelkalks zeigt obige Skizze. Von diesem Profil weicht die Ausbildung der Schichten in der Rothenburg-Crailsheimer Gegend in mehrfacher Art ab. Zunächst sei erwähnt, daß die Rothenburger Gegend nach der Wagner'schen Fazies-Einteilung dem „Ostrand des Quaderkalk-Gebietes" angehört, in dem sich die Nachbarschaft der „Uffenheimer Ton-Fazies" immer mehr geltend macht. Eine Linie von Hartershofen (6 km nö. von Rothenburg) nach Obernbreit (bei Marktbreit) trennt beide Fazies-Gebiete. Außerdem sind wir hier in der Nähe der einstigen Küste, wodurch die Art der Ablagerungen bedingt ist.

Die Küstennähe verdrängt Ton und Mergelschiefer und bringt dafür Kalk. Die Ablagerungen sind mehr oder weniger mit Glaukonit durchsetzt; Kalkalgen stellen sich ein.

Verfolgt man in den vielen Aufschlüssen des Gebietes die Schichten von oben nach unten, so findet man zunächst als Grenzlage gegen den Lettenkeuper das Grenz-Bonebed[1]), das als Kalkbank mit dicken grauen Mergelschmitzen auftritt. Es ist stets glaukonitisch, enthält ziemlich viel Sand, ist sogar manchmal ein verkieselter Sandstein. Bei Rothenburg und Steinsfeld ist es ungewöhnlich dick (bis zu 40 cm), enthält Knochen von Wirbeltieren, Koprolithen, Fischzähne und Fischschuppen, gelegentlich auch schwarze Zinkblende. Pyrit ist in Form kleiner Würfelchen häufig, durch ihre Verwitterung geht die Farbe des Bonebeds in Braun über.

Die Mächtigkeit der Fränkischen Grenzschichten (Grenzzone zwischen Lettenkeuper und Muschelkalk) nimmt rasch gegen SO. ab. Die Semipartitus-Schichten (d. h. Fränk. Grenzschichten und Terebratelschichten) sind südlich Steinsfeld nicht mehr ganz 6 m mächtig; nördlich von Dettwang nur noch 4,4 m; am Siechenhaus 4 m; bei Gebsattel kaum noch 3 m (Abb. 1 S. 10).

[1]) Bonebed (engl. = Knochenlage).

Der Bairdien-Ton (= Estherien-Ton, Ostrakoden-Schiefer), der weiter im W. und N. zusammen mit den wechsellagernden glatten blauen Kalkbänken und Knollen die Fränkischen Grenzschichten bildet, ist hier durch **Trigonodus-Kalk** (= Kornstein) ersetzt.

Der **Trigonodus-Kalk** ist die **„Riff-Fazies"**. Sie hält sich im Tauber- und Main-Gebiet an keine bestimmte Schicht, sondern tritt in verschiedenen Horizonten auf. In der Rothenburger Gegend liegt die durchgehende **Muschelquader-Masse** mitten in den Fränkischen Grenzschichten, die hier 3.5 bis 4,5 m mächtig sind, aber einige Kilometer weiter südlich gegen Gebsattel und Lohr hin auskeilen. Die meisten Quaderkalkbrüche des Rothenburger Gebietes liegen daher in dieser Schicht. Der **untere Muschelquader** liegt um einige Meter tiefer im oberen Gervillienkalk. Er wird nur bei Rothenburg und 9 km weiter nördlich, bei Gickelhausen ausgebeutet.

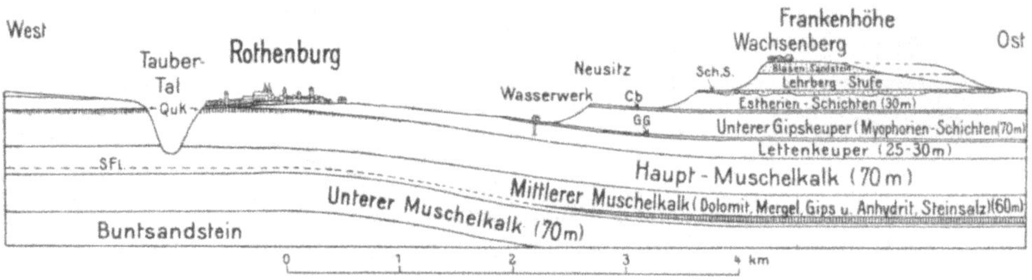

Abb. 4.

Geologisches Profil durch das Trias-Gebiet von Rothenburg o. Tauber und der Frankenhöhe.

Längen 1:70000; 5fach überhöht.

QuK = Quaderkalk im oberen Hauptmuschelkalk. Sch.S. = Schilfsandstein.

SFl = Salzflöz (Salz- und Anhydrit-Region im Mittl. Muschelkalk. Cb = *Corbula*-Bank.

GG = Grundgipsflöz.

Beide Quaderlager gelten als „Rothenburger Baustein". Sie liegen meist oben an den Talkanten, in meterdicken Bänken. Das Gestein besteht aus Trümmern und Grus von Muschelschalen *(Myophoria vulgaris, M. intermedia, M. pes anseris* und *Trigonodus Sandbergeri)*, ist hellgrau, porös, druckfest, doch nicht schwer zu bearbeiten und daher auch zu Bildhauerarbeiten geeignet.

Die hohen, einheitlichen Kalkwände im Bereiche der Rothenburger Semipartitus-Schichten sind durch diese Riff-Fazies bedingt.

Der **Horizont der Sphärocodien** (von Gg. Wagner aufgefunden) liegt im unteren Teil der Semipartitus-Schichten: am Siechenhaus 1 m, bei Gebsattel—Lohr 30 cm unter dem Grenzbonebed. Die Sphärocodien sind Kalkalgen, die nur in geringen Meerestiefen leben, also in der Flachmeerzone und in der Küstennähe. Die Form zeigt konzentrischen Aufbau, meist ist sie pilzförmig, kappenförmig, kugelig. Die Sphärocodien umspinnen aber auch Muschelschalen, Zähnchen und Steine. Hier im Gebiet der auskeilenden Fränkischen Grenzschichten zeigen sie ihre schönste Ausbildung.

Die **Haupt-Terebratelbank** liegt 6 bis 8 m unter der Lettenkeupergrenze; sie ist auch hier noch die Hauptfossilbank mit großen Terebrateln, Myaciten, Gervillien und Austern. Bei Langensteinach (an der Staatsstraße Rothenburg—Uffenheim) ist sie besonders schön und reich ausgebildet.

Etwa 5 bis 6 m unter ihr liegt die **Bank der kleinen Terebrateln**; wenn darin die kleinen Terebrateln selbst noch nicht gefunden wurden, so sind doch ihre Begleiter häufig, die Gervillien, Myaciten und *Myophoria Goldfussi.*

Im oberen **Gervillien-Kalk** kommt, wie erwähnt, ebenfalls Kornstein (Quaderkalk) bis über 3 m mächtig vor.

Charakteristische Muschelkalk-Profile aus der Umgebung von Rothenburg.

(Nach Gg. Wagner, Beiträge zur Stratigraphie des Hauptmuschelkalks, Jena 1913.)

1. Steinbruch 1 km südlich von Steinsfeld, an der Staatsstraße nach Rothenburg.

Unter den grauschwarzen Schieferlagen des Lettenkeupers liegen:

15—40 cm harte Bonebed-Bank mit Mergelschmitzen. Zähne von *Acrodus*, *Hybodus*, *Nothosaurus*, Koprolithen mit Schuppen und Zähnen. Glaukonit

35 „ rötlicher Kornstein, drusig

100 „ kristalline Muschelquader, „Rothenburger Baustein". *Myophoria Goldfussi*, *M. vulgaris*, *Trigonodus Sandbergeri*, *Gervillia*, *Lima*, Schnecken.

In diesem Kornstein, der noch tiefer hinabreicht, enden die meisten Aufschlüsse. Die tieferen Schichten sind unterhalb vom Weg aufgeschlossen; das nächste Profil gibt sie.

2. Steinbruch im Ruhbachtal südlich von Steinsfeld. (Der Aufschluß beginnt im Quaderkalk.)

Terebratel-Schichten:

120 cm Muschelquader (oberer Trigonodus-Kalk)
40 „ dünne Kalkplatten
110—120 „ Muschelquader
80—90 „ Splitterkalkbänke, unten weiße Einschlüsse
60 „ gelber Steinmergel, sog. „gelber Kipper",[1] oben und unten je 5 cm grauer Schiefer
25 „ Splitterkalk mit Muscheln
35 „ knaueriger verbackener Kalk
20 „ dünnschichtig blättriger Kalk mit gelbem Mergel, Terebrateln
50 „ gelber Mergel mit Terebrateln
40 „ Haupt-Terebratelbank, oben locker, gelb, mergelig, unten fester, blau, sehr reich an Terebrateln. *Terquemia*, *Lima*, *Gervillia*, *Myalina*.

Nun folgen 5 m Oberer Gervillien-Kalk, und zwar:

5 cm oberer Gervillien-Mergel
130 „ Splitterkalk mit wenig Zwischenlagen
120 „ Kornstein (= Unterer Trigonodus-Kalk) bald geschlossen, bald plattig
85 „ Mittlerer Gervillienkalk: gelbe Mergel und Splitterkalkplatten
20 „ knauerige Kalke und gelbe Mergel
40 „ zwei ebene Splitterkalkbänke mit Muscheln, nach SW. stark anschwellend und in feinkörnigen Quader übergehend
80 „ Unterer Gervillien-Mergel: Mergel und Kalkplatten
90 „ Bank der kleinen Terebrateln, als Brockelfels ausgebildet, mit ihr beginnt der „Untere Gervillien-Kalk".

3. Die tieferen Schichten sind 1 km weiter südlich im Steinbruch beim Chausseehaus am Lindleinsee aufgeschlossen. Der Steinbruch beginnt ebenfalls im Kornstein der Terebratel-Schichten:

145 cm Kornstein
rund 50 „ gelbe dolomitische Mergelplatten
75—80 „ Kornstein und gelbe Kalke
35 „ Terebratel-Bänke
30 „ gelber Mergel mit Terebrateln
40 „ Haupt-Terebratelbank, oben feste gelbe Schichten, unten sehr hart
570 „ Oberer Gervillien-Kalk, ähnlich wie in Profil 2
330 „ Unterer Gervillien-Kalk; er gliedert sich folgendermaßen:
80—85 cm Bank der kleinen Terebrateln: knauerige Kalke und Brockelfels mit *Gervillia*, Myaciten und *Myophoria Goldfussi*
120 cm blaue Kalkplatten, 50 cm Schieferton mit Kalk, 65 cm blaue Kalke, 20 cm Mergel.

Darunter liegt der Nodosus-Kalk, vom dem noch rund 3 m Kalkplatten aufgeschlossen sind.

[1]) Die unscheinbare Schicht spielt als Leitbank in den vielgestaltigen Quaderkalkbrüchen südlich von Würzburg (Abt. VI) eine große Rolle.

4. Steinbruch südlich von Rothenburg, im Taubertal, an der Straße nach Gebsattel.

Unterer Lettenkeuper:

60 cm Unterer Dolomit, und zwar:
- 10 cm Bonebedplatten
- 10 „ gelber Mergel
- 40 „ Dolomit, gelb verwitternd

90—100 „ dolomitischer Mergelschiefer, gelb

40 cm Blaukalk, und zwar:
- 20 „ wellige Blaubank, typisch
- 15 „ gelber Mergel
- 5—10 „ braunes Bonebed

110 cm Vitriolschiefer, dunkel, mitten und unten feinkörnige Sandsteinplättchen.

Hauptmuschelkalk:

270 cm Terebratel-Schichten, und zwar:
- 10 cm braunes, reiches Bonebed, viel Koprolithen
- 60 „ Trigonodus-Quader, löcherig, untere Hälfte mit Sphärocodien
- 40 „ Kristalline Muschelbänke
- 0—10 „ Mergel
- 150 „ graugelber dolomitischer Kalk, gelb verwitternd, unten mit Terebrateln

60 cm Haupt-Terebratel-Bank, fossilreich, unten gelb verwitternd

70 „ Muschelquader (= unterer Trigonodus-Kalk).

Die tieferen Schichten des Hauptmuschelkalks bei Rothenburg.

Über den tieferen Hauptmuschelkalk (Nodosus-Schichten und Trochiten-Kalk) hat O. M. Reis[1]) zwei Profile veröffentlicht:

1. Vom Steinbruch neben der Straße Rothenburg-Dettwang. Die höchste Schicht darin liegt etwa 5 m unter dem Trigonodus-Kalk. Weitere 7 m unter ihr liegt die bemerkenswerte *Cycloides*-Bank. Sie ist reich an Terebrateln *(Coenothyris vulgaris var. cycloides)*, besonders an der Unterseite und an Fischschuppen.

2. Der Trochiten-Kalk ist in dem Steinbruch im unteren Vorbach-Tal, in der Nähe der Steegmühle aufgeschlossen. Er beginnt oben mit mehreren weißlichen, fast marmorartigen festen Bänken, die felsig am Gehänge hervorragen. Sie enthalten Trochiten und viele Muschelschalen, große Pectiniden und Limiden neben *Terebratula (Coenothyris) vulgaris*, die durch Kalkschlamm zu einem dichten Gestein verwachsen sind. Darunter folgt zunächst eine knollige graue Kalkbank, voll großer Encrinitenstielglieder 0,30 m, dann eine Terebratelbank als fester grauer Fossilkalk (0,30 m). Weitere 7 m fossilarme Kalkbänke und Schiefer sind die tiefsten Schichten des Hauptmuschelkalks.

Die grauen Schiefer gehen nun allmählich in die gelbgrauen Schiefer des Mittleren Muschelkalks über, die durch einen gelben Dolomit unterbrochen werden. Mächtigkeit dieser Übergangsschicht 1,50 m. Darunter sind noch 2 m massige gelbe Dolomitbänke aufgeschlossen.

Die Gesamtmächtigkeit des Hauptmuschelkalks beträgt bei Rothenburg rund 60 m.

[1]) Dr. O. M. Reis, Beobachtungen über Schichtenfolge usw. (Geogn. Jahresh. 1909 XXII S. 25 u. 29). — Trochitenkalk (trochos, gr. = Rädchen), von den scheibenartigen Gliedern von Seelilienstielen.

Der tiefere Untergrund wurde hier bei Tiefbohrungen nach Wasser erschlossen. Über eine solche im Jahre 1864 ausgeführte Bohrung am Wildbad im Taubertal unterhalb Rothenburg ist eine genaue Aufzeichnung vorhanden.[1] Sie wurde ungefähr an der Grenze zwischen Hauptmuschelkalk und Mittlerem Muschelkalk begonnen. Das hier erbohrte Profil teilt Gümbel folgendermaßen ein:

Bis 60 m Mittlerer Muschelkalk (Dolomitische Mergel mit Gips- und Anhydritlagen), bis 107 m Unterer Muschelkalk, und zwar zunächst 21 m Wellenkalk, dann 26 m Wellendolomit, darunter zunächst 4 m grünlichgrauer mergeliger Ton, der vermutlich den Beginn des Buntsandsteins anzeigt. Man bohrte dann noch bis 153 m Tiefe im Buntsandstein, ohne auf artesisches Wasser zu stoßen.

Über das Vorkommen von Ceratiten als Leitfossilien im oberen Hauptmuschelkalk Frankens gibt folgende Tabelle von Gg. Wagner[2]) Aufschluß. In ihr sind, wo mehrere Ceratiten-Arten in einer Schicht zusammen vorkommen, diese nach ihrer Häufigkeit geordnet.

Semipartitus-Schichten	Fränk. Grenzschichten:	*Ceratites semipartitus.*
		C. dorsoplanus, semipartitus, intermedius (?).
Haupt-Terebratel-Bank:		*C. dorsoplanus, intermedius, semipartitus, nodosus.*
Gervillien- oder Intermedius-Kalk	oben:	*C. intermedius, dorsoplanus, nodosus, semipartitus (?).*
	unten:	*C. intermedius, nodosus, laevis, dorsoplanus (?).*

Der Keuper.

Der Lettenkeuper.[3])

Die Ausführung im vorigen Abschnitt ergab, daß im oberen Hauptmuschelkalk die Meeresfazies der Schichten der küstennahen Fazies Platz macht, namentlich im südöstlichen Gebiet, bei Rothenburg und Crailsheim. Hier verkümmern und verschwinden bereits die höchsten Lagen des Hauptmuschelkalks, die Fränkischen Grenzschichten, während sie weiter im NW. noch gleichmäßig mächtig sind. An Stelle der kalkigen und tonigen Sedimente treten nunmehr sandige Schichten. Die Küstenlinie, die während der Muschelkalkzeit etwa auf der Linie Gmünd-Ellwangen-Dinkelsbühl-Ansbach gelegen haben dürfte, rückt gegen NW. hin vor, infolge Hebung des süddeutschen Bodens. Dieser Wechsel, der im Hauptmuschelkalk nur im südöstlichen Randgebiet bemerkbar ist, ergreift mit Beginn der Lettenkeuperzeit das ganze süddeutsche Muschelkalk-Gebiet. So vertritt die Lettenkeuper-Formation die Zeit, in der die Küstenlinie verhältnismäßig rasch gegen NW. vorrückt und das bisherige Meeresgebiet in eine Flachsee oder in ein Lagunengebiet umwandelt. Die Hauptmasse seiner Schichten sind Flachseebildungen; die Sandsteinfazies, die mitten im Schichtenstoß liegt, charakterisiert ein Küstengebiet.

---

[1]) Dr. med. Pürkhauer, Die geognostischen Verhältnisse der Umgebung von Rothenburg. Beilage zum Jahresbericht der Kgl. Gewerbeschule Rothenburg 1866/67.

[2]) Gg. Wagner, Vom oberen Hauptmuschelkalk, Württemberg. Naturk. Jahreshefte 1914. LXX. S. 178 und Beiträge zur Stratigraphie usw. Jena 1913, S. 12.

[3]) Das geologische Blatt IV (Ulm) bezeichnet ihn mit Ku. — Der Grund, weshalb hier an Stelle der anderweitig üblichen Benennung „Lettenkohle" die Bezeichnung „Lettenkeuper" gesetzt ist, liegt darin, daß erstere Bezeichnung nicht für Süddeutschland paßt. Hier enthält die über dem Sandsteinflöz liegende Zone des dunklen Schiefers nur kohligen Mulm oder höchstens ein kohliges Band. Die nur einige Dezimeter mächtige Lage hat zuviel erdige, mit Schwefelkies durchsetzte Beimengungen, als daß dieser Mulm brennen könnte. Die Benennung „Lettenkohle" ist aber für urteilslose Leute viel zu verlockend, um phantastischen Spekulationen mit und ohne Wünschelrute Nahrung zu geben. Deshalb empfiehlt sich die weniger verführerische Bezeichnung „Lettenkeuper".

Der fränkische Lettenkeuper ist erst zum Teil systematisch untersucht. Für die untere Hälfte gibt Gg. WAGNER in seinen wiederholt genannten Abhandlungen eine gute Übersicht. Für die höheren Schichten fehlt noch eine zusammenfassende regionale Bearbeitung, insbesondere mangelt noch eine Karte über die Verbreitung des Lettenkeuper-Sandsteins, wie wir sie THÜRACH über den Schilfsandstein verdanken. Durch sie ließe sich vielleicht der Verlauf der alten Ströme oder Meeresströmungen erkennen.

Die Grenze des Lettenkeupers ist sowohl gegen den Muschelkalk wie gegen den Keuper durch deutliche petrographische Unterschiede gegeben.

Die Grenze gegen den Muschelkalk wurde durch KOKEN und Gg. WAGNER festgelegt, nachdem ältere Autoren (ZELGER, SANDBERGER, GÜMBEL) in den verschiedenen damals noch nicht erforschten Faziesgebieten verschiedene Grenzschichten angenommen hatten. Da sie nur lokalen Charakter haben, lassen sie sich über weitere Gebiete hinweg nicht festhalten.

G. WAGNER[1]) betont: „In ganz Franken läßt sich nur eine scharfe Grenzlinie ziehen, es ist diejenige KOKENS zwischen Glaukonitkalk (unten) und den Schiefern des Lettenkeupers (oben)." Die SANDBERGER'schen Profile nennen diese Grenzbank „die Glaukonit, Fischreste und *Corbula* führende Bank".

Bei Rothenburg tritt die Bonebedbank als oberste Lage der Kalkbänke auf; über ihr beginnt der Lettenkeuper mit dunklem Vitriolschiefer (1,10 m). Bei Crailsheim[2]) ist als höchste Muschelkalk-Schicht das untere Bonebed mit Glaukonit (5 bis 25 cm) zu betrachten, das auf den wulstigen Terebratel-Bänken, dem sogen. „Pelz" und unter dem 1 m mächtigen schwarzen Vitriolschiefer liegt. Der Umstand, daß über dieser Schicht noch zwei Bonebeds und dicke Dolomitbänke mit Gipsknollen liegen, hatte früher E. FRAAS[3]) veranlaßt, den Vitriolschiefer und den „Grenzdolomit" noch zum Muschelkalk zu rechnen.

---

[1]) Gg. WAGNER, Beiträge zur Stratigraphie usw. Jena 1913, S. 132. — Die bayerische geologische Landesaufnahme verwendet seit vielen Jahren das Bonebed als untere Grenzbank des Lettenkeupers.

[2]) Das in geologischer Hinsicht so wichtige Crailsheimer Gebiet mit seinen schönen Aufschlüssen im Jagst-Tal gehört nicht mehr in den Bereich obiger Darstellung. Da es indessen viel besucht wird, so sei hier wenigstens erwähnt, daß sich einige neuere Profilbeschreibungen finden bei:

G. WAGNER, Beiträge zur Stratigraphie usw. 1913, S. 96 und 97, Profile von den Aufschlüssen: Erkenbrechtshausen, Gaismühle, Tiefenbach, linkes Jagstufer bei Crailsheim, Neidenfels-Sattelweiler.

Eine umfangreichere Profilbeschreibung des Crailsheimer Hauptmuschelkalks (nach der WAGNERschen Einteilung) gibt E. STETTNER, Beiträge zur Kenntnis des oberen Hauptmuschelkalkes (Jahresh. des vaterl. Naturk.-Vereins Stuttgart 1913, S. 89).

[3]) E. FRAAS, Die Labyrinthodonten der Schwäbischen Trias. Palaeontographica, Stuttgart 1888/1890. S. 14 und Begleitworte zur Geogn. Spezialkarte v. Württembg., Bl. Kirchberg, Stuttgart 1892, S. 18.

1*) Ein zeichnerisches Profil des Lettenkeupers und des eigentlichen Keupers bis zum Blasensandstein gibt M. SCHUSTER, in der Abt. VI dieses „Abrisses".

2*) Th. ENGEL, Geognost. Wegweiser durch Württemberg, 2. Aufl. Stuttgart 1896, S. 82. Die Versuche, die Lettenkohle in Württemberg zu gewinnen und zu verwerten, sind zum Teil in den Begleitworten zur Geognost. Spezialkarte von Württemberg (z. B. Blatt Hall 1880) zusammengestellt.

Einen ähnlichen Versuch bei Rothenburg o. T. erwähnt PÜRKHAUER (Bericht der Rothenburger Gewerbeschule 1866/1867): Um 1770 wollte man in der Nähe des Lohrer Brückchens ein solches Lettenkohlenlager ausbeuten und ließ dazu einige sächsische Bergleute hieherkommen. Als diese sahen, daß die Kohlenschicht so schwach war, erklärten sie nach damaligem Vorurteil, die Kohlen müßten erst noch wachsen und später in Angriff genommen werden. Die Schmiede aber, die man veranlaßt hatte, die Brauchbarkeit der Kohle zu prüfen, klagten darüber, daß sie ihr Eisen damit verbrannt hätten, was eben von dem eingeschlossenen Schwefelkies kam. Deshalb gab man den Bergbauversuch bald wieder auf.

3*) Gg. WAGNER, Beiträge zur Stratigraphie usw. Jena 1913 S. 72.

4*) Nach Mitteilung von Herrn Regierungsrat W. HOLL in Ansbach liegt bei Steinsfeld zwischen dem Muschelkalk-Bonebed und dem Crailsheimer Bonebed eine dolomitische Bank (3 bis 4 cm mächtig) mit schönen Diffussions-Ringen auf den Bruchflächen.

Profil des Lettenkeupers. 1*)

Hangendes: Grundgipsflöz des Bunten Keupers.

Oberer Lettenkeuper

1. Grenzdolomit 2 bis 4 m (bereits oben kurz beschrieben; vgl. auch S. 22).
2. Ein oder ein paar dünne feinkörnige Sandsteinbänkchen, grünlich bis braungrau, reich an Wurzelresten.
3. Pflanzenton mit Flammendolomit. Lettenschiefer, grau, zuweilen auch rotbraun und violett, reich an eingeschwemmten Pflanzenresten, 6 bis 10 m. Darin liegt der Flammendolomit: grau und braun geflammte Dolomitbänke (meist zwei), bis 1 m dick, mit zahlreichen Muschelschalen von ***Anoplophora brevis***, ***Lingula tenuissima***, ***Estheria minuta***.
4. „Lettenkohlenflöz" ca. 20 cm. In Franken nur schwärzlicher Mulm mit kohligen Einlagerungen, technisch wertlos, da die erdigen mit Schwefelkies durchsetzten Beimengungen das richtige Brennen verhindern.

   Die auffallende Schicht hat der ganzen Formation den Namen „Lettenkohle" gegeben. Es handelt sich um eine Sumpfbildung, in der die absterbenden Equiseten und Farne mit soviel Schlamm und Mergel zusammen abgelagert wurden, daß sich keine kompakte Kohlenschicht bilden konnte 2*) (Vergl. Fußnote auf S. 19).

Mittlerer Lettenkeuper

5. Lettenkeuper-Sandstein. Feinkörniger, glimmerreicher, grünlichgrauer, in den unteren Lagen auch rotbrauner Sandstein. Er kommt wie der Schilfsandstein des Keupers nur in gewissen (aber noch nicht näher erforschten) Landstrichen vor (vgl. Abt. VI). Bald sind es mächtige Sandsteinquader (bis zu 15 m) bald dünne sandige Mergel, die seitlich rasch ineinander übergehen. Das Anschwellen des Sandsteins bezw. der sandigen Mergel geht auf Kosten des unteren Lettenkeupers. Manchmal zeigt sich dies schon in einem einzigen Aufschluß. So treten in einem Steinbruch nördlich von Rothenburg, am Südrande des Steinbachtales deutlich die alten Erosionsformen heraus. 3*)

   Nach Sandberger (1882) hat die Sandsteinfazies ihre größte Mächtigkeit im Osten (und SO.) und keilt gegen Westen hin aus. Wagner erwähnt: Je weiter nach Süd und Südost, desto tiefer und häufiger hat sich der Sandstein in den unteren Lettenkeuper eingewühlt. In einer Reihe von Fällen läßt sich klar zeigen, daß der Sandstein gewaltige Rinnen ausfüllt.

   Die Schichten sind reich an fosilen Pflanzenresten. Die häufigste Pflanze ist ein großer baumartiger Schachtelhalm ***Equisetum arenaceum*** mit dicken Knotenscheiden und wirtelförmig gestellten Blättern und Zweigen, ferner kommen häufig Calamiten vor.

   Der Sandstein ist ein geschätzter Baustein; er ist in zahllosen Steinbrüchen aufgeschlossen. Die feineren Lagen dienen zu Bildhauerarbeiten (Grabsteinen, Gesimsen).

   Außerdem hat er als Quellhorizont außerordentliche Bedeutung, denn er liefert weiches Wasser, während alle die Quellhorizonte der tieferen u. höheren Lagen hartes gipshaltiges Wasser führen; erst der weiter entfernte Schilfsandstein gibt wieder weiches Wasser. Leider sind die Quellen klein und geben kaum mehr als 1 bis 2 Liter in der Sekunde.

Unterer Lettenkeuper (nach Gg. Wagner a. a. O. 1913, S. 9 und 72)

6—7 m Dunkle Tone und Mergelschiefer mit stark wechselnden Kalk- und Dolomitbänken
1—1,5 „ Unterer Dolomit. Harter dolomit. Kalk, lokal mit Glaukonit u. *Myophoria Goldfussi*
Dolomite bezw. gelbe dolomitische Mergel und Zellendolomite
Härtere Dolomite oder dolomitischer Kalk, z. T. fossilführend
0,5—1 m Dolomitischer Mergelschiefer, oben mehr gelber dolomitischer Steinmergel
0,2—0,6 „ „Blaubank", muschelreich, selten dolomitisch, Bonebed, lokal Glaukonit
0,6—1,4 „ „Vitriolschiefer", dunkler bis schwarzer Schieferton und Mergelschiefer; mitten darin das „mittlere Crailsheimer Bonebed", darunter plattige Lagen; ***Estheria minuta***.

Im Liegenden das glaukonitische Muschelkalkbonebed (= Grenzbonebed). 4*)

Anmerkungen 1*)—4*) zu obiger Tabelle siehe Seite 20 unten.

In palaeontologischer Hinsicht ist diese KOKEN-WAGNER'sche Grenze gekennzeichnet durch das Aussterben der Ceratiten und einer Reihe typischer Muschelkalk-Formen *(Terebratula, Pecten, Lima)*.

Bemerkenswert ist der mit dieser Grenze vor sich gehende Farbenumschlag des Bodens: die Muschelkalkböden sind graublau, diejenigen des Lettenkeupers gelbbraun.

Als Grenze gegen den Bunten Keuper dient in Franken der (von SANDBERGER und THÜRACH[1]) empfohlene) Grenzdolomit.

Er ist ein plattiges gelbgraues bis erbsengelbes meist löcheriges Gestein, auf dessen Schichtflächen oft massenhaft Steinkerne von *Myophoria Goldfussi* und kleineren Gasteropoden liegen, Mächtigkeit 2 bis 4 m. In Franken liegen unmittelbar darüber die bis 10 Meter mächtigen Gipsflöze (Grundgips) des Bunten Keupers. (Vgl. Abt. VI.)

Nun ist zwar zu erwähnen, daß die untere Grenze des Grundgipses keine einheitliche ist. Die Vergipsung[2]) hat stellenweise auch etwas tiefere Schichten ergriffen, z. B. Steinmergelbänke, die eine reiche Fauna einschließen, welche mit derjenigen des Grenzdolomits übereinstimmt.[3]) Wollte man, wie E. FRAAS vorschlägt, vergipste Steinmergelbänke noch zum Lettenkeuper rechnen, so müßte man die Formationsgrenze mitten in den Grundgips legen. Dies wäre praktisch undurchführbar. Deshalb nimmt man die deutlich sichtbare Grenze zwischen dem hellgrauen Gipsflöz und dem erbsengelben Dolomit als Formationsgrenze.

Zwischen den genannten beiden Grenzschichten liegt das Seite 21 gegebene Profil.

G. WAGNER erwähnt über diese Schichten noch: Der untere Lettenkeuper zeigt nur in den untersten 2 bis 3 m größere Regelmäßigkeit; weiter oben herrschen Mergel und Mergelschiefer mit wenig Kalk- und Dolomitbänken in buntem Wechsel. Die untersten Teile zeigen jedoch gerade hier im Kocher-, Jagst- und Taubertal die normale Ausbildung des unteren Lettenkeupers, die gegenüber den starken Schwankungen im obersten Hauptmuschelkalk sehr konstant ist.

Der untere Dolomit der Lettenkohle entspricht dem „Crailsheimer Trigonodus-Dolomit" von E. FRAAS. Er kommt noch bei Rothenburg vor. QUENSTEDT beschreibt diese „dicken Dolomitbänke mit Alabasterkugeln" von Ottendorf (Erläuterungen zu Blatt Hall 1880 S. 19). Den Namen Dolomit verdienen diese Bänke durchaus nicht überall, da auch echte Kalkbänke vorkommen. Bonebedreste findet man noch bei Rothenburg. Fossilien: *Myophoria Goldfussi* ziemlich häufig, *Trigonodus Sandbergeri* selten; Mächtigkeit 1 bis 1,5 m.

Die „Blaubank", die obere Grenze des Vitriolschiefers ist ein vorzüglicher Leithorizont. Sie ist auf frischem Bruch scheinbar homogen, aber auf Verwitterungsklüften starren zahllose dünne, kristalline Muschelschälchen hervor, zwischen denen kleine *Natica*-artige Schneckchen wie Nadelköpfe zerstreut liegen. Meist besteht sie aus mehreren dünnen Kalkbänkchen; zwischen ihnen liegt scharf abgegrenzt ein braun verwitterndes Bonebed.

Der Vitriolschiefer ist der konstanteste Horizont, meist 1 m mächtig. Er führt besonders *Lingula* und *Estheria*. Seinen Namen verdankt er dem sich zersetzenden Schwefelkies, der weiße Ausblühungen von Vitriol veranlaßt. In der Mitte liegt das „mittlere Crailsheimer Bonebed", sowohl bei Crailsheim wie bei Rothenburg. Seine ursprüngliche schwarze Farbe geht durch Verwitterung des Schwefelkieses in rotbraune Farbe über.

---

[1]) H. THÜRACH, Gliederung des Keupers, Geogn. Jahresh. I, 1888, S. 85 und Beiträge zur Kenntnis des Keupers in Süddeutschland, Geogn. Jahresh. XIII, 1900, S. 33.

[2]) Der drusige Grenzdolomit ist ebenfalls zum Teil vergipst. Schneeweiße Gipsknollen stecken häufig mitten im erbsengelben Gestein.

Gg. WAGNER (Beiträge zur Stratigraphie usw. 1913 S. 76) erwähnt von den Terebratelschichten im oberen Hauptmuschelkalk: „Gips ist als Ausfüllungsmaterial von Hohlräumen sehr verbreitet. Die Steinbrecher nennen solche Fasergipsknollen „Steinmark". Der Gips entstammt dem Gipskeuper, wandert mit den Tagewässern abwärts und füllt Hohlräume aus. Daß dies aber rasch geschieht, zeigt ein wenige Jahre altes Bohrloch in einem Steinbruch bei Ottendorf a. Kocher, 10 km südl. von Hall, das jetzt schon mit Gips ausgefüllt ist.

[3]) E. FRAAS, Begleitworte zu Blatt Kirchberg, 1892, S. 22/23, Beschreibung der vergipsten Fossilbänke von Satteldorf, 4 km nördl. von Crailsheim.

Der Fränkische Keuper.

Der Keuper im eigentlichen Sinne (= Mittlere und Obere Keuperformation).

Allgemeines.

Der Keuperformation i.e.S.[1]) gehört das Stufenland an, das als breite geschlossene Landfläche im Norden bei Hildburghausen und Koburg beginnt und sich zwischen Muschelkalk- und Jura-Gebiet durch Franken und Schwaben südwärts bis in die Gegend von Stuttgart und Tübingen erstreckt. Hier soll nur der zu Bayern gehörende Teil des Keuper-Gebietes behandelt werden.[2])

Die fränkische Keuperlandfläche gehört (mit Ausnahme des oberen Wörnitz- und Altmühl-Gebietes) zum Flußsystem des Rheins, das im allgemeinen noch jüngere und kräftigere Erosionsformen zeigt als das gealterte Donaugebiet. So treten uns hier überall noch reife Landformen entgegen: Die Flüsse und Bäche haben sich ein enges Netz von Tälern in die Landfläche eingeschnitten, aber bereits soweit eingetieft, daß sie nur noch mit geringem Gefälle die Hauptflüsse (Main und Donau) erreichen. Zwischen den Tälern sind noch Streifen der Hochflächen erhalten, die mit verhältnismäßig steilen Wänden gegen die Täler abfallen.

Nähere Ausführungen über die Landformen des Keuper-Gebietes und ihre Entstehung folgen im Abschnitt über Morphogenie.

Literatur des Keupers.

Aus der Keuper-Literatur der letzten Jahrzehnte sind für unser Gebiet folgende Abhandlungen von Bedeutung:

H. Thürach, Übersicht über die Gliederung des Keupers im nördl. Franken im Vergleiche zu den benachbarten Gegenden. (Geognost. Jahreshefte I und II 1888, 1889.)

---

[1]) Auf der geologischen Karte, Blatt IV, mit mk bezeichnet.

[2]) Der Keuper ist auf der „Geolog. Übersichtskarte von Bayern r. d. Rheins 1:250000“ als einheitliche Fläche ohne Unterabteilungen dargestellt. Wollte man dementsprechend die vorliegende Erläuterung geben, so würde es vielleicht genügen zu erwähnen, daß der Keuper im wesentlichen aus drei Ton- und Mergelstufen besteht, über denen jeweils eine Sandsteinstufe liegt. Damit würde aber ein weites Landschaftsgebiet vernachlässigt, das gerade durch seine reich und gleichmäßig gegliederte geologische Schichtung das Interesse derjenigen Naturfreunde erregt, die weniger auf Versteinerungen als auf geologisch-morphologische Beobachtungen Wert legen.

Zudem sollen vorliegende Erläuterungen einen Überblick über den derzeitigen Stand der geologischen Forschung geben und zu weiteren Forschungen anregen. Nun besitzen wir gerade für den fränkischen Keuper eine bis ins kleinste gehende Kenntnis des Gebietes durch die bisher unübertroffene Monographie von H. Thürach. Es könnte daher kaum verantwortet werden, wollte man hier nicht einen eingehenden Überblick über den südfränkischen Keuper geben an Hand des Thürach'schen Werkes, zumal dieses seinerzeit nur in geringer Auflage gedruckt wurde und daher wenig verbreitet ist. Der Umstand, daß auf der als Wandkarte gedachten Übersichtskarte 1:250000 die einzelnen Keuperstufen nicht zur Darstellung gebracht werden konnten, soll kein Hinderungsgrund sein. Der gleiche Verlag Piloty & Loehle in München hat die „Übersichtskarte der Verbreitung jurasischer und Keuperbildungen im nördlichen Bayern 1:500000 von C. W. Gümbel, L. v. Ammon und H. Thürach herausgegeben. Diese vorzügliche geologische Karte teilt den Keuper (vom Lettenkeuper bis zum Rät einschl.) in 6 Stufen, kann daher als Ergänzung zu der großen Wandkarte empfohlen werden, zumal der mäßige Preis von 3.— Mk. die Anschaffung erleichtert.

E. Fraas, Die Bildung der germanischen Trias, eine petrogenetische Studie. (Württbg. naturw. Jahreshefte 1899.)
H. Thürach, Beiträge zur Kenntnis des Keupers in Süddeutschland. (Geognostische Jahreshefte XIII, München 1901.)
F. Zeller, Beiträge zur Kenntnis der Lettenkohle und des Keupers in Schwaben. (Neues Jahrbuch für Mineral. XXV. Beilage-Bd. 1907.)
R. Lang, Der mittlere Keuper im südlichen Württemberg. (Württbg. naturw. Jahreshefte Bd. 65 und 66. 1909, 1910.)
R. Lang, Über die Lagerung und Entstehung des mittl. Keupers im südl. Württbg. (Centralblatt für Mineral. usw. 1909.)
R. Lang, Das Vindelicische Gebirge zur mittleren Keuperzeit. (Württbg. nat. Jahresh. Bd. 97, 1911.)
E. Fraas, Geol. und palaeont. Beiträge aus dem Triasgebiet von Schwaben und Franken seit 1907. (Geolog. Rundschau, Leipzig II, 1911.)
M. Weigelin, Der untere Keuper im westlichen Württemberg. (Neues Jahrbuch für Mineral. usw. XXXV. Beilage-Bd. 1913.)
W. Pfeiffer, Über den Gipskeuper im nordöstl. Württemberg. Stuttgart (W. Kohlhammer) 1915.
W. Pfeiffer, Über den Gipskeuper in Süddeutschland. (Jahresber. d. Oberrhein. Geol. Ver. VII, 1918.)
W. Pfeiffer, Gerölle im Keuper. (Jahresber. d. Oberrhein. Geol. Ver. X, 1921.)
E. Sieber, Der Keuper im nordöstlichen Württemberg, Oehringen 1922.
G. Fischer, Entstehung der Steinmergel im fränkischen bunten Keuper. (Neues Jahrbuch für Mineral. usw. 1924.)
E. Christa, Der Schwanberg im Steigerwald. Eine geologische Studie mit einer geologischen Karte 1:12500. München 1925, Piloty und Loehle.
M. Schuster, Geol. Blatt Uffenheim 1:100000 mit Erläuterungen: „Der geologische Aufbau des fränkischen Gäus zwischen Ochsenfurt und Uffenheim und des angrenzenden Keupersteilrandes". (Herausgegeben vom Oberbergamt. Geol. Landesuntersuchung.) München 1926. (Piloty und Loehle).

Geologische Geschichte der fränkischen Keuper-Formation.

Für vorliegende Abteilung des „Abrisses" war ein ausführliches Kapitel vorgesehen worden. Durch seine Aufnahme wäre indessen der zur Verfügung stehende Raum überschritten worden; so mußte es in Abteilung VI aufgenommen werden. Das gleiche gilt für den Abschnitt „Gesteinscharakter des fränkischen Keupers". Hier kann deshalb nur ein kurzer Auszug hievon gegeben werden.

Georg Fischer (a. a. O. 1924) suchte die Entstehungsgeschichte der Keupergesteine zu erforschen, ausgehend von dem Gedanken, daß die chemischen Sedimente ein Abbild der jeweils herrschenden klimatischen Zustände sein müßten. Diese Methode ließ für die einzelnen großen Abschnitte der Keuper-Formation die klimatischen Verhältnisse erkennen, ob arides Klima (Wüste) oder humides (feuchtes)[1] Klima herrschte und wie jeweils die Landfläche beschaffen war.

Im allgemeinen herrschte arides Klima mit periodischen Wolkenbrüchen. Feuchteres Klima trat nur vorübergehend auf (Estherien- und Schilfsandstein-Zeit). Erst im obersten Keuper (*Zanclodon*-Letten) kommt es zur Herrschaft und steigert sich zum humiden Klima der Rät-Zeit.

Die Landfläche ist bis Ende der Lehrbergstufe eine weite einförmige Salzton-Ebene, im S. und SO. begrenzt vom Vindelicischen Land. Große seichte Lagunen und periodisch auftretende Salztümpel liegen darin. Die Schilfsandstein-

[1]) Von aridus, lat. = trocken und humidus, lat. = feucht.

Zeit begrub vorübergehend diese Landschaft mit den Sandmassen, die ihre Flüsse aus dem Vindelicischen Land brachten.

Im oberen Teil des Mittleren Keupers (Blasen- und Burgsandstein) ist Franken ein großes versandetes Trockengebiet. Periodische Wolkenbrüche im Vindelicischen Gebirgsland lassen Flüsse entstehen, die festländischen sandigen Verwitterungsschutt ins fränkische Senkungsgebiet tragen und die Landfläche hier 70 bis 100 m hoch überschütten. Im aufgeschütteten Sand versinkt und verdunstet ihr Wasser, wobei die chemische Verwitterung begünstigt wird, die zu dolomitischen und quarzitischen Lösungen führt. Diese Lösungen verkitten nicht nur die Sandmassen, sie lassen auch die dolomitischen Arkosen entstehen sowie die zahllosen bunten Hornstein-Einlagerungen.

Der rotbraune Lettenschiefer zwischen den Sandsteinflözen ist angeschwemmtes Material, das bereits an seiner ursprünglichen Lagerstätte im Vindelicischen Land zu rotbraunen Laterit verwittert war.

Die Benennung der Keuperschichten.

Die Benennung „Keuper" ist identisch mit der in Franken volkstümlichen Bezeichnung „Kiper" oder „Kipper", die man für mittelharten, bröcklich verwitternden Mergel anwendet, wie er namentlich im Gipskeuper und in der Estherien-Stufe vorkommt und weithin den Boden bedeckt.[1])

Ähnlich wie man den Jura in einen „Schwarzen, Braunen und Weißen Jura" einteilt, wendet man zuweilen auch für den Keuper eine Dreiteilung an, wobei man die vorherrschenden Farben der Abteilungen als Kennzeichen verwendet:

oben: der „Gelbe Keuper" = das durch den gelblichweißen Sandstein kenntliche Rät,
der „Bunte Keuper" = die ganze Schichtenreihe zwischen *Zanclodon*-Letten und Grundgipsflöz mit ihren bunten Letten- und Mergellagen,
der „Graue Keuper" = Lettenkeuper (Lettenkohlenkeuper), der vorwiegend aus dunkelgrauem Mergelschiefer besteht.

Die genannten beiden oberen Stufen (Gelber und Bunter Keuper) entsprechen der eigentlichen Keuperformation. Eine etwas andere Einteilung, die auf der petrographischen Beschaffenheit beruht, trennt den eigentlichen Keuper in:

„Sandsteinkeuper" = Rät bis Blasensandstein; hier herrschen die Sandsteinmassen vor, und
„Gipskeuper" = Lehrbergstufe bis Grundgipsflöz; hier liegen Schichten mit Gipsknollen und Gipsflözen zwischen den Mergelbänken.

Die Bezeichnung der einzelnen Stufen:

Rät. Gümbel machte (Amtl. Bericht der 34. Versammlg. Deutscher Naturforscher 1859 S. 84) nach eingehender Untersuchung dieser Stufe den Vorschlag die Zwischenbildung zwischen Keupermergel und unterstem Lias als „Rätische Stufe" zu benennen, weil sie in den Rätischen Alpen am großartigsten entwickelt ist.

Stubensandstein. Wo die Sandsteinmassen im Bereiche des Burgsandsteins ihr kalkig-dolomitisches Bindemittel durch das lösende Grundwasser verloren haben, ist der Sand nur noch locker gebunden. Er wird im Sandsteinkeuper-Gebiet gegraben und zum Bestreuen der Stuben in den Dörfern verwendet. Die Bezeichnung „Stubensandstein" für den Burgsandstein wurde von Gümbel aufgegeben, da in der oberen Abteilung des fränkischen Bunten Keupers an vielen Orten fast alle Schichten eine solche Ausbildung besitzen, daß sie als Stubensand Verwendung finden. (Thürach, Geogn. Jahreshefte II, 1889 S. 42).

Im Gegensatz zum Stubensandstein (= mittlerer und oberer Burgsandstein) nannte man früher den unteren Burgsandstein „Kellersandstein", da die noch etwas fester gebundenen und daher standfesten, aber immerhin noch leicht mit dem Pickel zu be-

[1]) Doch wird der Name auch mit Köper, (fränk. = buntes Gewebe) in Zusammenhang gebracht.

arbeitenden Felsmassen das Graben von größeren Kellerräumen ermöglichten (z. B. in der Gegend von Gunzenhausen—Pleinfeld—Roth—Nürnberg, aber auch weiter nördlich in der Bamberger Gegend).

Burgsandstein. Der Name wurde von GÜMBEL und THÜRACH gewählt, weil die Felsmassen dieser Stufe besonders an der Burg bei Nürnberg und am Burgberg bei Erlangen anstehen und außerdem mehrere steile Höhen bilden, die von alten Burgen gekrönt werden, z. B. die alte Veste bei Fürth und Cadolzburg. (THÜRACH, Geogn. Jahresh. II, 1889 S. 42).

Blasensandstein. Charakteristisch für die Stufe sind einzelne grobkörnige Sandsteinlagen mit vielen Mergelknöllchen und Tongeröllen, die auswittern. Dabei werden die blasenartigen Hohlräume leer, so daß das der Verwitterung ausgesetzte Gestein zum „Blasensandstein" wird. (THÜRACH, a. a. O. 1889 S. 34).

Lehrberg-Stufe. Sie umfaßt die Lehrberg-Schicht und die darunter liegenden Berggips-Schichten. Die dolomitischen Steinmergelbänke in der Lehrbergschicht wurden früher in der Umgebung von Ansbach namentlich bei Lehrberg gebrochen und als Pflastersteine in den fränkischen Städten des Gebietes verwendet. (GÜMBEL, Bavaria 1866 Bd. IV, S. 51.)

Berggips-Schichten im Gegensatz zum tiefer liegenden „Grundgips". Der Berggips streicht an den steilen Hängen der vom Blasensandstein bedeckten Berge aus und ist (mit Ausnahme des Grabfeldes und der nördlichen Haßberge) die höchste Gipsschicht. (QUENSTEDT, Geolog. Ausflüge in Schwaben 1864 S. 305).

Schilfsandstein. Einzelne Sandsteinlagen sind außerordentlich reich an fossilen Pflanzenresten, namentlich an Equiseten, deren gestreifte Blätter und mit Internodien versehene Stengel an „Schilfpflanzen" erinnern.

Estherien-Stufe. *Estheria laxitexta* SDBG. ist ein kleines Muschelkrebs'chen. Die nur einige Millimeter großen Muschelschälchen liegen zu Tausenden auf den tonigen grünlichen und blaugrauen Schichtflächen einzelner Steinmergelbänke und in vielen feinsandigen Mergelschichten der Stufe.

Acrodus-Bank. Sie liegt unmittelbar über der *Corbula*-Bank und enthält im Gegensatz zu dieser häufig Zähne (3 bis 15 mm groß) eines Fisches: *Acrodus microdus* WINKLER.

Corbula-Bank. Auf den Schichtflächen der Steinmergelplatten liegen zuweilen die Schälchen einer kleinen *Corbula*-ähnlichen Bivalve in großer Menge, aber so schlecht erhalten, daß eine genaue Artbestimmung unmöglich ist.

Benker Sandstein. Wurde von GÜMBEL so genannt nach seinem Vorkommen in der Bayreuther Gegend. Er wird dort, z. B. bei Benk als Baustein gebrochen. Um ein Mißverständnis zu vermeiden, sei hier erwähnt, daß dieses Dorf Benk auf Lettenkeuper-Sandstein steht, der von dem etwas weiter südlich anstehenden Benker Sandstein durch eine Verwerfung getrennt ist. Dagegen gehören dort die Sandsteinbänke, die über rotem und grasgrünem Lettenschiefer liegen und in dem Wäldchen am Hang zwischen Benk und der Staatsstraße von Bayreuth nach Hof aufgeschlossen sind, der untersten Zone des Benker Sandsteins an. (Vgl. Abt. VI.)

Bleiglanzbank. Sie ist eine der Steinmergelbänke, in welcher die auch in anderen Keuperschichten nicht ganz fehlenden Blei- und Kupfererze häufiger vorkommen, namentlich millimeterkleine silberglänzende Bleiglanz-Kriställchen. Das Vorkommen dieser Erze beschränkt sich aber auch hier auf äußerst geringe, wirtschaftlich wertlose Mengen.

Grundgips-Flöz, das bis zu 10 m mächtige weißgraue Gipsflöz, das am Grunde des Bunten Keupers liegt.

Lettenkeuper (Lettenkohlen-Keuper). Vergl. Fußnote auf Seite 19.

Die folgenden Seiten bringen die Beschreibung des Bunten Keupers. Die Darstellung der einzelnen Schichten ist als Tabelle gedacht und zwar nicht als chronologische, sondern als Profil-Tabelle, in der die einzelnen Schichten so unter bezw. über einander liegen wie im natürlichen Profil. Sie beginnt also mit den jüngsten Keuperschichten, dem Rät und endet mit der ältesten Abteilung, dem Gipskeuper.

Übersicht über den Fränkischen Keuper

(hiezu die Skizze S. 29).

Oberer Keuper oder Rät.

Rät = gelblichweißer Keuper, Bonebed-Sandstein.

Ist von allen fränkischen Keuperstufen die unregelmäßigste hinsichtlich Gesteinsart und Mächtigkeit.

Fazies-Arten: In der Nürnberger Gegend liegt noch die oberfränkische Fazies, wenn auch verschwächt vor: 10 bis 15 m Rätsandstein, darüber 1 bis 2 m grauer Pflanzenschieferton, dann folgt Arieten-Sandstein des Lias. Weiter nach Süden (Neumarkt i. Opf.) verschwindet der Pflanzenschiefer; der Ton ist rot. Gegen West (Gegend von Gunzenhausen, Hesselberg-Gebiet) verschwindet auch der Sandstein nahezu völlig.

1. Sandstein-Fazies (Nürnberger Gegend). Hellgelbe oder weiße Sandsteinmassen mit einzelnen grauen Ton-Schichten und Ton-Einlagerungen (Pflanzenschiefer).

Der Sandstein ist grobkörnig, nahezu frei von Feldspat und Kaolin, durch toniges Bindemittel verkittet. Er bildet geschlossene, mehrere Meter dicke Felsmassen. Ihn durchziehen häufig schrägliegende, handbreite Baumstücke, Stengel und Äste von Treibholz, die kohlig oder rostfarben sind. Schiefrige Sandsteinflächen sind häufig mit kohligen Pflanzenhäckseln bedeckt.

Im oberen Teil der Bausandsteinbänke beginnen die Unregelmäßigkeiten. Graue Tonschmitzen stellen sich ein, keilen seitlich jedoch meist rasch aus. Das eigentliche Pflanzenschiefer-Flöz liegt über dem Bausandstein. Darüber folgt dann entweder sofort der rostbraune Arietensandstein oder eine Rätsandsteinbank (bis zu 1 m) ist noch dazwischengelagert, die reichlich mit Eisenoxydschwarten, Mangan- und Kohlenbutzen durchsetzt ist.

Der Schieferton (Pflanzenschiefer) im obersten Teil der Stufe ist 1 bis 2 m mächtig. Die Farbe ist ursprünglich weiß oder rötlich, durch kohlige Substanzen meist jedoch ins Graue, Violette oder Schwärzliche verfärbt. Der Umstand, daß weiter südlich (Neumarkt-Weißenburg), wo die Pflanzenreste fehlen, der Rät-Ton rot ist, läßt annehmen, im nördlichen Gebiet habe die Pflanzensubstanz bei ihrer Zersetzung das Eisenoxyd des Tones reduziert und löslich gemacht und dadurch seine Entfernung sowie die Ausbleichung des Tons veranlaßt. Die fossilen Pflanzenreste liegen teils nur als Abdrücke auf den hellen Schichtflächen (z. B. bei Bayreuth) oder als schwarzer Belag auf den grauen Tonflächen (Lauf-Altdorf); zuweilen kommen auch dünne, rasch auskeilende und daher technisch wertlose Kohlenflözchen vor.

Die fossile Flora. Die Steinbrüche und Tongruben im Rät-Gebiet nordöstlich von Nürnberg (zwischen Heroldsberg-Lauf und Schnaittach) sowie weiter südlich gegen Altdorf [1]) haben nach und nach eine reiche Flora geliefert, die von W. Gothan [2]) beschrieben wurde. Im genannten Gebiet liegen die Pflanzenreste in den Tonschichten unmittelbar unter dem braunen Lias-Arieten-Sandstein, in den meisten Fällen höchstens 1 bis 2 m, selten bis 4 m darunter. Der untere Teil des Rätsandsteins bis zum Knollenmergel ist fossilleer. Gothan hat von diesen Fundplätzen 38 Pflanzenarten beschrieben, die sich auf 25 Gattungen verteilen. An häufiger vorkommenden Pflanzen seien genannt:

---

[1]) E. Stromer, Über Fossilfunde im Rät und im unteren Lias bei Altdorf in Mittelfranken. (Abh. der Naturhist. Ges. Nürnberg XVIII, 1909.)

[2]) W. Gothan, Die unterliasische („rätische") Flora der Umgegend von Nürnberg (Abh. der Naturhist. Ges. Nürnberg XIX, 1914).

Farne: *Todites, Laccopteris.* — Cycadeen (Palmfarne): *Thinnfeldia, Nilssonia.* — Coniferen (Nadelhölzer): *Cheirolepis Münsteri.*

Von diesen Pflanzen herrschen besonders folgende drei Hauptarten vor: *Thinnfeldia rhomboidalis, Nilssonia acuminata* und *Cheirolepis Münsteri.* Von Equiseten kommen nur dürftige Reste vor.

Die Flora dieses Pflanzenschiefers der Nürnberger Gegend ist nach GOTHAN nicht mehr rätisch, sondern bereits unterliasisch; wichtig für diese Beurteilung ist das Vorkommen der *Nilssonia*-Arten und von *Cheirolepis Münsteri.* Somit dürften diese Pflanzenschiefer die Psilonoten-Zone und zum Teil die Angulaten-Zone vertreten. Die Flora der Coburger Pflanzenschiefer ist dagegen rätisch; hier ist *Lepidopteris Ottonis* eine der dominierenden Pflanzen; bei Nürnberg fehlt sie.

Dieser Unterschied im geologischen Niveau wird damit erklärt, daß sowohl die Pflanzenschiefer-Fazies wie das auf sie folgende und von Norden kommende Liasmeer ganz allmählich nach Süden vordrangen, und somit die südlichen Gebiete (Nürnberger Gegend) später bedeckten und überfluteten als die Coburger Gegend. Damit steht auch im Einklang, daß der Angulaten-Sandstein (toniger, feinkörniger dünngeschichteter Sandstein mit Cardinien-Muscheln) im nördlichen Oberfranken ziemlich gleichmäßig verbreitet ist, weiter südlich dagegen fehlt, bezw. hier teils durch die Pflanzenschiefer-Fazies vertreten ist.

So wertvoll diese palaeobotanische Feststellung in stratigraphischer Hinsicht ist, so muß hier aus praktischen Gründen die seinerzeit von GÜMBEL aufgestellte[1]) und bisher in Franken übliche Grenze zwischen Keuper und Jura beibehalten werden. Darnach stellt man den Rätsandstein und die grauen Pflanzenschiefer noch zum Keuper, da sich ihre Gesteinsart mehr an den Keuper als an den Jura anschließt.

Die GÜMBEL'sche Grenze zwischen Keuper und Jura, die somit auch hier beibehalten wird, liegt dort, wo die terrestrischen Sand- und Tonschichten enden und die marinen Sedimente beginnen, d. h. in Oberfranken an der Basis des Angulaten-Sandsteins und weiter südlich, wo der Angulaten-Sandstein fehlt (Mittelfranken) dort, wo der kalkreiche rostbraune Arieten-Sandstein mit seinen marinen Fossilien beginnt.

2. **Die Rät-Fazies im südlichen Mittelfranken.** Das südlichste Vorkommen von Rätfels-Schichten liegt in der Weißenburger Gegend (Weiboldshausen, Höttingen, Fiegenstall): 5 bis 7 m Sandsteinfelsen, der zum Teil durch zersetzte Schwefelkies-Kriställchen rostfleckig getigert ist. Darüber liegt noch bunter, meist rotvioletter Letten (2 bis 3 m), dann folgt der Arieten-Kalksandstein mit Belemniten.

In der weiteren Umgebung von Gunzenhausen scheint das Rät nahezu ganz zu fehlen. Entweder liegt nur eine dünne, weiße, glimmerreiche Sandsteinbank oder eine lockere, grobkörnige, weiße Sandschicht (bis zu 1 m) zwischen *Zanclodon*-Letten und Arieten-Sandstein; oder letzterer liegt unmittelbar auf dem rotbraunen Letten, z. B. bei Pfofeld. In diesem Fall enthält die oberste Schicht (20 bis 30 cm) des Lettens Hornstein- und Schwefelkiesknollen, war also zu Beginn der Jurazeit Reduktions-Prozessen ausgesetzt. Diese haben die ursprünglich rotbraune Farbe des Lettens entfärbt; sie ist nun hellgrünlich.

Im nördlichen Hesselberg-Vorland kommt in dieser Grenzschicht ein förmliches Schwefelkiesflöz (15 cm mächtig) vor, das früher bei Beyerberg und Dambach abgebaut wurde.

[1]) W. GÜMBEL, Über das Knochenbett (Bonebed) und die Pflanzenschichten in der rätischen Stufe Frankens. (Sitzungsber. der Bayer. Akad. d. Wiss. zu München, Math.-phys. Klasse, 1861 Bd. I).

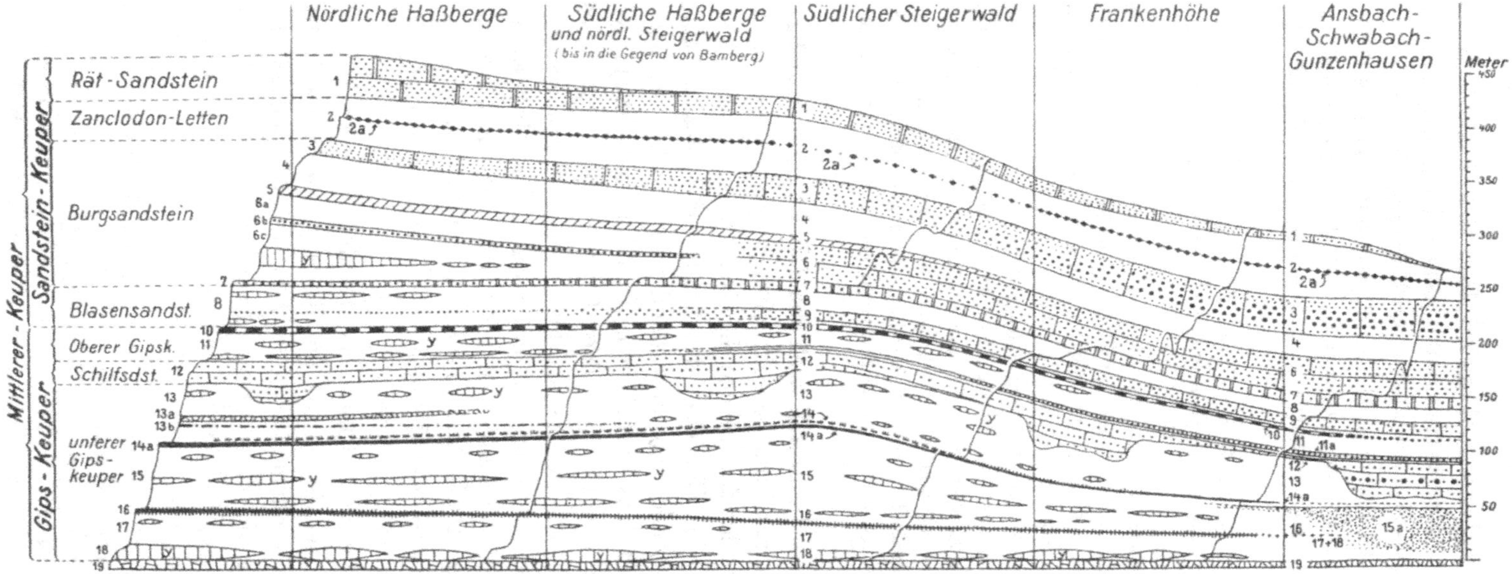

M. Schuster gez.

Einteilung der Keuperformation (nach H. Thürach).

Die links stehenden Zahlen der Erklärung entsprechen denjenigen im Profil.

1 I. **Rät-Sandstein.**
2—18 II. **Bunter Fränkischer Keuper.** Einteilung nach H. Thürach:
2—6 **Obere Abteilung:** *Zanclodon*-Letten und Burgsandstein 120—230 m
2 *Zanclodon*-Letten 10—50 m
2a Konglomeratbank darin (= *Plateosaurus*-Konglomerat, *Zanclodon*-Bresche)
3—6 Burgsandstein-Stufe 70—140 m
3 Oberer Burgsandstein 15—30 m
4 Dolomitische Arkose, 20—40 m
5 Festungs-Sandstein darin
6 Unterer Burgsandst. im Süden 30 m; Heldburger Stufe im Norden 80 m.
Einteilung der Heldburger Stufe:
6a Bunter Letten, Mergel und Stubensandstein, 20—25 m
6b Oberer Semionoten-Sandstein, 2—8 m
6c Bunter Mergel und Gipsmergel, 20—55 m

7—9 Blasen-Sandstein-Stufe, 25—50 m
7 Coburger Bausandstein = Unterer Semionoten-Sandstein, 2—10 m
8 Blasen- und Plattensandstein, 20—40 m
9 Sandstein-Fazies im südlichen Franken
10—12 **Mittlere Abteilung:** Lehrberg-Schichten und Schilfsandstein 20—65 m
10—11 Lehrberg-Stufe (= oberer Gipskeuper) 20—35 m
10 Lehrberg-Schicht, 3—5 m
11 Berggips-Schichten, 15—30 m
12 Schilfsandstein-Stufe
13—18 **Untere Abteilung:** Unterer Gipskeuper
13 Estherien-Schichten; 13a = Muschelbank; 13b = *Modiola*-Bank
14a *Corbula*-Bank = Frankenberger Platte. (14 = *Acrodus*-Bank)
15, 17 Myophorien-Mergel
16 Bleiglanzbank darin
18 Grundgipsflöz
19 III. **Lettenkeuper** im Liegenden des Bunten Keupers
y = Gipsflöze und Gipslinsen in den einzelnen Schichten

Das Fehlen des Räts in dieser Gegend läßt sich folgendermaßen erklären: Ursprünglich lagen auch hier terrestrische[1]) Rätschichten. Als das Jurameer von Norden her vordrang, zerstörte es durch seine Brandung diese Schichten und lagerte darauf die abgespülten Sandmassen zusammen mit seinen Muscheln und kalkigen Niederschlägen wieder ab, wobei der sog. Arieten-Sandstein als unterste marine Juraschicht entstand. (Näheres hierüber folgt im Abschnitt: Das Rät als Grenzschicht. S. 44.)

Die Bonebed-Einlagerungen (Knochenbett mit Fisch- und Saurier-Zähnchen) scheinen nur im nördlichen Franken (Bamberger Gegend) vorzukommen. Sie liegen dort über der Bausandstein-Region im oberen Teil der Stufe.

Verwendung. Die mächtigen fugenlosen Rätfelsmassen sind die beliebtesten Bausteine der Keuperformation. Sie haben in früheren Jahrhunderten Veranlassung zur Entwicklung der fränkischen Baukunst und Bildhauerei gegeben und ebenso wie der Burgsandstein die Quaderbauten der fränkischen Städte mit ihren festen Mauern ermöglicht (Weißenburg, Altdorf, Nürnberg).

Der graue Rät-Ton (Pflanzenschiefer) der Nürnberger Gegend hat sehr gleichmäßige Zusammensetzung, ohne Sandkörner und sonstige Gesteinseinschlüsse, hat hohen Tongehalt und enthält nur Spuren von Kalk, Magnesia und von Alkalien. So ist er zur Herstellung feuerfester Tonwaren sehr geeignet. Tongruben darin sind im NO und O von Nürnberg bei Kalchreuth, Heroldsberg, Eschenau, Rollhofen, Wolfshöhe, Großbellhofen (nordöstl. von Lauf), ferner bei Winkelhaid 4 km westlich von Altdorf. Der Winkelhaider Ton hat die größte Feuerfestigkeit und ist der wertvollste Rät-Ton des Gebietes.[2])

Morphologie. Die Rätfels-Zone, die überall noch von dem 1 bis 2 m mächtigen Arieten-Sandstein (unterer Schwarzer Jura) bedeckt wird, ist gemeinsam mit ihm eine der wichtigsten Stufen in der fränkischen Landschaft. Als einzige harte durchgehende Felsbank hat sie den Charakter des Landschaftsbildes in außerordentlichem Maße beeinflußt. Sie bildet im Juravorland die scharf hervortretende Steilkante am Beginn der flachen Lias-Hochebenen. An ihrer Sohle entspringen zahlreiche Quellen, die sich in den weichen, darunter liegenden roten Letten einnagen; sie unterspülen dabei die Felsplatten, bis diese in sich zusammenstürzen, wobei die romantischen Felsschluchten mit ihren steilen Wänden und den Felslabyrinthen entstehen. Solche Schluchten hat namentlich die Umgebung der Stadt Altdorf bei Grünsberg, Prackenfels, zwischen der Prethalmühle und Rasch, dann weiter nördlich bei Röthenbach (Rumpelbach-Klamm); ferner zwischen Schönberg und Ottensoos (südöstlich von Lauf).

Diese Rät-Liaskante ist die Grenze von zwei bedeutenden fränkischen Landschaftsformen. Unter und vor ihnen liegen die tief abgetragenen Keuperflächen mit ihren teils sumpfigen, teils versandeten Böden und den dunklen Nadelwäldern. Mit der Rät-Liaskante beginnen die kalkreichen Juraböden, die dem Feldbau dienen, daher meist offen daliegen, und nur hie und da Wälder und zwar Laub-

[1]) Terrestrisch, terra, lat. = Erde, Land, Absätze auf dem festen Land (in Flüssen, Seen); der Gegensatz dazu sind marine oder Meeresablagerungen.

[2]) Eine ausführliche Darstellung der Rätschichten der Nürnberger Gegend, wobei namentlich die Verwertbarkeit des Rät-Tons für die Tonindustrie besprochen ist, gibt Kaul, Geol.-chem. Studien über die Ton- und Lehmvorkommen um Nürnberg. Dissertation Erlangen 1899.

wälder tragen.[1]) Die freie, erhabene Lage dieser Rät-Liaskanten, ihr Quellenreichtum, ihre guten Bausteine und der gute Baugrund haben seit alter Zeit dazu angeregt, die Wohnplätze darauf zu errichten. So haben sich im Juravorland zwischen Gunzenhausen, Altdorf, Nürnberg, Erlangen und weiter nördlich die Dörfer gerne auf der Rät-Liasplatte angesiedelt; ihre aus Rätquadern erbauten Kirchen ragen als Wahrzeichen weit hinaus in die Keuperlandschaft und das Juravorland. Beispiele sind in der Gegend von Altdorf: Schönberg, Leinburg, Altenthann, Burgthann, Oberferrieden, Pyrbaum; weiter südwestlich gegen Weißenburg: Göggelsbuch, Jahrsdorf, Eysölden, Walting. Südlich und westlich, wo der Rätsandstein fehlt, vertritt die Arieten-Sandsteinplatte allein diese wichtige Rolle. Hier sind zu nennen als alte Orte auf der Stufenkante am Rande des Altmühltales: Trommetsheim, Gundelsheim, Dittenheim, St. Michael bei Unterasbach; weiter im Westen Cronheim, Lellenfeld, Beyerberg usw., sowie die weithin sichtbaren Orte auf den aus den Keupersandflächen herausragenden Inselbergen zwischen Gunzenhausen und Spalt: Gräfensteinberg, Absberg, Kalbensteinberg.

Mittlerer Keuper, obere Abteilung = Sandsteinkeuper.

(*Zanclodon*-Letten, Burg- und Blasensandstein).

Knollenmergel = Zanclodon-Letten, Roter Lettenschiefer, Feuerletten.

Die 10 bis 50 m rotbraune Lettenstufe zwischen Rätsandstein (oben) und Burgsandstein (unten).

Die untere Grenze ist nicht einheitlich und deutlich, da hier eine mehrfache Wechsellagerung von rotbraunem Letten mit Sandsteinbänken vorkommt. Man nimmt daher jeweils die höchste Burgsandstein-Bank als untere Grenzschicht an.

Der Letten ist im südlichen und südöstlichen Franken sowie in der Oberpfalz frei von Karbonaten, gegen NW. kommt ein stets zunehmender Karbonat-Gehalt. Knollige Lagen sind häufig; sie bestehen aus einer Unmenge rundlicher oder ellipsoidischer Knollen, die teils lose, teils zusammengewachsen sind.

Die Mächtigkeit des Knollenmergels nimmt von Nord nach Süd ab: Bamberg—Erlangen—Nürnberg 50 m, Gunzenhausen 30 m, Dinkelsbühl 20 bis 30 m, Oettingen 10 m.

Plateosaurus-Konglomerat (= *Zanclodon*-Breccie)[2]) 0,1 bis 0,5 m. In ganz Franken kommen in der Stufe eine, zuweilen auch einige rote Bänke vor, die aus einer Unmenge kleiner kantengerundeter Gerölle bestehen, Bindemittel ist Kalk oder Dolomit. Das Gestein der Gerölle ist Kalk, Dolomit, Mergel, Quarz, Feldspat, Glimmer und Letten; ihre Farbe ist weiß, gelb, grau und schwärzlich. In der Bank liegen zuweilen Knochen von Sauriern (z. B. in der Umgebung

---

[1]) Die Vegetationsunterschiede, welche das Rät als Grenze zwischen den Floren-Gebieten der Kiesel- und der Kalkböden bedingt, sowie die Einwirkung, die das wechselnde Pflanzenkleid für das Landschaftsbild bringt, hat Hans Scherzer anschaulich geschildert in: Geologisch-botanische Heimatkunde von Nürnberg und Umgebung. Nürnberg 1921. Erd- und pflanzengeschichtliche Wanderungen durchs Frankenland. Wunsiedel 1920.

[2]) Statt des italienischen Wortes breccia, = Geröll, bürgert sich das gut deutsche, gleichsinnige Wort „Bresche" ein. Eine Bresche besteht aus kantigen und eckigen, verkitteten Gesteinstrümmern.

von Lauf a. Pegnitz), ferner Kieselhölzer; an Mineralien sind zu nennen: Schwerspat, Eisenstein und Spuren von Bleiglanz und Kupfererzen.[1])

Wo die Bank besonders mächtig ist, wird sie aus den Feldern gebrochen und als Bau- und Pflasterstein oder zu Straßenschotter verwendet. Im älteren Straßenpflaster der Stadt Gunzenhausen z. B. ist ihr Gestein noch zu erkennen. Südlich von Roth a. Sand ist sie so mächtig und hart, daß sie hier eine kleine Terrasse bildet (Eichelberg, Fäßleinsberg). In den Waldgebieten südöstlich von Nürnberg ist sie in Steingruben aufgeschlossen, z. B. zwischen Fischbach und Birnthon, sowie zwischen Lauf und Schönberg.

Der rote *Zanclodon*-Letten ist (in der kalkfreien Fazies) infolge seines hohen Tongehaltes ein für bessere Ziegeleiprodukte geeignetes Material und steht in reichlicher Menge zur Verfügung. Zu verwundern ist, daß er bisher noch nicht in größerem Maßstab ausgebeutet und verarbeitet wird. Einige Ziegeleien sind in der Umgebung von Lauf bei Nürnberg.

Morphologie. Die Knollenmergel-Schicht bildet den flachen Anstieg zu den Rätsandstein-Steilhängen, aus deren Sohle zahllose kleine Quellen austreten. So ist sie meist von Wasser überrieselt und durchfeuchtet und in den Waldgebieten mit üppiger Flora bedeckt.

Unsicherer Untergrund. Der rotbraune Knollenmergel hat (ähnlich wie der *Opalinus*-Ton im Braunen Jura) kolloidale Eigenschaft. Er saugt sich mit Wasser voll, quillt und zerfließt dann. Dies führt an den Hängen häufig zu Bodenrutschungen. Tragen solche Hänge Wiesen, so zeigt ihre Oberfläche fast immer die welligen Formen und breiten Wülste abwärts schwimmender Bodenmassen. Dabei wandert der durchweichte Ton unter der geschlossenen Rasendecke ganz langsam nach abwärts; erst dann, wenn die Rasendecke zerreißt, zeigt sich die gequollene breiige rotbraune Masse.

Straßen- und Bahneinschnitte verlangen daher in diesem Boden besonders flache Böschungen. Für Hochbauten ist die Schicht ein unsicherer Untergrund. Die Häuser zeigen dort, wo sie auf solchem Letten stehen, meist Risse und Sprünge.

Selbst bei Tiefbohrungen macht sich die infolge Zutritt von Grundwasser quellende Tonmasse zuweilen unlieb bemerkbar, wenn das Bohrloch unverrohrt ist und die über dem Knollenmergel lastende Masse eine Bodenbewegung begünstigt. So sind in den letzten Jahren einige Fälle bekannt geworden, wo die sich ins Bohrloch vorschiebenden Tonmassen, Bohrmeißel oder Schlammbüchsen verschüttet hatten, so daß es langwieriger Hebungsversuche und größter Mühe bedurfte, um Bohrloch und Bohrwerkzeug zu retten.

Burgsandstein, Gesamtmächtigkeit annähernd 100 m.

Im südlichen Franken lockere, grobkörnige Sandsteinflöze mit mächtigen Einlagerungen bunter Hornsteine sowie mit Zwischenlagen rotbrauner und grünlichgrauer Lettenschiefer. Frühere Bezeichnung „Stubensandstein", da das lockere Gestein häufig als Stubensand (zum Bestreuen der Bauernstuben) gegraben wird.

Thürach hat für diese Stufe nachfolgende Dreiteilung durchgeführt. Diese drei Teilstufen sind nur im nördlichen Franken und in Thüringen gut voneinander zu trennen, wo sich zwischen die obere und untere Sandstein-Stufe dolomitische Sandsteine und Dolomitbänke einschieben (die sog. dolomitische Arkose), die sich deutlich als mittlere Abteilung kennzeichnen. Dieses Merkmal fehlt im südlichen Franken, weshalb hier die Trennung schwer durchführbar ist.

In landschaftlicher Hinsicht hat das Gebiet der ganzen Stufe ein rauhes, unfreundliches Gepräge. Es ist das fränkische Nadelwaldgebiet, das in historischer Hinsicht wegen seines unwirtlichen Charakters erst verhältnismäßig

[1]) M. Blanckenhorn, Saurierfunde im fränkischen Keuper, Sitz. Ber. d. Phys.-med. Sozietät in Erlangen, 1897. S. 75.

spät, zur Zeit der großen Rodungen (etwa 700 bis 1000 n. Chr.) der Besiedlung und Kultur erschlossen wurde.

Ursache ist das lockere Gestein, das leicht verwittert. Der lockere Sand bedeckt die zu flachwelligen Höhenzügen abgetragenen Flächen zwischen Nürnberg-Roth-Gunzenhausen und Feuchtwangen. Ausgedehnte Kiefernwaldungen wechseln darauf mit mageren Sandfeldern und angestauten Wasserflächen, die sich namentlich im nördlichen Vorland des Hesselberges und westlich von Erlangen zu umfangreichen Weihergebieten vereinigen.

I. Oberer Burgsandstein rund 30 m.

Vorwiegend mächtige Sandsteinmassen, Lettenschiefer nur in untergeordneter Menge.

Gesteinsart. Die Sandsteine sind grobkörnig, geröllführend, enthalten etwas Kaolin und immer Feldspat-Stückchen, sind daher „Arkose-Sandsteine".[1]) Farbe weiß bis rötlich-braun.

Die Gerölle sind Grundgebirgsquarze (weiß, grau und rötlich), graue Quarzite, seltener schwarze Lydite, außerdem Lettengerölle.

Die oberste Lage (Grenze gegen den *Zanclodon*-Letten) besteht im Süden (Gunzenhausen—Windsbach) aus einer 5 bis 10 m mächtigen Wechsellagerung feinkörniger, toniger Sandsteinbänke mit rotbraunen Lettenschichten.

Verwendung. Festigkeit der Sandsteinfelsen meist gering, nur die oberen Lagen enthalten festere Bänke, die als Bausteine brauchbar sind.

Morphologie. Deutliche Geländeschwelle über den flachgewölbten Kuppen des Mittleren. Burgsandsteins.

II. Mittlerer Burgsandstein 20 bis 30 m

entspricht der „Dolomitischen Arkose" und dem „Coburger Festungssandstein" im nördlichen Franken. Südlich der Linie Dinkelsbühl—Neustadt a. Aisch, Forchheim und Kulmbach herrscht die hier zu besprechende dolomitfreie Sandstein-Fazies.

Gesteinsart. Grobkörnige, hellbräunliche lockere Sandsteinmassen mit Hornsteinen und Lettenschichten. Letztere sind bis zu 5 m mächtig und rotbraun; über und unter den Sandsteinflözen sind sie meist entfärbt und zeigen hier graue, grüngraue und hellgrüne Farbtöne.

Die buntfarbigen Hornsteinmassen haben große Verbreitung (sowohl im Mittleren wie im Unteren Burgsandstein). Farbe weiß, gelblich, siegellackrot (Jaspis, Karneol), bläulich (Chalcedon), seltener grünlich (Prasem).

Der Hornstein kommt in Brocken und Knollen bis zu 1 m Durchmesser vor; ihre Oberfläche ist unregelmäßig rauh und sandig; das umgebende Gestein ist mittelkörniger, poröser Sandstein. Vorkommen: Namentlich zwischen Dinkelsbühl und Bechhofen[2]); im NO bei Bayreuth (Lindenhof).

---

[1]) Unter „Arkosen" versteht man Sandsteine in denen zwischen den Quarzkörnern auch kantige weißliche oder rötliche Feldspatkörner vorkommen. Ihr Material ist das Verwitterungsprodukt granitischer Gesteine, das weniger durch Wasser als durch Wind umgelagert und verfrachtet wurde, wobei der Glimmer ausgeweht wurde.

[2]) Hier dürfte es von Interesse sein, eine auf dieses Hornsteinvorkommen bezügliche Notiz zu erwähnen, die sich in einem älteren Manuskript der Ansbacher Regierungsbibliothek befindet (Pfarramts-Beschreibung von Burk [zwischen Dinkelsbühl und Triesdorf] vom Jahre 1807): „Hier finden sich Gesteine von der Farbe der Bergkristalle, den böhmischen ähnlich, Achat, Karneol Chrysopras. Ums Jahr 1777 untersuchte der Markgraf von Ansbach mit Madame Clairon von Paris den hiesigen Steinbruch, fand aber nicht, was er suchte, weil die Steine zu klein waren. Jetzt werden sie zu Feuersteinen verarbeitet und verkauft".

Verwendung. Bei Bechhofen und Wieseth werden diese Hornsteinknollen seit alter Zeit gegraben und zu Straßenschotter zerkleinert; bis zum Jahre 1888 wurden auch die Staatsstraßen in der Umgebung von Ansbach damit beschottert.[1])

Morphologie. In der stark abgetragenen Keuperlandschaft zeigt die Stufe flach gerundete Kuppen, die meist mit dürftigen Nadelwäldern bedeckt sind.

III. Unterer Burgsandstein 30 bis 35 m im südlichen Franken entspricht der „Heldburger Stufe" im nördlichen Franken. Ältere Bezeichnungen: „Hauptstuben-Sandstein", „Kellersandstein", weil in dem weichen, aber feststehenden Gestein mit verhältnismäßig leichter Mühe gute, kühle Keller gegraben werden konnten.

Die Mächtigkeit ist am größten (70—80 m) im Norden (nördliche Haßberge, Thüringen), wo die Heldburger Fazies (Mergelschiefer, Steinmergel und Gips) herrscht. Südlich vom Main beginnt die Sandstein-Fazies, die Gips- und Steinmergel verschwinden, Lettenschiefer tritt an Stelle des Mergels, Sandsteinflöze stellen sich ein. Die Mächtigkeit nimmt dabei wesentlich ab: bei Bamberg beträgt sie noch 45 m, im ganzen südwestfränkischen Gebiet nur noch 30 bis 35 m.

Gesteinsart. Weiße, mittel- bis grobkörnige Sandsteine, mit schwach dolomitischem Bindemittel; in der Regel locker gebunden, beim Verwittern leicht zerfallend. Nur die untere Region hat härtere und festere Felsbänke mit dolomitischem, zuweilen auch quarzitischem Bindemittel (Wendelstein). Sie sind auf einzelne Gebiete beschränkt, z. B. Gegend zwischen Triesdorf und Eschenbach bei Ansbach, Gegend von Cadolzburg und Zirndorf, Wendelstein südlich von Nürnberg.

Zwischen Nürnberg, Pleinfeld und Gunzenhausen ist das Gestein besonders grobkörnig und reich an Geröllen von weißen, grauen und rötlichen Quarzen und Quarziten, zuweilen auch von schwarzen, weißgeaderten Lyditen. Sie zeigen häufig schöne Windschliffe (Kantengerölle, Dreikanter).

Zwischen Wieseth und Dinkelsbühl kommt buntfarbiger Hornstein in großen Mengen vor, ähnlich wie im Mittleren Burgsandstein. In den abgewitterten Sandmassen sind im ganzen Gebiet große und kleine Stücke fossiler Hölzer (Kieselhölzer) häufig.

Im Westen (Gegend zwischen Dinkelsbühl und Feuchtwangen) tritt die feinkörnige Fazies auf, wie sie im Steigerwald ist. Der Sandstein ist hier feinkörnig und weiß; Gerölle sind selten. Die Höhenzüge haben hier schärfere und steilere Profile.

Die unterste Schicht (Grenze gegen den Blasensandstein) ist eine 1 bis 2 m mächtige Lettenbank von rotbrauner und grünlichgrauer Farbe.

Verwendung. Die festere, dolomitisch-quarzitische Sandstein-Fazies liefert geschätzte Bausteine, z. B. bei Cadolzburg und Zirndorf; bei Wendelstein südlich von Nürnberg außerdem Pflastersteine und Mühlsteine.

Der hellgrünliche Lettenschiefer, der unter oder zwischen den Burgsandstein-Bänken liegt, hat an einzelnen Orten die Eigenschaft der „Walkerde", d. h. er verteilt sich in Wasser fein und schnell und hat in diesem Zustande die Fähigkeit Fette und fettige Stoffe aufzunehmen. Darauf beruht seine Anwendung zum Entfernen von Flecken und zum Walken von Tuch. Bekannte Vorkommen: Großlellenfeld bei Gunzenhausen, Tütschengreuth bei Bamberg. (Analyse dieser Walk-

[1]) Für Sammler prähistorischer Altertümer liegt die Versuchung nahe, die Anhäufungen von Hornsteinen und Hornsteinsplittern im Keupersandstein-Gebiet auf die Tätigkeit der Steinzeit-Menschen zurückzuführen, wie dies z. B. in einer Notiz über steinzeitliche Funde bei Ansbach geschah (in der Zeitschrift „Germania" 1925, IX Heft 2, Korrespondenzblatt der Römisch-Germ. Kommission des deutsch. Archäol. Instituts). Demgegenüber sei erwähnt, daß der obere Keuper außerordentlich reich an Hornsteinen ist und daß im fränkischen Keupergebiet zahllose Hornsteinsplitter überall an den Stellen herumliegen und im Verwitterungsboden stecken, wo jetzt noch Hornsteine auswittern oder in historischer Zeit gebrochen und zu Feuersteinen verarbeitet oder zu Straßenschotter zerkleinert, verfrachtet und verwendet wurden.

erde: Geogn. Jahreshefte VII, 1894 S. 82). In der Kriegszeit verwendete man solche Erde auch als Seifenersatzmittel.

Morphologie. Die Landflächen sind im Bereich des Unteren Burgsandsteins infolge seiner lockeren Gesteinsbeschaffenheit wellig-hügelig, meist mit unfruchtbaren Sandböden bedeckt, die Kiefernwälder tragen. Die weiten Sandebenen in der Umgebung von Gunzenhausen, Pleinfeld, Roth, Altdorf, Nürnberg bis Bamberg haben zum großen Teil ihre Sandmassen aus zerfallenem Unteren Burgsandstein erhalten. Nur die härteren Felsmassen der quarzitischen unteren Region haben der Verwitterung getrotzt und ragen nun gewissermaßen als Inseln aus der ringsum abgetragenen Keuperlandschaft voll dunkler Nadelwälder und versumpfter Böden heraus (Cadolzburg-Zirndorfer Höhenzug, Nürnberger Burgfelsen, Erlanger Burgberg, Wendelsteiner Höhe).

Blasensandstein.

Allgemeines. Im nördlichen Franken besteht die ganze Stufe vorwiegend aus Mergelschichten mit schwachen Sandsteinbänken in der oberen Region; Gesamtmächtigkeit hier 40 bis 50 m. Im südlichen und südöstlichen Franken sind es vorwiegend grobkörnige, manganreiche Sandsteine; Lettenschiefer treten hier nur untergeordnet auf. Gesamtmächtigkeit 30 bis 40 m. Die Stufe läßt sich in zwei festere Abteilungen (oben und unten) und eine weichere mittlere Abteilung zerlegen. Für die Landform ergibt sich hieraus folgende

Morphologie. Der Untere Blasensandstein bildet den Steilrand am Steigerwald und an der Frankenhöhe. Er bedeckt hier die Kuppen und schmalen Rücken der bedeutendsten Höhen der Keuperberge, z. B. den Schwanberg bei Kitzingen, den Bullenheimer Berg und Scheinberg nördlich von Uffenheim, die Hohe Leite bei Burgbernheim und die Höhen bei Schillingsfürst.

Weiter ostwärts, vom Steilrand entfernt, in der Gegend von Schlüsselfeld, Scheinfeld, Neustadt a. Aisch, Langenzenn, Dietenhofen, Ansbach und Feuchtwangen folgen mit sanftem Anstieg die weicheren Gesteine des Mittleren Blasensandsteins.

Darüber folgen die festeren Bänke des Oberen Blasensandsteins (= Stufe des Coburger Bausandsteins). Sie bilden die weiten Hochebenen zwischen Crailsheim, Dinkelsbühl, Feuchtwangen, Gunzenhausen, Ansbach bis Nürnberg, Herzogenaurach, Neustadt a. Aisch und Schlüsselfeld.

Über diesen Blasensandsteinflächen erheben sich mit steilem Anstieg die Burgsandstein-Höhen, z. B. der Dillenberg bei Cadolzburg, die alte Veste bei Fürth und der Nürnberger Burgberg (die bereits beim Unteren Burgsandstein Erwähnung fanden).

I. Oberer Blasensandstein 10 bis 15 m

entspricht dem Coburger Bausandstein und Unteren Semionoten-Sandstein im nördlichen Franken.

Gesteinsart. Oben knollige Dolomitbank (1 bis 2 m), enthält häufig große bunte, grellrote oder rote Hornsteinknollen; bei Zant (9 km südöstlich von Ansbach) eine breschenartige Dolomitbank

(1 m) mit kleinen Drusen von Braunspat-Rhomboedern. Diese Bank entspricht nach THÜRACH der Carneol-Bank (1 m) von Freihung-Hirschau-Hahnbach i. Opf. (vgl. Abtlg. V S. 56).

Darunter grobkörnige, weiße bis hellbräunliche Sandsteine (4 bis 7 m), voll grünlichgrauer Mergelknöllchen, kaolinreich; zwischen Ansbach und Nürnberg mit gelblichgrauen, sandigen, kopfgroßen Dolomitknollen oder dolomitischen Sandsteinknollen.

Dann folgen einige (bis 1 m dicke) feste quarzitische löcherige Sandsteinbänke; sie bilden oft auf größere Strecken die Hochflächen, z. B. südöstlich von Ansbach bei Eschenbach, Neuendettelsau und Windsbach. Sie werden hier aus den Feldern gegraben und zu Straßenschotter verwendet.

Unten grobkörnige, schwärzlichbraune Mangan-reiche Sandsteine (5 bis 10 m), mit vielen Mergelknöllchen. Wo diese Schicht die Oberfläche bedeckt, entstehen durch ihre Verwitterung die tiefbraunen Feldböden (Hochflächen zwischen Dinkelsbühl-Windsbach-Heilsbronn und Fürth).

II. Mittlerer Blasensandstein 10 bis 15 m.

Die weichere Zwischenlage zwischen den beiden härteren Blasensandstein-Lagen. Im südlichen Franken vorwiegend feinkörniger, hellfarbener (rötlich, violett) lockerer Sandstein (Stubensand) mit Zwischenlagen von rotbraunem und violettem Mergelschiefer. Zwischen Langenzenn, Schwabach und Ansbach tritt in der Stufe ein rotbraun und violett gefärbtes Lettenschieferflöz (bis zu 5 m) auf, das an den Talgehängen durch seine bunte Farbe auffällt.

Verwendung. Die Sandsteine sind nur stellenweise so fest, daß sie Bausteine geben (z. B. Weimersheim bei Windsheim). In der Rothenburger und Ansbacher (Ludwigshöhe) Gegend werden sie als Stubensand und Fegsand gegraben.

Der rotbraune Lettenschiefer ist im Südosten, z. B. in der Gegend von Schwabach und Zirndorf ziemlich arm an Karbonaten und daher zur Ziegelfabrikation geeignet.

III. Unterer Blasensandstein 10 bis 15 m.

In dieser Abteilung liegen oben und unten (Schicht f und c des folgenden Profils) die besonders typischen und daher die eigentlichen Blasensandstein-Bänke, dazwischen zum Teil feste feinkörnige, zum Teil lockere Sandsteine mit Mergel-Zwischenlagen. Schichtfolge nach THÜRACH:

f) Obere Blasensandstein-Bank = obere Grenze des eigentlichen Blasensandsteins 2 bis 4 m. Grobkörniger, stark dolomitischer oder kalkig-dolomitischer Sandstein mit vielen Mergelknöllchen; durch ihre Auswitterung wird das Gestein zum Blasensandstein.

Morphologie. Bildet zum großen Teil die Ebenen der breiteren Höhenrücken zwischen Crailsheim, Kitzingen und Ansbach, z. B. bei Schillingsfürst, die Hohe Leite bei Burgbernheim und den Schwanberg.

e) Grobkörnige, schwach dolomitische, wenig feste Sandsteinlage 5 bis 6 m, in der Gegend zwischen Dinkelsbühl, Windsheim und Schwabach.

d) Zwei Faziesarten: 1. In der Umgebung von Ansbach feinkörniger, dolomitischer Sandstein (guter Baustein). Er geht gegen West (Leutershausen-Herrieden) und Nord (Rothenburg-Windsheim) über in 2. sandigen und mergeligen Lettenschiefer mit weißen bis hellgrauen, rotbraun geflammten Dolomitknollen. Mächtigkeit 2 bis 4 m.

c) Untere Blasensandstein-Bank 1 bis 1,5 m. Besteht aus einer oder mehreren stark quarzitischen Bänken. Die unterste Lage zeigt an ihrer Unterfläche Austrocknungs-Rippen, Wellenfurchen und Steinsalz-Pseudomorphosen.

Morphologie. Bildet die Oberfläche der schmalen Höhenzüge in der Gegend zwischen Crailsheim, Ansbach, Rothenburg und Windsheim.

Darunter folgen die Grenzschichten der Lehrberg-Stufe:

b) Lettenschiefer graugrün, zuweilen feinsandig und glimmerhaltig, 0,1 bis 0,6 m.

a) Rotbraune Mergelschicht, liegt unmittelbar auf der oberen Lehrbergbank im ganzen Gebiet zwischen Neustadt a. Aisch, Crailsheim und Ansbach 1,2 bis 1.8 m.

Mittlerer Keuper, untere Abteilung = Gipskeuper.

a) Oberer Gipskeuper.

Lehrberg-Stufe 25 bis 40 m.

Entspricht der „Roten Wand" in Württemberg. Umfaßt in Franken die Lehrberg- und Berggips-Schichten. Besteht aus dichten Lagen rotbrauner Mergel- und Lettenschiefer; darin liegen dünne Kalkstein-, Steinmergel- und Quarzitbänke; im nördlichen Franken auch Gips (Berggips); im südlichen Franken und in der Oberpfalz Sandsteinbänke.

I. Lehrbergschicht.

Gesteinsart. Besteht aus drei festen harten Steinmergelbänken mit bunten Mergel- und Letten-Zwischenlagen (Lehrberg-Bänke); Gefüge dicht, Farbe hellgrau bis grünlich, Bestandteile: dolomitischer Kalkstein mit wechselndem Ton- und Sandgehalt.

Diese Lehrberg-Bänke liegen in blaugrauem oder grünlichem Mergel und sind durch je 1 bis 2 m rotbraunem Lettenschiefer getrennt. Dicke der Bänke 10 bis 15 cm. Wo sie dicker sind (bis zu 40 cm), ist das Gestein drusig und voll von Steinkernen der *Turritella Theodorii* und des *Trigonodus keuperinus*. Diese Muscheln liegen nur in den beiden untersten Lehrbergbänken. Die Bänke enthalten außerdem Fischschuppen, Knochenreste, Schwerspat und Spuren von Kupfermineralien. Auf der Unterseite der Bänke zuweilen schöne Steinsalz-Pseudomorphosen (Gegend von Ansbach-Leutershausen-Windsheim-Langenzenn).

Ziemlich gleiche Ausbildung der Schicht von den Haßbergen bis Ansbach und Kulmbach. Südöstlich der Linie Dinkelsbühl-Herrieden-Ansbach-Dietenhofen-Siegelsdorf und Langenzenn verschwinden die Lehrberg-Bänke (zuerst die unterste); an ihre Stelle treten glimmerreiche schiefrige Sandsteine, die noch weiter im Südosten grobkörnig, dem Blasensandstein ähnlich werden (Küstenzone des ehemaligen Lehrberg-Sees).

Verwendung. Die harten Mergelbänke werden häufig gebrochen und als Bausteine, Pflastersteine und Straßenschotter verwendet; früherer Pflasterstein von Ansbach, Lehrberg und Leutershausen.

Morphologie. Die Lehrbergschicht ist eine der auffälligsten Keuperschichten an den abfallenden Rändern der Blasensandstein-Höhenzüge: am Steilrand der Haßberge, des Steigerwaldes zum Teil, der Frankenhöhe und an den zahllosen Talrändern des Gebietes zwischen Feuchtwangen, Herrieden, Ansbach und Neustadt a. Aisch. Überall, wo Wege zur Hochfläche emporführen, wittern die harten, hellen, grünlichen, quadratischen, scharfkantigen Steinmergelbrocken aus dem buntgefärbten Lettenschiefer aus.

II. Berggips-Schichten 20 bis 35 m.

Im nördlichen und nordwestlichen Franken: Mergelfazies mit Gipsknollen; im südlichen, südöstlichen Mittelfranken und der Oberpfalz: Sandsteinfazies ohne Gips. Die südlichsten Ausläufer der Gipsfazies sind westlich von Ansbach (Lengenfeld), wo im oberen und mittleren Teil der Abteilung noch weißliche und rotbraune Gipsknollen liegen; gegen Süden und Südosten (Grenzlinie etwa Herrieden—Lichtenau) nur noch reiner, d. h. karbonatfreier Lettenschiefer, zunächst graugrün mit sandigen Zwischenlagen, dann Sandsteinbänke, schließlich (im Südosten) rötliche, lockere, grobkörnige Sandsteine.

Mergelfazies: Vorwiegend schiefriger rotbrauner Mergel mit Lagen voll kopfgroßer rotbrauner Mergelknollen und von Steinmergeln mit knolligem Bruch. Im mittleren und oberen Teil der Stufe liegen große Knollen von buntfarbigem Gips (Alabastergips-Knollen). Mitten in der roten Mergelstufe tritt im südlichen Franken (Windsheim-Crailsheim-Ansbach) eine Schicht (2 bis 7 m) von graugrünem, sandigem Lettenschiefer auf; ihre Schichtflächen sind außerordentlich reich an Steinsalz-Pseudomorphosen; darin 2 bis 3 hellgraue, sandige Steinmergel-Bänkchen.

Mächtigkeit: Mergelfazies im Bibert-, Zenn- und Aischgebiet 35 m; weiter südlich gegen Crailsheim und Ansbach 25 bis 30 m; Sandsteinfazies zwischen Lichtenau und Langenzenn 16 bis 20 m.

Verwendung. Der rotbraune Lettenschiefer kann im südlichen und südöstlichen Gebiet, wo er ziemlich frei von Karbonaten ist, zur Herstellung von Ziegeln verwendet werden.

Morphologie. Die meist rotbraun gefärbte Mergel- und Lettenstufe bildet den Steilanstieg der Hänge, welche die Blasensandstein-Hochflächen umgrenzen.

Freihunger Sandstein. Östlich der Linie Dinkelsbühl—Schillingsfürst—Windsheim treten im unteren Teil der Berggips-Schichten ein oder zwei Sandsteinflöze (1—4 m) auf, die dem Bleierz-führenden Sandstein von Freihung i. Opf. (vgl. Abtlg. V S. 52) entsprechen. Sie liegen nur einige Meter höher als der Schilfsandstein, dazwischen 2 bis 4 m rotbraune und violette Lettenschiefer. Der Freihunger Sandstein wird als Baustein gebrochen (z. B. in der Ansbacher Gegend alte Steinbruchgruben am Nordhang der Ludwigshöhe[1]) und bei Eyb). Er tritt häufig terrassenförmig in der Landschaft hervor und macht sich dadurch mehr bemerkbar als die darunter liegende weiche, normale Fazies des Schilfsandsteins, z. B. im obersten Taubergebiet, Wörnitz- und Sulzachtal und bei Ansbach.

Schilfsandstein.

Sandsteinbildung, grünlichgrau und feinkörnig, mit grauen, sandigen Lettenschiefer-Zwischenlagen. Schichtung deutlich, häufig diagonal (Delta- und Schuttkegel-Schichtung). Je nach der Lagerung über den Estherien-Schichten unterscheidet man zweierlei Ausbildungsformen:

1. Der normal gelagerte Schilfsandstein bedeckt gleichmäßig die Estherien-Stufe mit ihren Übergangsschichten.
2. Die Flutfazies des Schilfsandsteins. Stellenweise haben sich zur Zeit des unteren Schilfsandsteins Wasserfluten, die aus dem Vindelicischen Land kamen, breite Furchen und Betten im weichen Untergrund eingegraben und dabei die Estherien-Schichten auf 10, 20 und 30 m Tiefe weggewaschen. Die Sandmassen, welche diese Flutrinnen ausfüllen, heißt man „Flutbildung des Schilfsandsteins".

Beide Arten kommen nebeneinander vor. Als einheitliche Decke liegt gleichmäßig über beiden Faziesarten blaugrauer sandiger Lettenschiefer mit dünnen Sandsteinbänken (mit Pflanzenresten), die besonders in Nordfranken stark an-

[1]) Hier ist der Freihunger Sandstein grob, zum Teil konglomeratisch entwickelt und gleicht dem grobkörnigen Lichtenauer Schilfsandstein.

schwellen; darüber folgt dann der rotbraune und violette Mergel der Berggips-Schichten.

1. Normale Fazies. Im nördlichen Franken 15 bis 25 m mächtig (nördlicher Steigerwald, Haßberge); im südlichen Franken dagegen nur schwach entwickelt: zwischen Feuchtwangen, Ansbach und Lehrberg z. B. nur 1 bis 3 m grauer sandiger Lettenschiefer mit feinkörnigen, glimmerreichen Sandsteinbänkchen, auf den Schichtflächen mit verkohlten Pflanzenresten. Südöstlich von Ansbach fehlt die normale Fazies ganz. Bemerkenswert ist im nördlichen Gebiet, im Steigerwald, dann auch noch im Süden, z. B. westlich von Ansbach (Schalkhausen, Büchelberg, Schnelldorf) eine fossilführende Sandsteinbank, welche häufig die fiederteiligen Blätter eines Farnes enthält, außerdem Schuppen und Zähnchen von Fischen und kleinere Knochen von Sauriern lieferte. Im übrigen kommen Reste fossiler Pflanzen im ganzen Gebiet häufig vor, besonders die gestreiften Stengel von Equiseten („Schilfpflanzen") mit schön erhaltenen Internodien; Farne kommen seltener vor.

2. Flutfazies (Flutbildung). Liegt in den Auswaschungsrinnen der Estherien-Stufe. Die Auswaschung geht häufig bis auf die festen Steinmergelbänke der mittleren Estherien-Region herab; sie ist besonders tief und breit östlich von Ansbach (Lichtenau-Ammerndorf a. Bibert und Langenzenn, bis zu 30 m). Ein weiteres Flutbett zieht von Crailsheim (12 bis 15 m tief) über Schillingsfürst in die Windsheimer Gegend (hier 30—35 m tief).

Gesteinsarten. Obere Lagen: rotbraune und violette Sandsteine, meist unbrauchbar als Werksteine. Mittlere Lage: hellgrünliche bis bräunliche Sandsteinmasse (bis zu 10 m) mit tonig-dolomitischem Bindemittel; guter Baustein. Schichtenweise mit kleinen Quarzgeröllen (weiße, graue und rötliche Quarze bei Lichtenau), Lettengeröllen und Stücken verkieselter Hölzer *(Araucaryoxylon keuperianum)*. Unterste Lage: gelbbraune Sandsteine, stark eisenhaltig, zum Teil voll von dunkelgrauen Lettengeröllen.

Gute Beobachtungsstelle für Übergang von der normalen Fazies in die Flutfazies bei Marktbergel, am Aufstieg der neuen Staatsstraße zur Hochfläche, ferner im Norden von Birkenfeld (Neustadt a. Aisch).

Verwendung. Die viele Meter mächtige, ungeschichtete Felsmasse der mittleren Lagen wird in großen, tiefen Steinbrüchen gebrochen, z. B. bei Schnelldorf und Ellrichshausen (nordwestlich von Feuchtwangen), Lichtenau bei Ansbach (Lichtenauer Sandstein)[1]), Oberdachstetten, Obernzenn. Verwendung zu Bausteinen und — wegen des zum Teil feinen gleichmäßigen Kornes — namentlich zu Schleifsteinen und Grabsteinen. Stellenweise sind die Lettenschiefer-Einschlüsse so reichlich vorhanden, daß das Gestein unbrauchbar ist, z. B. bei Lehrberg und Dombühl.

Morphologie. Der Schilfsandstein bildet in den Landschaften des Bunten Keupers die fast überall deutlich hervortretenden unteren Terrassen; am Westrande des Steigerwaldes und der Frankenhöhe gibt er die Vorstufe ab zu den Blasensandstein-Höhen. Wo die Abtragung diese höheren Lagen bereits entfernt hat, wie z. B. stellenweise zwischen Rothenburg, Ansbach und Feuchtwangen, bedeckt er die weiten niederen Hochflächen. Doch dürfen diese Schilfsandstein-Hochflächen nicht verwechselt werden mit der *Corbula*-Terrasse, die noch um etwa 20 m

[1]) Der Lichtenauer Sandstein ist ein geschätzter, dauerhafter Baustein. An älteren Bauten, für welche Lichtenau die Steine geliefert hat, sind zu nennen: die Festung Lichtenau (Bauzeit 1558—1680). die großen Kirchen in Ansbach sowie die Klosterkirche Heilsbronn. In späterer Zeit, als die Eisenbahnen die weitere Verfrachtung ermöglichten, wurde der Lichtenauer Stein in ganz Bayern verwendet; so wurden damit die Bahnhofgebäude in Ansbach, Regensburg, Landshut und Kempten gebaut, ferner eine Reihe von Staats- und Gemeindegebäuden sowie zahlreiche architektonisch ausgestattete Privatbauten.

tiefer liegt, auch nicht mit der Freihunger Stufe, die einige Meter über dem Schilfsandstein liegt. Eine solche Verwechslung wäre möglich, wo der Schilfsandstein nicht in der Flutfazies vorliegt, also keine deutliche Terrasse bildet, wie z. B. in der Gegend von Ansbach. (Vgl. Anm. 1 S. 38).

Als Quellhorizont hat der Schilfsandstein große Bedeutung. Wenn die an seiner Sohle entspringenden Quellen auch nicht besonders ergiebig sind, so geben sie doch weiches Sandsteinwasser, das in den Gipsgebieten, die sonst nur hartes, für Genußzwecke unbeliebtes Gipswasser haben, hoch geschätzt wird.

b) **Unterer Gipskeuper.**

Gesteinsarten. Außerordentlich mächtige Ablagerung grauer Mergelschichten mit Gipsflözen und fossilführenden Steinmergel- und Dolomitbänken. In der Randzone im Süden und Südosten fehlen die Gipsflöze; die Steinmergelbänke gehen in Sandsteinbänke über, die zu dicken Sandsteinlagen anschwellen; diese verdrängen in der äußersten Keuperzone (südöstlich der Linie Dinkelsbühl-Gunzenhausen-Nürnberg-Bayreuth) auch noch die Mergelschichten.

Fossilien. Fossilführend sind in erster Linie die Steinmergelbänke; in der oberen Region auch einzelne Lagen der sandigen Mergel und einige Sandsteinbänke. Sie enthalten zunächst die Muschelschalen (fast nur Abdrücke) von Myophorien (in der untern Region) und Estherien (obere Region), dann in der ganzen Stufe Schalen von ***Anoplophora***, ***Corbula***, ***Lingula***, ***Modiola***, ***Myacites***, ferner Reste von Fischen ***(Acrodus, Amblypterus)*** und einem kleinen Saurier ***(Nothosaurus)***, Fischschuppen und Zähne in Unmenge, auch Wirbel und Knochenreste.

Mächtigkeit der Stufe im südlichen Franken 70 bis 100 m, im nördlichen Franken (Steigerwald, Haßberge) 100 bis 180 m.

Morphologie. Bildet vor dem Westrande der Frankenhöhe und des Steigerwaldes die viele Kilometer breiten flachwelligen Niederungen mit ihren dunkelgrauen, tiefgründigen, schweren Böden, die für den Getreidebau gut geeignet und somit fruchtbare Landstriche sind. Auch die breiten Talböden im Oberlaufe der an und in der Frankenhöhe entspringenden Flüsse (Tauber, Wörnitz, Altmühl, Zenn, Aisch) liegen in dieser Stufe. Sie stehen, da sie frei und unbewaldet daliegen und reich besiedelt sind, in eigenartigem Gegensatz zu den dunklen Waldgebieten der sie umschließenden Stufenränder.

I. Obere Abteilung: Estherien-Schichten 30 bis 35 m.

Umfaßt die Lagen zwischen dem Schilfsandstein (oben) und der *Corbula*-Bank (unten).

Leitfossil: ***Estheria laxitexta*** SANDBERGER, ein kleines Muschelkrebschen, dessen kleine zarte Schälchen (Größe bis zu 9 mm) in Unmengen vorkommen, namentlich in den feinsandigen Lagen der oberen Region sowie auf den tonigen, blaugrauen Schichtflächen der kalkreichen *Acrodus*-Bank.

Gesteinsart. Blaugraue und dunkelgraue schieferige Mergelschichten, reich an Karbonaten von Kalk, Magnesia und Eisen. Sie enthalten die meisten und fossilreichsten Steinmergelbänke der ganzen Keuper-Formation. Dies läßt darauf schließen, daß bei ihrer Entstehungszeit ausnahmsweise humides Klima mit reichem Kleintierleben in stehenden Gewässern herrschte.

Die Steinmergelbänke sind im allgemeinen zweierlei Art:

1. Fossilhaltige Bänke mit Muscheln von Zweischalern, Fisch- und Saurier-Resten. Sie sind fest, hart, hellgrau, feinsandig und brechen unregelmäßig, 5 bis 10 cm dick.

2. Fossilarme Bänke; bestehen aus regelmäßig geschichteten zentimeterdicken hellgrauen Lagen in Wechsellagerung mit millimeterdünnen schwärzlichen bituminösen Lagen, 1 bis 5 cm dick; diese zerspringen beim Anschlagen in parallelepipedisch geformte Stücke. Im südlichen und südöstlichen Gebiet (etwa südöstlich der Linie Feuchtwangen-Ansbach-Langenzenn) gehen die dolomitischen Mergelbänke in schiefrigen Sandstein über; der zwischenliegende Mergelschiefer enthält auch hier noch Estherien, aber kaum noch sonstige Fossilien, mit Ausnahme von Pflanzenresten.

Im nördlichen Gebiet sind weiß bis fleischrot gefärbte Alabasterknollen in der ganzen Schicht häufig, sie reichen südwärts bis in die Gegend von Ansbach, z. B. Dornberg.

Die oberen Lagen der Stufe wurden in der Schilfsandstein-Zeit streckenweise auf 20 bis 30 m Tiefe ausgefurcht und abgeschwemmt. In den viele Kilometer breiten Auswaschungsrinnen liegt die Flutfazies des Schilfsandsteins.

Die *Corbula*-Bank.[1]) Leithorizont im unteren Keuper.

An der Sohle der Estherien-Schichten liegt eine (im Norden zwei) feste hellgraue Bank, die gesimsartig über die allgemeine Abwitterungsfläche hervorragt und deshalb kaum zu übersehen ist. Im Norden ist sie in zwei Bänke geteilt: oben die *Acrodus*-Bank, unten die eigentliche *Corbula*-Bank, jede etwa 0,5 m mächtig; beide sind hier durch bunten Mergel (1 bis 2,5 m) getrennt. Er keilt im Süden zwischen Rothenburg und Windsheim (an der Frankenhöhe) aus, so daß hier nur noch die genannte einzige Bank vorhanden ist (1 m, fossilleer).

Gesteinsart. *Acrodus*-Bank. Hellblaugrauer, fast weißer Steinmergel, nicht wie die *Corbula*-Bank in Platten abgesondert, sondern aus einer oder mehreren geschlossenen festen Bänken bestehend. Brauchbarer Bau- und Pflasterstein. Ist zuweilen derart mit Muscheln durchsetzt, daß die Masse zellig porös wird, ähnlich wie auch hie und da die Lehrbergbank. Einschlüsse von Schwerspat und zuweilen auch von Glaukonit. Fossilien: Zähne von Fischen *(Acrodus microdus)* und Amphibien, Wirbelknochen, massenhaft Fischschuppen, Muschelschälchen.

Corbula-Bank. Feinkörniger dolomitischer Sandstein, hell- bis blaugrau, zuweilen auch rotbraun geflammt, meist in dünne wulstige Platten (je 0,5 bis 5 cm dick) abgesondert. Die Unterseiten zeigen Wellenfurchen, Trockenrisse, Kriechspuren und Steinsalz-Pseudomorphosen. Entstehung (nach Gg. Fischer) in einer Strandregion und der anschließenden, stark belebten Seichtwasserzone. Die Bank ist stellenweise reich an Muschelschälchen und Fischschuppen; die kleinen Schälchen von *Corbula* und *Estheria* bedecken oft in großer Menge die Schichtflächen.

Gegen die Randzone hin ist die Bank verkieselt. In der Ansbacher Gegend (Lehrberg) enthält sie soviel Sand, daß sie als grauer, dolomitischer, feinkörniger Sandstein erscheint.

Morphologie. Die *Corbula*-Bank tritt als deutliche, weit vorspringende Terrasse im Landschaftsbild auf, z. B. am Ostrande der oberen Tauberniederung zwischen Bockenfeld und Rothenburg, ferner zwischen Marktbergel und Steinach (der Bahnhof Burgbernheim liegt darauf), endlich im südwestlichen Steigerwald um Schloß Frankenberg.

---

[1]) Von M. Schuster (angef. S. 24) wegen ihrer vortrefflichen Entwicklung beim Schloß Frankenberg bei Uffenheim auch Frankenberger Platte genannt. Sie entspricht der Engelhofer Platte Württembergs. (Vgl. Blatt Uffenheim 1:100000 der Geogn. Karte von Bayern.)

II. Untere Abteilung: Myophorien-Schichten, 100 bis 120 m.

Düsterfarbene, meist graue schiefrige Mergelschichten mit Kieselsandstein- und einzelnen Dolomitbänkchen; im nördlichen Franken mit mehreren Gipsflözen. Leitfossil: *Myophoria cf. Raibliana* Boué, eine kleine zweiklappige, schief-ovale Muschel. Einteilung von oben nach unten:

1. Oberer gipsreicher Mergel mit Sandsteinbänken; 25 bis 40 m. Darin liegen drusige Kieselsandstein-Bänkchen (je 0,5 bis 3 cm dick). Diese werden im Aischgrund und Altmühltal grobkörnig. Nordöstlich von Ansbach (zwischen Weihenzell und Vestenberg) besteht die Schicht aus Sandsteinbänken und harten Kieselsandstein-Bänkchen mit schönen Wellenfurchen auf den Unterseiten (über 20 m) mit Zwischenlagen (bis zu 1 m) von grauem Lettenschiefer; noch weiter im S und SO aus festen Sandsteinflözen (Benker Sandstein).

2. Bleiglanzbank. Charakteristische. als Leithorizont brauchbare Schicht. Im nördlichen Gebiet grauer dolomitischer Steinmergel (10 bis 30 cm), fehlt jedoch stellenweise. Zwischen Rothenburg und Windsheim dolomitischer oder quarzitischer Sandstein. Mineralien darin: frische, grobkristalline Bleiglanz-Kristalle (bis zu 5 mm groß); kleine Kupferkies-Kriställchen, meist in blaue und grüne Karbonate umgewandelt; Zinkblende und Schwerspat. Fossilien: Schalen von *Myophoria, Lingula, Modiola, Corbula, Bairdia*; Saurier- und Fischzähnchen, Fischschuppen.

Diese Bank bildet zwischen Schillingsfürst, Burgbernheim und Frankenberg fortlaufend eine schmale Terrasse, 15 bis 20 m über dem Grundgipsflöz.

3. Unterer bunter Mergel; oben rotbraun, unten blaugrau; mit Sandsteinbänkchen. Diese werden im Süden (Rothenburger Gegend) dicker und bilden kleine Terrassen; in der randlichen Zone (Gunzenhausen-Bayreuth) schwellen sie zu mächtigen Sandsteinbänken an.

4. Grundgips-Flöz[1]). Ursprünglich wohl geschlossenes weißes Gipsflöz bis zu 10 m mächtig. Stellenweise kurz nach dem Entstehen ausgelaugt oder abgetragen. An vielen Orten (z. B. Gebsattel und Endsee bei Rothenburg, Steinach, Windsheim) in zahlreichen z. T. großen Gipsbrüchen aufgeschlossen. In der Gipsmasse sind noch einzelne Reste des ursprünglichen Anhydrites und große Gipskristalle. Zwischen den einzelnen Gipsbänken liegen dunkelgraue Mergelschichten mit Flasergips-Streifen, ferner 4 bis 5 graue fossilreiche Steinmergel- und Dolomitbänke, voll Myophorien. Sie sind zum Teil vergipst, d. h. der Gips hat durch chemische Vorgänge (Metasomatose[2]) das Karbonat verdrängt; dabei wurden auch die Muschelschalen vergipst. Fundstellen hiefür sind z. B. die Gipsbrüche bei Windsheim, Endsee, Ellrichshausen bei Crailsheim.

Verwendung findet der Gips dieser Schicht: gemahlen als Düngemittel, gebrannt als Gipsmehl zum Formen, außerdem zu verschiedenen Zwecken in der chemischen Technik. Im Gipsgebiet wird er auch als Baustein verwendet.

Untere Grenze der eigentlichen Keuperformation ist der Grenzdolomit, der bereits dem Lettenkeuper angehört; ein erbsengelbes, zuweilen löcheriges, mit weißen Gipsknöllchen durchsetztes Gestein (2 bis 4 m), das beim Verwittern in unregelmäßige, plattige Stücke mit rauhen Flächen zerfällt. Die Schichtflächen sind oft dicht bedeckt mit den Abdrücken von Muschelschälchen der *Myophoria Goldfussi.*

---

[1]) Von M. Schuster (a. S. 24 a. O.) und in Abt. VI als Grenz-Grundgips bezeichnet, zum Unterschied von den höheren Grundgipslagen (bis unter dem Schilfsandstein).

[2]) Metasomatose (meta, gr. = nachträglich, soma = Körper) Umwandlung eines Stoffes durch Lösungen unter Auswechslung einzelner Bestandteile.

Das Rät als Grenzschicht zwischen Keuper- und Jura-Formation

(vgl. Seite 27).

Zur Rät-Zeit begann das Übergreifen des nordischen Meeres über die terrestrischen Ablagerungen im süddeutschen Senkungsraum. „Das Meer rang dem Lande zunächst nur schmale Straßen und kleinere Buchten ab; in den folgenden Jurazeiten gewann es immer mehr und mehr an Raum, um in der jüngsten Jurazeit dem Lande wieder zurückzugeben, was es ihm einst entrissen." [1])

Ehrat, der die Rät-Lias-Grenze in Württemberg untersuchte,[2]) nennt als Ergebnis, daß in Württemberg bereits mit dem Beginne des Räts die Meeresherrschaft wieder einsetzt, da eine marine Fauna in den meisten württembergischen Rät-Aufschlüssen vorkommt. „Die Bonebeds sind vom Land eingeschwemmtes und in der Zone des Kontinentalschelfs abgelagertes Material. Wo kohlige Tone zur Sedimentation gelangten, mögen kleinere Buchten gegen das flache, wahrscheinlich Steppencharakter tragende Land hin bestanden haben. Die wechselnde Mächtigkeit der Rät-Ablagerungen, die Unregelmäßigkeit der Schichtung, das zahlreiche Vorkommen von Wellenfurchen und Kriechspuren, die Einlagerung von Kalksandsteinen in allen Höhenlagen, Zwischenlagen von Ton, das Zurücktreten von tonigem Bindemitttel in den Sandsteinen, das häufige Vorkommen von marinen Fossilien, Bonebeds und Pflanzen, sowie die Unbeständigkeit der Fossilhorizonte — alles dies spricht für Sedimentation im flachsten Meere. Die Sandzufuhr erfolgte von Südosten".

Ähnlich ist die Ausbildung des Räts im südlichen Franken und der Oberpfalz, weicht jedoch in einzelnen wesentlichen Beziehungen ab. Das Gestein ist viel grobkörniger, Wellenfurchen und Kriechspuren kommen selten und dann nur in den höchsten Lagen vor, Kalksandsteine fehlen ebenso wie marine Fossilien. Stellenweise scheint das Rät vollständig zu fehlen; der Arieten-Sandstein liegt dann unmittelbar auf rotbraunem Lettenschiefer.

Dieser Unterschied zwischen dem schwäbischen und fränkischen Rät veranlaßte Ehrat zu der Annahme: „Gegen Franken hin muß eine größere Landzunge des vindelizischen Rückens als trennende Barre östlich von Göppingen-Gmünd nach Norden gereicht haben."

Diese „Ehrat'sche Landbarre" suchte Leo Picard weiter zu verwerten, um die auffallend geringe Mächtigkeit der unteren Schichten des fränkischen Lias (α, β, γ) zu erklären.[3]) W. Pfeiffer hat aber die Barre mit annehmbaren sachlichen Gründen abgelehnt.[4])

---

[1]) J. F. Pompecky, Die Bedeutung des Schwäbischen Jura für die Erdgeschichte. Tübinger akadem. Antrittsvorlesung am 18. XII. 1913. Stuttgart 1914.

[2]) H. Ehrat, Die Rhätformation und Rhät-Liasgrenze in Schwaben. Tübinger Inaug.-Diss. 1920.

[3]) Leo Picard, Die fränkische Alb von Weißenburg i. B. und Umgebung. Freiburger Inaug.-Dissert. 1923.

[4]) Wilhelm Pfeiffer, Das Vindelizische Land. Beitrag zur Palaeogeographie Süddeutschlands. Oehringen 1923, S. 56.

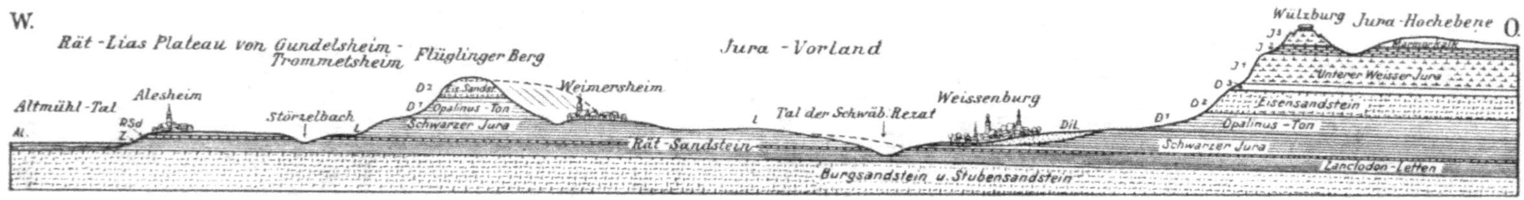

Abb. 6.

Durchschnitt durch das Jura-Vorland bei Weißenburg.

Längen 1 : 75000; 5fach überhöht.

Al = Alluvium des Altmühl-Tales
Dil = Diluviale Geröll Ablagerung bei Weißenburg
J = Weißer Jura
J^3 = Treuchtlinger Marmorkalk (Weiß δ)
J^2 = Oberer grauer Mergelkalk (Weiß γ)
J^1 = Werkkalk und *Impressa*-Mergel (Weiß β, α)

D = Brauner Jura
D^3 = Ornaten-Ton
D^2 = Eisensandstein
D^1 = *Opalinus*-Ton
L = Schwarzer Jura
RSd = Rät- und Arieten-Sandstein
Z = *Zanclodon*-Letten

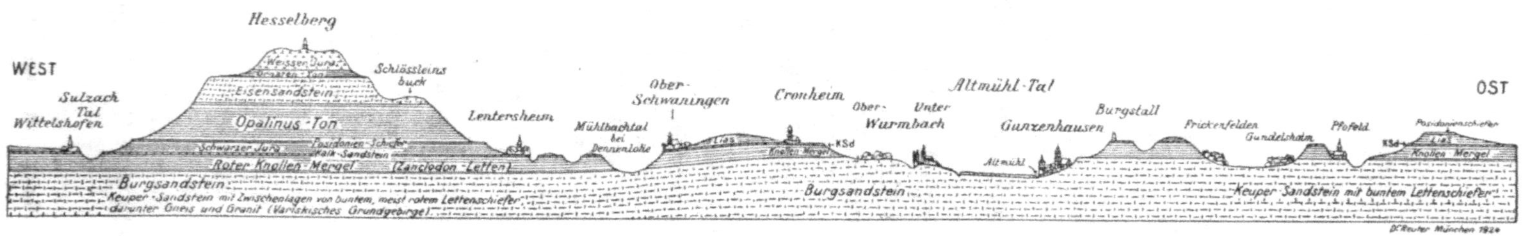

Abb. 7.

Durchschnitt durch den Hesselberg und sein östliches Vorland.

Längen 1 : 100000; 10fach überhöht.

KSd = Kalksandstein-Platte der Arieten-Stufe, unter der teils noch Angulaten-Sandstein liegt, z. B. am Hesselberg, teils noch eine dünne Rät-Sandsteinschicht. Ihre Außenkante bildet somit die Grenze zwischen Keuper- und Jura-Formation. Die Platte bildet weitausgedehnte Terrassen im Jura-Vorland und war seit ältester Zeit geschätzter Siedlungsboden. Auf ihren Kanten stehen meist stattliche Dörfer mit ihren welthin sichtbaren Kirchen.

Bei dieser Gelegenheit dürfte über die fazielle Ausbildung des fränkischen Räts noch Folgendes Erwähnung finden: L. Rüger[1]) vergleicht drei Profile (Weiboldsdorf, Höttingen, Ottmansfeld), die Gümbel 1864 aus der Weißenburger Gegend gab und folgert daraus: „Mit voller Deutlichkeit geht aus diesen Profilen hervor, daß hier zur Rät- und unteren Lias-Zeit recht unruhige Sedimentations-Verhältnisse geherrscht haben müssen, die solchen Wechsel schufen. Dies ist wohl auf die Nähe der Gammelsdorfer Barre zurückzuführen, die zu dieser Zeit ein unruhiges tektonisches Element gewesen zu sein scheint. Erst jenseits der Rezat treten ruhigere Fazies-Verhältnisse auf."

Nun haben in allerletzter Zeit die Bohrungen, welche die Rhein-Main-Donau A. G. (im Sommer 1925) in dem Rät-Lias-Gebiet zwischen Hilpoltstein und Freystadt zur Festlegung der Kanallinie ausgeführt hat, gezeigt, daß auch jenseits der Schwäbischen Rezat die gleichen unruhigen Elemente herrschen. Etwa zehn Bohrungen erschlossen bezw. durchbohrten das Rät. Keines dieser Rätprofile glich dem andern. Die ganze Stufe umfaßte 3 m bis 9 m und bestand bald vorwiegend aus rotbraunem Lettenschiefer, bald mehr aus Sandstein, der mit Schwefelkieskriställchen durchsetzt war. Grauer Rät-Ton wurde nur ausnahmsweise angetroffen.

Der Arieten-Sandstein liegt dort seltener unmittelbar auf Rät-Sandstein (z. B. bei Mindorf), meist schiebt sich zwischen beide Sandsteinflöze rotbrauner Lettenschiefer ein, der bis auf 7 m Mächtigkeit anschwellen kann (Pierheim, Meckenhausen). Unter dem Hauptsandsteinflöz (bis 6 m mächtig) folgt nochmals rotbrauner Lettenschiefer und eine untere dünnere Sandsteinbank. Die untere Rät-Grenze war meist unsicher, da Rät-Letten und *Zanclodon*-Letten im heraufgeholten Bohrschlamm nicht zu unterscheiden waren.

Der mächtige obere rotbraune Lettenschiefer kann in Aufschlüssen, die nicht tief genug gehen, um noch den Rät-Sandstein anzutreffen, die falsche Meinung erwecken, es handle sich bereits um *Zanclodon*-Letten, wobei das Rät hier fehlen müßte. Die genannten Bohrungen haben gezeigt, welche Vorsicht bei der Beurteilung von Rät-Aufschlüssen geboten ist. Der an den Hängen ausquellende rotbraune Rät-Letten verdeckt die Rätsandstein-Ausstriche und kann zu falscher Beurteilung Veranlassung geben, d. h. *Zanclodon*-Letten vortäuschen.

Somit ist die Rät-Fazies auch östlich der Schwäbischen Rezat sehr unruhig und hängt wohl mehr von der einstigen Nähe des Vindelicischen Landes ab als von einer hypothetischen Rät-Barre.

Der Unterschied zwischen schwäbischem und fränkischem Rät dürfte darauf zurückzuführen sein, daß die Bodensenkung in Württemberg rascher vor sich ging wie in Franken, so daß der fränkische Boden später vom Meer dauernd bedeckt wurde. Der Umstand, daß in der Umgebung des Hesselberges und bei Gunzenhausen unmittelbar unter dem Angulaten- bezw. Arieten-Sandstein roter Lettenschiefer liegt, läßt nicht ohne weiteres die Schlußfolgerung zu, daß hier eine mit Knollenmergel bedeckte Landbarre das schwäbische Rät-Liasmeer vom fränkischen Becken trennte. Viel wahrscheinlicher ist, daß auch hier ursprünglich rätische Sandmassen lagen, daß hier aber eine der eingangs erwähnten Meeresstraßen entstand, in der die Rätsande durch die Meereswogen zur Angulaten- und Arieten-Zeit wiederholt aufgearbeitet und umgelagert wurden und erst dann zur Ruhe kamen, als die weitere Landsenkung das Tieferwerden der Meeresbedeckung gestattete, wobei endlich die Ablagerungen aus dem Bereich der aufwühlenden und zerstörenden Wellen kamen, so daß sie endgültig liegen bleiben und zu Kalksandsteinen erhärten konnten.[2])

---

[1]) L. Rüger, Versuch einer Palaeogeographie der süddeutschen Länder an der Trias-Jura-Wende. Verhandlungen des nat.-med. Vereins zu Heidelberg, Bd. XV, 2. Heidelberg 1824, S. 139.

[2]) L. Reuter, Geologische Geschichte der Umgebung von Gunzenhausen (Jubiläums-Schrift zur 1100-Jahrfeier der Stadt Gunzenhausen. Gunzenhausen 1924).

Der Jura.

Die Schichten der bisher besprochenen germanischen Trias sind auf den mittel- und süddeutschen Senkungsraum beschränkt, also Ablagerungen lokaler Art. Die normalen marinen Sedimente dieser Zeit sind in der ganz anders gearteten alpinen Trias enthalten; man nennt sie daher auch „Weltmeer-Trias. Ihre Fauna ist z. B. wenig verschieden von der aus Ostindien (Timor) bekannten Triasfauna.

Der nun folgende Jura bringt auch das germanische Becken in den Bereich des Weltmeeres, so daß wir in unseren Juraschichten die normalen Meeressedimente haben, wenn auch nur diejenigen eines seiner Randgebiete, was sich durch besondere Gesteinsfazies ausdrückt. Der auf palaeontologischer Grundlage geschaffenen Zonengliederung (Seite 47) liegt die in allen Teilen des damaligen Weltmeeres zeitlich rasch wechselnde Ammoniten-Fauna zugrunde, so daß ebenso wie in Süddeutschland auch anderwärts diese Einteilung gilt.

Somit tritt uns hier im Gegensatz zur Triasformation eine außerordentlich reiche Lebewelt entgegen: Ammoniten, Muscheln und Schnecken; Saurier und Fische; Krebse und Seeigel, Schwämme, Korallen und Insekten. Art der Ablagerung und Beschaffenheit des Gesteins waren besonders geeignet zur Erhaltung der tierischen Überreste.

So lockte von jeher die Jura-Formation zur Ausbeutung, Sammlung und wissenschaftlichen Verwertung ihres Fossilreichtums an. Bereits die ersten Jura-Klassiker L. v. Buch, F. A. Quenstedt und A. Oppel stellten für ihre einzelnen Jura-Zonen umfangreiche Fossillisten auf. Seitdem hat die weitere Erforschung einzelner bald da bald dort gut aufgeschlossener Schichten diese Listen noch wesentlich vermehrt.

Für vorliegenden Abriß hatten sich daher Herausgeber und Autor bei Behandlung der Jura-Formation zu entscheiden, ob auch die Jura-Palaeontologie hier eingehender behandelt werden sollte, oder ob die Darstellung mehr auf Petrographie und Morphologie beschränkt werden sollte, also auf die Dinge, die sich dem Naturfreund beim Wandern zunächst aufdrängen und — soferne er nicht nur Sammler ist — am meisten erfreuen und anregen. Schließlich wurde letzteres gewählt. Maßgebend hiefür waren namentlich folgende Gründe:

Bei Aufstellung von Fossillisten ist schwer zu entscheiden, was aufgenommen und wegbleiben soll. So scheinen die tonigen Schichten meist fossilarm zu sein, da gewöhnlich nur der verwitterte Teil sichtbar ist; er enthält nur noch die härtesten und beständigsten Fossilien, alles andere ist zerstört. Wer jedoch Gelegenheit hatte, in den noch unzerstörten Schichten (oberer Lias, unterster und oberster Dogger) zu graben und dabei Schicht um Schicht abhob, konnte einen Blick in die außerordentlich reiche fossile Tierwelt tun. Für die losen Funde im Verwitterungsschutt wäre daher eine Fossilliste zu umfangreich, für die gegrabene Fauna dagegen zu unvollständig. Zudem ist eine Aufzählung von Benennungen ohne Abbildungen wertlos, da leider eine gewisse Regellosigkeit und Willkür in der wissenschaftlichen Namengebung herrscht, die namentlich für die Ammoniten ein förmliches Spezialstudium verlangt. Ohnehin ist die für weitere Kreise bestimmte Jura-Literatur schon so reich und leicht zugänglich, daß jedermann darin die gewünschten Listen und Abbildungen der Leitfossilien und ihrer Begleitfauna finden kann.[1])

Die palaeontologisch-stratigraphische Erforschung der fränkischen Juraschichten ist erst für einzelne Zonen und Gebiete durchgeführt, weshalb die auf den nächsten Seiten folgende Darstellung der einzelnen Schichten zum Teil ausführlicher gegeben werden konnte (z. B. für mittleren und oberen Weißen Jura), zum Teil kürzer ausfallen mußte.

Bis jetzt ist eine neuere stratigraphische Durcharbeitung erst für den mittleren und oberen Malm zwischen Eichstätt und Neuburg a. D. durch Th. Schneid (Geogn. Jahresh. XXVII und XXVIII, 1914 und 1915) erfolgt.

Der mittlere und obere Braune Jura des hier zu besprechenden Gebietes ist zum Teil in den Abhandlungen von L. Reuter (Gegend von Neumarkt i. Obpf.; Neues Jahrbuch für Min. 1905, I

[1]) Beispielsweise seien genannt die reich illustrierten Werke: Th. Engel, Geognostischer Wegweiser durch Württemberg. Stuttgart, Schweizerbart. — Th. Engel, Geol. Exkursionsführer durch Württemberg. Stuttgart, Schweizerbart. — E. Fraas, Petrefaktensammler. Stuttgart, Lutz.

Gesamtübersicht über die fränkischen Jura-Schichten.

Unterteilung				Benennung der Stufen	Zonen-Einteilung nach den leitenden Ammoniten	ungefähre Mächtigkeit
Tithon	Weißer Jura (Malm)	Oberer	ζ	Weißer Kalk von Neuburg a. D. und Unterhausen	*Beriasella ciliata*	40 m
				Reisberg-Kalk	*Perisphinctes vimineus* . .	40 m
				Solnhofer Plattenkalk	*Oppelia lithographica* . .	20—25 m
				Prosopon-Kalk (Krebsscheren-Kalk) (beide letztere im Osten, z. T. vertreten durch den Kelheimer Marmorkalk)	*Waagenia Beckeri* und *Holcostephanus Gravesianus*	30—40 m 15—25 m
Kimmeridge		Mittlerer	ε	Fränkische Massen-Formation (Dolomit- und Kalkfelsen, Frankendolomit)		40—100 m
		Unterer	δ	Schwammkalk	*Aulacostephanus eudoxus* u.	4—6 m
				Treuchtlinger Marmor	„ *pseudomutabilis*	30—40 m
			γ	Splitterkalk	*Oecotraustes dentatus* . .	20 m
				Oberer grauer Mergelkalk . . .	*Sutneria platynota* . . .	20 m
			β	Werkkalk	*Peltoceras bimammatum* .	20 m
Oxford			α	Unterer grauer Mergelkalk . . . (*Impressa*-Mergel)	*Peltoceras transversarium*. *Aspidoceras perarmatum* .	10 m
Callovien	Brauner Jura (Dogger)	Oberer	ζ	Ornaten-Ton	Cosmoceraten	bis 10 m
			ε	Macrocephalen-Ton und -Kalk . .	Macrocephalen	bis 10 m
Bajocien			γ, δ	*Parkinsoni*-Oolith	Parkinsonien	5 m
Aalenien		Mittl.	β	Eisensandstein	*Ludwigia Murchisonae* . .	25—50 m
		Unter.	α	*Opalinus*-Ton	*Lioceras opalinum* . . .	50—70 m
Toarcien	Schwarzer Jura (Lias)	Oberer	ζ	*Jurensis*-Mergel	*Lytoceras jurense*	einige Meter
			ε	*Monotis*-Kalk		0,5 m
				Posidonien-Schiefer	*Harpoceras lythense* . . .	2—5 m
Pliensbachien		Mittlerer	δ	Costaten- } Mergel	*Amaltheus costatus* . . .	25—50 m
				Amaltheen- } Mergel		
			γ	*Numismalis*- } Mergel	*Dumortieria Jamesoni* . .	
Sinemurien			β	schwach entwickelt		
Hettangien		Unter.	α	Arieten-Kalksandstein	Arietiten	2 m
				Angulaten-Sandstein	*Schlotheimia angulata* . .	5 m
Unterlage zunächst Rät, darunter *Zanclodon*-Letten und Burgsandstein (Keuper)						

Die vom schwäbischen Jura ausgehende Unterteilung der drei Hauptstufen in eine untere, mittlere und obere Abteilung faßt jeweils α und β, γ und δ, ε und ζ zusammen. Da im fränkischen Jura diese Einteilung ein falsches Bild für die Mächtigkeit der einzelnen Hauptstufen geben würde, ist in obiger Übersicht jeweils die mächtigste und morphologisch die übrigen Schichtglieder beherrschende Abteilung (Amaltheen-Mergel, Eisensandstein, Massenformation) als mittlere Abteilung angenommen.

S 60) und von BENTZ (Hesselberg-Gebiet; Jahresber. d. Oberrhein. geol. Ver. 1924 S. 40) stratigraphisch behandelt worden.

An älteren Fossillisten, die speziell den Frankenjura betreffen, sind zu nennen:

Lias: L. v. AMMON, Die Versteinerungen des fränkischen Lias (in GÜMBELS Geogn. Beschreibung der Fränk. Alb. Kassel 1891).

Lias und Dogger: M. SCHLOSSER, Die Fauna des Lias und Doggers in Franken (Zeitschr. d. Deutsch. Geol. Ges. 1901).

Malm: L. v. AMMON, Gliederung der Malm- oder Juraschichten in Franken und Schwaben; ebenfalls in GÜMBELS Fränk. Alb; als Sonderdruck in: Kleiner geol. Führer durch einige Teile der Fränk. Alb (München, Piloty & Loehle 1899).

Einteilung.

Die Einteilung der Jura-Formation in drei Stufen wurde von LEOPOLD v BUCH 1837 eingeführt.[1]) Er unterschied: einen Weißen Jura (oben), dessen mit Korallen erfüllte Kalksteinschichten oft wie eine senkrechte Mauer die steilen Hänge begrenzen,
einen Braunen Jura an den steilen Hängen am äußeren Gebirgsrande (Sandstein),
einen Schwarzen Jura (unten) am Fuße des Gebirges (Kalkstein und Schiefer)

In dieser auf petrographische und morphologische Grundlage gestellten Einteilung mußte er jedoch die Grenze zwischen Braun- und Schwarz-Jura etwas tiefer legen mit Rücksicht auf den englischen und französischen Jura, wo die einzelnen Schichten bereits nach Leitfossilien eingeteilt worden waren. Dementsprechend stellte er folgende Einteilung auf. Sie gilt seitdem als Grundlage der deutschen Jura-Geologie.

Malm	Obere Stufe:	Lithographische Schiefer, Nerineen- und *Diceras*-Kalk
	Mittlere „	Korallenkalke mit *Terebratula lacunosa,* planulaten Ammoniten *(A. polyplocus), Am. flexuosus, bifurcatus*
	Untere „	Mergel mit *Terebratula impressa*
Dogger	Obere Stufe:	Tone mit *Ammonites Jason, sublaevis, Lamberti* und Kalke mit *Terebratula varians*
	Mittlere „	Sandsteine mit *Ammonites Murchisonae*
	Untere „	Tone mit *Trigonia navis*
Lias	Obere Stufe:	Schiefer mit *Ammonites fimbriatus, radians; Posidonia Bronni; Ichthyosaurus, Plesiosaurus*
	Mittlere „	Tone mit *Ammonites Amaltheus* und *A. capricornu*
	Untere „	Tone und Kalke mit arieten Ammoniten *(A. Bucklandi)* und *Gryphaea arcuata*

Der außerordentliche Ammoniten-Reichtum der Schwäbischen Alb und der rasche Wechsel ihrer Ammoniten-Faunen veranlaßte den Tübinger Universitäts-Professor F. A. QUENSTEDT 1843[2]) jede dieser Stufen nochmals in je eine Ober- und Unterstufe zu trennen, so daß jede der drei Jura-Abteilungen in Württemberg nunmehr 6 Zonen erhielt, die mit den Buchstaben des griechischen Alphabets bezeichnet wurden (Weiß α—ζ, Braun α—ζ, Schwarz α—ζ). Diese Einteilung ist in Süddeutschland wegen ihrer Einfachheit allgemein beliebt.

Nahezu gleichzeitig hatte ALBERT OPPEL die mühsame Arbeit durchgeführt (1856—1858)[3]), die Jura-Formation Englands, Frankreichs und des südwestlichen Deutschlands in eine Reihe von

[1]) L. v. BUCH, Über den Jura in Deutschland. Abh. d. Akad. d. Wiss. Berlin. 1837.

[2]) FR. AUG. QUENSTEDT, Das Flözgebirge Württembergs, Tübingen 1843.

[3]) ALB. OPPEL, Die Juraformation Englands, Frankreichs und des südwestlichen Deutschlands, Stuttgart 1856—1858.

Etagen zu teilen, wobei „mit Hintansetzung der mineralogischen Beschaffenheit der Schichten diejenigen Zonen hervorgehoben wurden, die sich durch stetes und alleiniges Auftreten gewisser Fossilien von den angrenzenden Zonen als bestimmte Horizonte absondern". Er erhielt dadurch „ein ideales Profil, dessen Glieder gleichen Alters in den verschiedenen Gegenden immer wieder durch dieselbe fossile Tier-Art charakterisiert werden". Dies ergab für den ganzen Jura 32 Zonen, die OPPEL mit den Namen der wichtigsten und nur in der betr. Zone vorkommenden Ammoniten belegte. Diese OPPEL'schen Ammoniten-Zonen lassen sich mit den QUENSTEDT'schen Zonen in Verbindung bringen und dienen mit ihnen zur Unterteilung der Stufen L. von BUCH's.

Der Schwarze Jura (Lias).[1]

Das Gebiet des fränkischen Lias beginnt im Südwesten bei Dinkelsbühl und begleitet von hier ab den ganzen fränkischen Jurazug als 5 bis 10 km breiter flachwelliger Landstreifen. Als solcher bildet er gemeinsam mit den unteren Doggerstufen, soweit diese ebenfalls tiefer abgetragen sind, das „Jura-Vorland".

Auf dem weitausgedehnten Lias-Sockel erheben sich aus dem Jura-Vorland die in der Landschaft so auffällig hervortretenden Inselberge, in erster Linie der Hesselberg,[2]) weiter im Osten die Berge bei Thalmässing (Schloßberg, Staufer Berg, Eichelberg und Tandeler Berg) und bei Neumarkt (Möninger Berg, Sulzbürg Buchberg, Tyrolsberg und Dillberg) sowie der Moritzberg bei Nürnberg.

Gegen das tieferliegende Keuperland mit seinen dunklen Nadelwäldern ist das liasische Jura-Vorland deutlich durch die Rät-Arieten-Stufe abgegrenzt; die Grenze gegen die Jurahöhen hin geben die rascher ansteigenden Flächen des *Opalinus*-Tones. Da dieser als kalter, nasser Boden weniger ertragsreich ist, bedecken ihn häufig Wälder; die flacheren Talmulden tragen dichte Erlengebüsche.

Anders verhalten sich in dieser Hinsicht die Liasflächen. Sie verwittern zu gelbbraunen, lehmigen Böden, sind daher, soweit sie nicht durch diluviale Sandmassen verschüttet sind, wie zwischen Nürnberg und Altdorf, geschätzte Ackerböden. Zahlreiche wohlhabende und stattliche Dörfer liegen in diesem Gebiet. Das weitausgedehnte hügelige Ackerland ist durch flache Wiesentälchen unterbrochen; wo kleine Quellgebiete liegen, wie namentlich an den Ausstrichen des Posidonien-Schiefers, bedecken kleine Laubwälder den Boden.

Es mag vielleicht eigenartig berühren, wenn hier erwähnt wird, daß der Schwarze Jura in Franken noch wenig erforscht ist, während er doch im benachbarten Württemberg seit Jahrzehnten so eingehend gegliedert ist wie kaum eine andere Schichtenreihe. Der Grund dieser Rückständigkeit bedarf einer Erklärung. An ihr trägt nicht etwa der geringere Forschungseifer bayerischer Geologen die Schuld, sie ist vielmehr den ungünstigen natürlichen Verhältnissen zuzuschreiben.

Das württembergische Liasgebiet gehört fast ausschließlich dem Neckar-Gebiet an. Seiner tief liegenden Erosionsfurche strömen die Flüsse und Bäche aus dem nicht allzuweit entfernten wurttembergischen Juragebiet mit großem Gefälle zu. So konnten sich diese lebhaft fließenden

---

[1]) Im Blatt IV der geol. Übersichtskarte mit ui bezeichnet.

[2]) Hier möge auf ein noch viel zu wenig bekanntes Buch hingewiesen werden, das den Hesselberg ausführlich in Wort und Bild behandelt: EUGEN HEZEL, Hesselbergmesse und Ipfmesse, Tübingen 1911, Verlag des Schwäb. Alb-Vereins. Preis M. 2.—.

Bache auch ihrerseits tiefe Erosionsfurchen ins schwäbische Tafelgebirge einschneiden und dabei die vielen schönen Aufschlüsse schaffen, die sich den württembergischen Naturforschern förmlich aufdrängten.

Anders ist es in Bayerisch-Franken. Wandert man z. B. von Aalen oder Ellwangen zum Hesselberg (25 km südlich von Ansbach), so trifft man bis in die Nähe der bayerischen Grenze willkommene Lias-Aufschlüsse. Sobald aber die Rhein-Donau-Wasserscheide bei Ellenberg oder Stötten überschritten ist, ändert sich auffällig der Bodencharakter. An Stelle der tiefen Taleinschnitte mit dem Stufencharakter der sie umgebenden Hänge treten ebene, schwach wellige Landformen. Man hat den Boden des viel älteren Donau-Gebietes mit seinen abgewitterten Höhen und den unter tieferem Verwitterungsschutt begrabenen Formationsböden betreten. Natürliche Aufschlüsse gibt es kaum und die künstlichen Aufschlüsse zur Ausbeutung der Felsbänke werden, wenn diese herausgebrochen sind, möglichst bald wieder eingeebnet, um die Flächen für die Bodenkultur zurückzugewinnen.

Dazu kommt ein weiterer Umstand, der die Forschung ebenfalls erschwert: die Änderung der Fazies. Die mächtige tonig-kalkige Fazies der schwäbischen Lias-Schichten geht in der Nähe der genannten Wasserscheide in eine sandig-tonige und fossilärmere über. Die unteren Lias-Schichten schrumpfen auf einige Meter zusammen. Für die Bewohner liegt kein Grund vor, viele und große Aufschlüsse zu schaffen, da in der Hauptsache nur zwei Lias-Stufen Werksteine liefern: in erster Linie der Arieten-Kalksandstein mit den beiden darüber liegenden Kalkbänken (β und γ); nur hie und da bricht man auch noch die ε-Bänke (*Communis*- und *Monotis*-Bank) aus. Alle anderen Liasböden dienen der forst- und landwirtschaftlichen Nutzung.

So hat der Geologe trotz seiner guten Absicht, im fränkischen Lias die zahlreichen Fossilschichten des schwäbischen Lias wieder zu erkennen, recht wenig Gelegenheit, sein Ziel zu verfolgen und zu erreichen. Hier kann einmal nur systematische Arbeit, verbunden mit zahlreichen Profilgrabungen, zum Ziele führen. In letzter Zeit ist eine Abhandlung von K. G. Schmidt[1]) erschienen, welche den fränkischen Lias in der Umgebung von Neumarkt i. Opf. behandelt und zu weiterem Forschen auf diesem Gebiet anregt.

Welch ungeahnten Fossilreichtum die frankischen Lias-Schichten stellenweise bergen, zeigten seinerzeit die großen Erdeinschnitte beim Bau des Ludwigkanals 1836—1845. Quenstedt erwähnte gelegentlich hierüber[2]): „In Franken, wo der *Numismalis*-Mergel viel undeutlicher als in Schwaben wird, gewinnen besonders die Amaltheen-Tone, fett und schwarz, außerordentlich an Entwicklung. Man sah das besonders an dem Durchschnitt des Donau-Main-Kanals bei Dörlbach und Rasch in der Gegend von Altdorf. Dort ließen sich mitten in den Tonen Exemplare von *Ammonites costatus* zu Tausenden sammeln, aber nichts von *Am. amaltheus*, von dem ich nur wenige Bruchstucke gefunden habe.“ Von den damaligen Fossilfunden trifft man noch in den meisten großen Sammlungen schöne Stücke. Neben Unmengen von Ammoniten wurde damals in der Posidonien-Zone auch der 11 m lange *Ichthyosaurus acutirostris* gefunden, der in der Ansbacher Kreissammlung aufbewahrt wird. Leider hatte man damals noch kein Interesse die Schichtenfolge genau zu beobachten und festzustellen. Seit langer Zeit sind diese schönen Aufschlüsse verschüttet und von Vegetation bedeckt.

In den obersten Lias-Schichten (Posidonien- und *Jurensis*-Zone) waren in den letzten Jahrzehnten vor dem Krieg verhältnismäßig große Tongruben im Betrieb zwischen Altdorf und Neumarkt (Rasch, Berg, Hausheim). Der Ammoniten-Reichtum der *Jurensis*-Schicht war so groß, daß zwar viele Sammler angelockt wurden und mit reicher Beute heimkehrten, doch ist bisher leider eine palaeontologische Durcharbeitung der reichen Ammoniten-Fauna unterblieben. Jetzt sind auch diese Aufschlüsse verfallen.

Zurzeit sind in jener Gegend nur noch einige Tongruben im *Costaten*-Mergel bei Altdorf offen; da sie aber nur die mittlere, verhältnismäßig fossilarme Region dieser Stufe aufgeschlossen haben, sind sie für stratigraphische Zwecke nicht von Bedeutung.

---

[1]) K. G. Schmidt, Geologie von Neumarkt i. Oberpfalz. Ein Beitrag zur geol Geschichte des Frankenjuras (Ber. d. Naturforsch. Ges. zu Freiburg i. Br. 1926, Bd. XXVI, 1).

[2]) F. A. Quenstedt, Der Jura. Tübingen 1858. S 165.

Einteilung der Schwarzjura-(Lias-) Schichten in Franken.

	Petrographische Grenze zwischen Dogger und Lias fehlt (vgl. Seite 59).	Mächtigkeit
Zeta	*Jurensis-Mergel.* Dunkelgrauer Tonmergel, glimmerig, mit dünnen Toneisenstein-Plättchen. Reich an kleinen Ammoniten. Sie sind meist verkiest; die dicken Luftkammer-Füllungen mit Loben-Zwischenwänden erhalten, die Wohnkammern verdrückt. (*Am. jurensis, radians, Aalensis, insignis, crassus.*) Bekannte Fundstellen früher zwischen Altdorf und Neumarkt.	einige Meter
Epsilon	*Posidonien-Zone.* Schieferlagen mit Kalksteinbänken. Fossilreich. Die Zone läßt sich in Franken in mehrere deutliche Unterabteilungen zerlegen. Oben Belemniten-Schicht, darunter wilder Schiefer, fossilreich; *Monotis*-Bank; Bonebed (Saurier-Schicht); *Communis*-Bank; Ölschiefer mit Stinkkalkbänken. Ausführliche Darstellung Seite 56.	einige Meter
Delta	*Costaten-* und *Amaltheen-Mergel.* Die mächtigste und bedeutendste Stufe im fränkischen Lias, im Süden 20—30 m; im Norden (Bayreuth) 50—60 m. Oben: Costaten-Mergel. Dunkelgraue schiefrig-knollige Tonmergel-Schichten mit großen und kleinen Geoden aus hartem Kalkmergel (z. T. phosphoritisch) und Toneisenstein, erstere schließen nicht selten Ammoniten ein *(Am. costatus)*, letztere Mineralien. Untere Region (*Amaltheen-Zone*) heller gefärbte schiefrige Mergel mit kleinen, kalkigen Knollen; fossilarm.	20—60 m
Gamma	*Numismalis-Schicht.* Eine oder einige blaugraue knollige Kalkmergel-Bänke (etwa je 20 cm) mit grauen Mergel-Zwischenlagen. Untere Lagen mit groben Quarzkörnern und weißen phosphoritischen Konkretionen. Fossilreich. Bes. häufig: *Gryphaea cymbium* und *Belemnites paxillosus.* Ammoniten: *Lytoceras fimbriatum. Liparoceras striatum, Coeloceras centaurus.*	bis zu 1 m
Beta	*Raricostaten-Schicht.* Nur stellenweise als selbständige Schicht vorhanden: handhohe Mergel-Bänkchen mit *Ammonites (Ophioceras) raricostatus, Pentacrinus scalaris* (kleine sternförmige Stielglieder), *Gryphaea obliqua.*	ca. 10 cm
Schwarzer Jura Alpha	*Arieten-Kalksandstein.* Die auffälligste und am häufigsten aufgeschlossene Stufe: grobkörnige, kalkige Sandfelsen voll grober Quarzkörner. Verwittern zu uneben plattigen rostbraunen oder manganbraunen Stücken. Versteinerungen nicht häufig: *Gryphaea arcuata,* einzelne Arieten-Ammoniten *(A. rotiformis, multicostatus, Broockii).* Untere Lage der Stufe liegt discordant auf Unterlage, da Angulaten-Sandstein und Rät im südl. Frankenjura strichweise fehlen. Wo unmittelbar darunter Rät-Fels liegt, ist der Arieten-Sandstein mit ihm verwachsen.	1—3 m
	Angulaten-Sandstein. Nur stellenweise in Franken vorhanden: Hesselberg, Hahnenkamm und im nördlichen Franken. Sandsteinplatten, dünngeschichtet, feinkörnig, hellbräunlich; Oberfläche wellig uneben mit zopfartigen Wülsten (sog. Zopf- und *Asterias*-Platten). Fossilien: meist nur Abdrücke von Bivalven-Schalen und kleine Gastropoden; reicher bei Beyerberg a. Hesselberg (nach GÜMBEL): *Am. angulatus.* Aus den tieferen Lagen wittern rundgeformte Konkretionen mit harter, an Eisenkarbonat reicher Rinde aus (sog. Schwedenkugeln). Grenzschicht gegen das Rät oder den *Zanclodon*-Letten ist bläulicher oder grünlicher Ton mit Quarzkörnern, zuweilen reich an Schwefelkies, z. B. bei Pfofeld östl. von Gunzenhausen; am Nordrande des Hesselberg-Gebietes (Beyerberg, Dambach) bestanden früher Bergbauversuche darauf.	bis 1,5 m
	Liegendes: Grobkörnige helle Rät-Sandsteinfelsen, oder. wo diese fehlen, roter *Zanclodon*-Letten.	

Unterer Lias (Alpha bis Gamma).

Die Ausbildung des Unteren Lias mögen folgende zwei Profile zeigen. Das erstere erscheint mit verhältnismäßig geringen Abweichungen in den vielen flachen Steinbrüchen im Hesselberg-Gebiet; das zweite ist für die Altdorfer Gegend maßgebend; es ist dem Steinbruch am Südende von Burgthann, an der Straße zum Bahnhof, entnommen, und noch heute an der Steinbruchswand aufgeschlossen. (Aus GÜMBEL's Frankenjura 1891, S. 542, 357.)

Profil I: Unterer Lias bei Sinnbronn, 5 km westlich von Dinkelsbühl: (Schicht 1 und 2 = Lias γ, *Numismalis*-Mergel; 3 und 4 Arieten-Sandstein; 5—8 Angulaten-Sandstein; 9 und 10 allenfalls Psilonoten-Schicht; 11 Rät).

Unter dem Humus und Verwitterungsboden liegt:

I. Untere Abteilung des Mittleren Lias:

1. Grauer Letten und knolliger Mergelkalk . . . . 0,8 m
2. Grauer Mergel mit groben Quarzkörnern (*Bel. brevis*, kleine weißschalige Muscheln) 0,8 „

II. Unterer Lias:

3. Mergeliger grobkörn. Sand u. Sandstein (Arieten-Ammoniten, *Gryphaea arcuata*) 0,33 „
4. Arieten-Sandstein: grobkörniger Eisen- und Mangan-schüssiger Kalksandstein . 1—2 „
5. Knolliger Mergel mit harten, weißen, runden Geoden . . . . 0,75 „
6. Angulaten-Sandstein: feinkörniger Eisensandstein, verwittert plattig (Cardinien) 0,50 „
7. Wechselnde Lagen von hellen, tonigen und sandigen Schiefern . . . . . . 0,50 „
8. Gelblich-weißer feinkörniger Sandstein (weißschalige Cardinien hier bes. häufig) 0.15 „
9. Wechselnde Lagen dünngeschichteter Tone und sandiger eisenschüssiger Schiefer mit zopfartigen Wülsten; Einlagerungen von Schwefelkies (Turitellen, *Asterias*) 3 „
10. Grauer Letten . . . . 0,08 „

III. Keuper:

11. Weißer lockerer Sandstein (Rät) . . . . 0,32 „
12. Unterlage: der rote *Zanclodon*-Letten des Keupers (rd. 30 m).

Profil II: Mittlerer und Unterer Lias bei Burgthann (20 km sö. von Nürnberg)

Unter der Humus- und Verwitterungsdecke am Hochflächenrand liegen folgende Schichten:

I. Obere Abteilung des Mittleren Lias:

1. Grauer Mergel mit Toneisenstein-Knollen . . . . 1,75 m
2. Grauer (verwittert gelber) Mergelkalk, geht nach unten in weicheren Mergel über, mit kleinen harten Kalkknöllchen (*Amaltheus margaritatus*) . . . 1 „
3. Hellgraue Kalkknollen-Bank (*Am. maculatus, Inoceramus nobilis*) . . . 0.15 „
4. Grauer u. gelber Mergel (*Bel. paxillosus, B. clavatus, Pentacrinus sp.*) . . 0,75 „

II. Untere Abteilung des Mittleren Lias:

5. Weißlichgrauer fester Kalkstein (zwei Platten) begleitet von grauem Mergel mit festeren Konkretionen (*Am. Davoëi, Am. fimbriatus, Rhynch. rimosa, Terebr. numismalis, Pecten aequivalvis*) . . . . 1 „
6. Blaugraue Kalkbank mit weißen Konkretionen (*Gryphaea cymbium, Pecten priscus, Pholadomya decorata, Plicatula spinosa, Rhynchonella rimosa, Spiriferina verrucosa, Am. ibex*, Fucoiden) . . . . 0,15 „
7. Blaugrauer lichtbraun verwitternder Mergelkalk mit spärlichen großen, dunklen Quarzkörnern, geht unten in weiche weiße Mergellagen mit Geoden über (*Gryphaea cymbium, Am. Masseanus, Bel. elongatus*) . . . . 0,25 „

III Unterer Lias:

8. Graue knollige Mergelschicht (*Am. raricostatus, Pentacrinus tuberculatus*) 0,15 „
9. Arieten-Sandstein: dunkler, rostbrauner grobkörniger Sandstein, verwittert in uneben plattige Schalen (*Am. rotiformis*) . . . . 2 „

IV Rätsandstein im Liegenden: 4 m mächtige, geschlossene Felsbank aus hellem grobkörnigem Sandstein; im oberen Drittel auskeilende Ton-Einlagerung.

Kurze Besprechung der einzelnen Schichten.

Es mögen nun noch einige Bemerkungen über die einzelnen Schichten folgen:

Angulaten-Sandstein (Unterer Lias α).

Aus beiden vorstehenden Profilen ergibt sich, daß der unterste Lias im Hesselberg-Gebiet vorhanden ist, weiter östlich aber fehlt. Das Gestein erscheint in den Aufschlüssen als feinkörniger gelblichbrauner Eisensandstein. In frischem Zustand ist das Gestein hart, blaugrau; beim Verwittern wird es mürb, spaltet sich in dünne Platten mit uneben welliger Oberfläche und wird durch Zersetzung der eingeschlossenen Schwefelkies-Kriställchen rostfarben. Es ist äußerst arm an leitenden Fossilien (am häufigsten sind Cardinien), weshalb für die Zonenbestimmung meist nur der petrographische Charakter maßgebend ist. Die Schicht vertritt wahrscheinlich nicht nur die Angulaten-Zone, sondern auch noch die ältere Psilonoten *(= Planorbis-)* Zone.

Dieser Angulaten-Sandstein ist z. B. am Westfuße des Hesselberges beim Dorf Opfenried (Hohlweg) aufgeschlossen. Auf der Südseite des Wörnitztales bei Wassertrüdingen, wo der Öttinger Forst am Rande der Arieten-Stufe endet, sind alte Steinbrüche (sog. Steinbruchranken), die wahrscheinlich auch die Bausteine fürs Wassertrüdinger Rathaus geliefert haben. Darin liegt unter dem Verwitterungsboden (1 m) der Arieten-Sandstein (2 m geschlossene grobkörnige dunkelbraune Felsmassen, die zu uneben-plattigen Schalen verwittern). An ihrer Sohle liegt eine Muschelbreschen-Bank (10—20 cm), darunter sind noch 4 m gelbbrauner feinkörniger Angulaten-Sandstein aufgeschlossen. Die nächst höhere Zone, der

Arieten-Sandstein (Oberer Lias α) ist dagegen in Franken meist so gleichmäßig als 1—2 m mächtiges grobkörniges, dunkelbraunes Sandsteinflöz (Kalksandstein) ausgebildet, daß er überall zur leichten Orientierung im Gelände dient. Die harte Sandsteinbank tritt nämlich als deutliche Terrassenstufe in der Landschaft auf. Viele flache Steinbrüche auf den durch das Flöz gebildeten Hochflächen gestatten einen Einblick. Man bricht darin das zum Bauen wie zum Kalkbrennen geeignete Gestein Zu den häufigsten Fossilien gehören: *Gryphaea arcuata*, *Belemnites acutus*, *Lima gigantea*, *Pecten textorius*, *Avicula sinemuriensis.*

Auf den genannten Arieten-Sandsteinterrassen sind die über dem Kalksandstein folgenden Schichten (β und γ) meist verwittert und zerstört; man findet nur noch Reste davon unter der Humusdecke, worin nicht selten Bruchstücke von Ammoniten mit schön ausgewitterter Lobenzeichnung liegen (z. B. *Lytoceras fimbriatum*, *Aegoceras capricornu*, *Liparoceras striatum*, *Cycloceras Maugenesti*, *Dactylioceras Davoëi)*, ferner große Schalen von *Gryphaea cymbium.*

In der Umgebung von Neumarkt i. Opf. wurden diese Schichten (β und γ) in letzter Zeit durch K. G. Schmidt eingehender untersucht[1]:

Über dem Rät folgt dort als unteres Alpha zunächst entweder blauer Ton mit Quarzkörnern oder feiner weißlichgelber Angulaten-Sandstein (etwa 0,5 m). Die Arieten-Schicht besteht aus zwei Kalksandstein-Bänken mit *Gryphaea arcuata.*

Lias β fehlt häufig. Wo er vorkommt, handelt es sich um ein Mergelbänkchen mit *Ammonites raricostatus* (sehr selten), *Gryphaea obliqua* und kleinen sternförmigen Stielgliedern von Encriniten *(Pentacrinus scalaris* Qu.). Im übrigen Gebiet dürfte die oberste Kalksandstein-Zone zum Teil als β anzusehen sein. Das stellenweise Fehlen der β-Fossilien erklärt K. G. Schmidt damit, daß den Tieren das lebhaft bewegte seichte Meer in der Strandzone nicht zusagte.

Lias γ. Kalkknollen-Bänke (etwa je 20 cm) mit Mergel-Zwischenlagen. Fossilreich. K. G Schmidt erwähnt von Mittelricht (7 km sw. von Neumarkt) folgende Fossilien:

Ammoniten:	Belemniten	Muscheln	Schnecken:
Lytoceras fimbriatum	*B. paxillosus* (häufig)	*Gryphaea cymbium* (häufig)	*Pleurotomaria multicincta*
Liparoceras striatum	*B. elongatus*	*Pecten priscus*	ferner Steinkerne von *Turitella sp.* und *Trochus sp.*
Coeloceras centaurus	*B apicicurvatus*		
	B. clavatus		

[1]) K. G. Schmidt zitiert S. 50 Anm. 1.

Das sog. „Wackenpflaster“ der γ-Schicht ist über weite Strecken hin gleich. Es läßt sich von Neumarkt bis ins Hesselberg-Gebiet verfolgen. Bald liegen die γ-Wacken in einer einzigen Bank (20 cm), bald in zweien, manchmal auch in drei Bänken, getrennt durch Mergel, die bis zu 35 cm anschwellen. Farbe der Kalkknollen (Wacken): frisch = blaugrau; verwittert = hellgrau bis weiß.

Mittlerer Lias (Delta).

Lias δ, Amaltheen- und Costaten-Mergel, im südlichen Franken 25—30 m; im nordöstlichen Franken (Bayreuth-Sophienberg) 50—60 m; die Hauptmasse des fränkischen Lias. Die untere Hälfte besteht aus blaugrauem, schiefrigem Mergel und ist fossilarm. Die obere Hälfte ist dunkelblaugrauer Mergel mit kleinen und großen rostbraunen Toneisenstein-Knollen. Diese Lagen sind z. B. in der großen Tongrube bei Ludersheim (westl. von Altdorf) aufgeschlossen. In einzelnen Lagen haben in ganz Franken die Knollen Brotlaibgröße und bilden förmliche Bänke. Die Hohlräume und Austrocknungsrisse der Knollen sind mit Mineralien ausgekleidet (Kalzit, Siderit, Schwefelkies, schwarze Zinkblende, Schwerspat).

In der höchsten Region der Tonmergel-Stufe liegen viele harte graue phosphoritische Knollen von Kartoffelgröße, in denen die schöngeformten Amaltheen-Ammoniten *(Amaltheus costatus)* stecken, zum Teil verkiest.

Dieser *Amaltheus costatus* ist nach Quenstedt „in Franken von Altdorf bis Banz und in der Bayreuther Gegend der häufigste Ammonit, weshalb er früher die Benennung *Ammonites franconicus* hatte“.

Beim Bau des Donau-Main-Kanals ums Jahr 1840 wurde der Amaltheen-Mergel durch tiefe und lange Einschnitte aufgeschlossen, wobei Unmengen von Versteinerungen zutage gefördert wurden. Nach Gümbel besteht die hier angetroffene Fauna aus:

1. Cephalopoden:
   - *Ammonites costatus*
   - „ *falcifer*
   - *Belemnites acuarius*
2. Brachiopoden:
   - *Rhynchonella triplicata*
   - „ *tetraedra*
   - *Waldheimia cornuta*
   - „ *resupinata*
   - *Spiriferina rostrata*
3. Bivalven (Muscheln):
   - *Cardium caudatum*
   - *Cucullaea Münsteri*
   - *Hinnites tumidus*
   - *Inoceramus substriatus*
   - *Monotis sexcostata*
   - *Nucula aurita*
   - *Pecten aequivalvis*
   - „ *paradoxus u. strionatis*
   - *Pleuromya unioides*
   - *Plicatula spinosa*
   - *Venus pumila*
4. Gastropoden (Schnecken):
   - *Melania amalthei*
   - *Pleurotomaria anglica*
   - „ *expansa*
   - *Turbo canalis*
5. Scaphopoden (Grabfüßer):
   - *Dentalium amalthei*
6. Echinoideen (Seeigel):
   - *Cidaris amalthei*

Oberer Lias (Epsilon und Zeta).

Der Obere Lias tritt trotz seiner geringen Mächtigkeit von nur einigen Metern wiederum als deutliche Terrasse[1]) in der Landschaft auf, die durch den schwer verwitternden Posidonien-Schiefer und die ihn begleitenden harten Kalkbänke bedingt ist.

Die Stufe hat besonderes Interesse einmal wegen ihres Fossilreichtums, enthält sie doch auch die „Ichthyosaurier-Schicht“; ferner wegen des Ölschiefers. Dieser sollte in der brennstoffarmen Kriegs- und Nachkriegszeit zur Nutzbarmachung des Bitumengehaltes Verwendung finden. Da es indessen damals nicht gelang, zweckmäßige Verfahren zur praktischen Ölabscheidung zu finden, blieb es bei Schürfversuchen.

[1]) Ausführungen über die Posidonien-Terrasse siehe Seite 58.

Der obere Lias gliedert sich im südlichen Franken folgendermaßen (das Profil nennt die Schichten von oben nach unten):

Jurensis-Mergel (= *Radians*-Mergel), die (in stratigraphischer Hinsicht höchste Lias-Stufe. Sie geht oben ohne besondere Kennzeichen in den fossilarmen blaugrauen *Opalinus*-Ton über (vgl. Seite 59). Grauer Mergel, einige Meter mächtig,

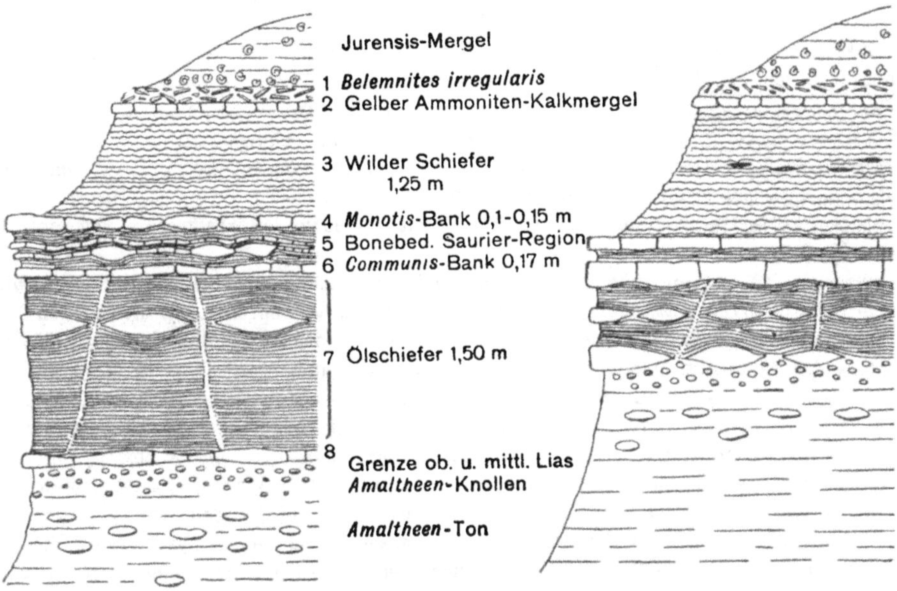

Abb. 8.

Profile durch die mittelfränkische Posidonien-Zone im oberen Schwarzen Jura

aufgenommen von L. Reuter.

Linkes Profil von Möning, 10 km sw. von Neumarkt i. Opf.

Rechtes Profil von Rasch, 3 km s. von Altdorf.

(Hierzu die Tabelle Seite 56.)

mit kleinen, meist verkiesten Ammoniten: *A. (Lytoceras) jurensis, A. (Harpoceras) radians, A. Aalensis, A. insignis, A. (Coeloceras) crassus.* Die Schichten waren früher bei Hausheim und Berg (nördlich von Neumarkt i. Opf.) in den Gruben der jetzt aufgelassenen Tonwerke aufgeschlossen und durch den Reichtum an diesen Ammoniten berühmt. Darunter folgt die

Posidonien-Zone (hiezu die beiden oben gegebenen Profilskizzen).

Die Fazies der Posidonien-Zone ist raschem Wechsel unterworfen; die einzelnen Lagen sind bald mehr, bald weniger gut entwickelt, zum Teil fehlen sie streckenweise. Gegenüber der mächtigeren Ausbildung bei Staffelstein (Banz) und Bayreuth (Gesees-Mistelgau, Abt. VI) ist die südfränkische Ausbildung verkümmert. Am besten ist die Zone noch in der Gegend zwischen Altdorf und Neumarkt (z. B. bei Rasch) entwickelt. Deshalb möge dieses Vorkommen hier als Normalprofil dienen.

Profil der mittelfränkischen Posidonien-Zone.

Hiezu die Abbildung Seite 55.

Von oben nach unten:

1. Hellgrauer bröckeliger Mergel, rd. 10 cm, voll von *Belemnites irregularis*. Charakteristische Lage, da überall, wo sie an die Erdoberfläche tritt, die ausgewitterten Belemniten in Unmengen herumliegen.
2. Bröckelig schieferiger Mergelkalk, 10 cm, graugelbe Schichtflächen mit zahllosen Ammoniten-Abdrücken.
3. Dunkelgrauer Mergelschiefer, 1 bis 2 m mit unebenen rauhen Schichtflächen; diese zeigen Abdrücke von *Posidonia Bronni* und von kleinen Ammoniten. Belemniten häufig *(Am. Phylloceras) heterophyllus*. Nicht selten liegen verkohlte Treibhölzer als dichte, zähe, tiefschwarze Pechkohle, sog. Gagatkohle (1 bis 5 cm mächtig), im Schiefer.
4. *Monotis*-Bank, 8—10 cm, blaugrau hart und zäh, besteht zum Teil fast nur aus einer Anhäufung der schusserförmigen *Monotis subtriata*.
5. Bonebed, 5 bis 10 cm. Dunkelbrauner Mergel mit Zähnen und Wirbelknochen von Sauriern und Fischen.
6. *Communis*-Bank, 20 cm schwärzlicher Kalk voll von Ammoniten: *Ammonites communis, serpentinus, bifrons, fimbriatus*. Ihre Schalen sind mit weißem Kalkspat erfüllt, der dem Verwittern mehr Widerstand leistet, als die Kalkmasse; daher ragen in den Aufschlüssen die weißen Ammoniten weit über die Abwitterungsflächen hervor.

   Aus den *Communis* u. *Monotis*-Bänken dürften die unverdrückten Ichthyosaurier (im Gegensatz zu den plattgedrückten Exemplaren aus dem Schiefer) stammen, die seinerzeit beim Bau des Donau-Main-Kanals in der Umgebung von Altdorf und Neumarkt gefunden wurden, z. B. das 11 m lange Skelett von *Ichthyosaurus acutirostris*, das in derSammlung des Hist. Vereins zu Ansbach aufbewahrt wird. Die häufigste Art ist *Ichth. zetlandicus.*[1])

   Communis- und *Monotis*-Kalk sind begehrte Bausteine. Sie werden daher aus den Feldern gebrochen, worauf die Aufschlüsse sofort wieder eingeebnet werden, um die Flächen dem Ackerbau wieder nutzbar zu machen. So verschwindet durch Menschenhand mehr und mehr eine charakteristische Lias-Schicht.

   Der *Communis*-Kalk war früher eine begehrte Marmorart, da beim Anschleifen die weißen Ammoniten in der dichten schwärzlichen Grundmasse besonders deutlich hervortreten und dadurch den Platten eine auffällige Zeichnung geben. Die Platten wurden in früheren Zeiten bei Berg und Altdorf, z. B. im Willitzleiter Wald (2 km nördlich von Altdorf) in flachen Gruben ausgebeutet, dann geschliffen und poliert. Noch häufig trifft man in Franken auf Tischplatten, Grabsteine, Gedenktafeln, Gewichtsteine, Briefbeschwerer usw. aus derartigem Lias-Marmor von Berg und Altdorf.
7. Der eigentliche Posidonien-Schiefer (Blätterschiefer, Ölschiefer). Mächtigkeit sehr wechselnd, von einigen Zentimetern bis zu 2 m. Schwärzlichgrauer Schiefer mit braunem Strich, zerteilt sich beim Verwittern in zahllose ebenflächige hellgraue Blätter, die an Pappendeckel erinnern und stoßweise mit geraden, glatten Wänden anstehen. Die Oberflächen der Blätter sind glatt und eben; sie tragen Abdrücke von *Inoceramus dubius, Posidonia Bronni, Pecten contrarius*, Fischschuppen, zuweilen auch die glänzend-schwarzen Abdrücke von Fischen *(Dapedius pholidotus, Leptolepis Bronni)*. Besonders die Flächen der unteren Schieferlagen zeigen Abdrücke großer Ammoniten *(Am. Lythensis.)*

   Etwa in der Mitte der Schichten liegt eine weiße Kalklinsen-Bank. Die bis zu 0,5 m langen Linsen schwellen bis zu 20 cm Dicke an. In größeren Aufschlüssen erinnert die an- und abschwellende Bank an eine Perlenkette oder auch an Augen. Mit den Kalklinsen verwachsen kommen verkalkte Stammstücke (Treibholz, bis $^1/_2$ m Länge) von Coniferen-Hölzern vor, zum Teil sind sie auch als Gagatkohle erhalten.

[1]) F. v. Huene, Ichthyosaurier des Lias und ihre Zusammenhänge, Berlin, Borntraeger 1922.

Anderwärts, namentlich im nördlichen Franken, liegen noch im oberen Niveau des Ölschiefers (Schicht 7 oben) zwei bis drei weiße dünne Kalklinsenbänke. Charakteristisch für alle diese weißen Linsenbänke ist der bituminöse Geruch, der sich beim Anschlagen des Gesteins bemerkbar macht, weshalb man das Gestein „Stinkkalk“ zu nennen pflegt.

Bemerkenswert ist ferner, daß diese Bänke beim Verwittern zunächst in beilförmige Stücke mit glatten vertikalen Sprungflächen zerspringen oder sich in mehrere dünne Platten zerteilen, die schließlich zu einem Haufenwerk zentimetergroßer weißer, meist rechtwinkliger Gesteinssplitter zerfallen. Diese liegen überall auf den Feldern in Unmengen herum und lassen dadurch ohne weiters das geologische Niveau erkennen.

8. Untere Kalkbank, 20 bis 30 cm, tritt in den Aufschlüssen gesimsartig hervor; ist stellenweise als Kalklinsenbank ausgebildet, fehlt häufig vollkommen, so daß der Blätterschiefer (Schicht 7) unmittelbar auf Amaltheen-Ton aufliegt.

Darunter Amaltheen- und Costaten-Mergel (Amaltheen-Ton), blaugrau, mit vielen, zum Teil phosphoritischen runden und ovalen Konkretionen.

Die untere Grenze des Ölschiefers wird häufig nicht erkannt. Deshalb möge hier ein Merkmal gegeben sein, das sich in der Praxis bewährt hat: Der Ölschiefer ist infolge seiner starken vertikalen Zerklüftung für Wasser durchlässig; der darunter liegende Amaltheen-Ton dagegen undurchlässig. Somit ist die Grenze ein Quellhorizont. Das den Schiefer durchdringende Grundwasser zersetzt den Schwefelkies; Eisen und Schwefelsäure geht in Lösung. Letztere gibt sofort mit dem vorhandenen Kalk den Gips, der sich in kleinen weißen Kriställchen an die Schieferstöße ansetzt. Andernseits oxydiert sich das gelöste Eisen am Quellaustritt und scheidet sich als rostige Gallerte ab. Daher ist in den Aufschlüssen an der Grenze von Oberem und Mittlerem Lias der Ölschiefer gewissermaßen mit einem weißen Hauch bedeckt. während von der Grenzfläche an abwärts der weiche *Amaltheen*-Ton mit seinen Phosphoritknollen und braunen Laibsteinen von brauner Rostgallerte überzogen ist.

Die Stufen des fränkischen Lias und ihre morphologische Bedeutung.

Die Tafelgebirge bestehen zum Teil aus einer ziemlich gleichmäßigen Folge annähernd horizontal liegender weicher und harter Sedimentschichten. Die Landstufen der Tafelgebirgsländer sind dadurch bedingt, daß diese Schichten der Verwitterung und Abschwemmung verschieden großen Widerstand entgegensetzen. Die weicheren Schichtstöße zerfallen und werden weggeschwemmt, so daß schließlich die härteren Bänke als Terrassen und Hochflächen heraustreten, die mit steilen Felsstirnen (Steilstufen) gegen das abgetragene wellige Vorland abfallen. Auf den Terrassen beginnen erst etwas entfernter von den Steilkanten die welligen Hügel der folgenden weicheren Stufen, die ihrerseits wiederum von Steilstufen überdeckt werden.

Gerade der fränkische Lias zeigt außerordentlich schön diesen Stufenbau. In ihm liegt eine 25 m (südliches Franken) bis 60 m (nördliches Franken) mächtige weiche Zone (Amaltheen- und Costaten-Mergel) zwischen den harten Bänken des Unteren und Oberen Lias. Letztere grenzen sowohl nach unten (*Zanclodon*-Letten) wie nach oben (*Opalinus*-Ton) an mächtige weiche Gesteinszonen. Somit liegen hier mitten zwischen mächtigen Mergel- und Lettenzonen zwei harte Stufen- und Terrassenbildner: die Rät-Arieten-Stufe und die Posidonien-Stufe.

a) Die untere Lias-Stufe (Rät-Arieten-Stufe).

Die untere Lias-Stufe tritt überall in Franken am äußeren Rande des Jura-Vorlandes auf als eine der auffälligsten Stufen. Sie gehört zwar nicht überall den gleichen geologischen Schichten an. Die vorangehenden Ausführungen haben gezeigt, daß das Rät bald außerordentlich mächtig entwickelt ist (nördliches Franken) und geschlossene Felswände bis zu 20 m Höhe bildet, andernorts (Gunzenhäuser- und Hesselberg-Gegend) aber nahezu fehlt. Dagegen fehlt nirgends der 1 bis 3 m mächtige Arieten-Sandstein mit den dünnen, unmittelbar darüber liegenden Kalkbänken (meist zwei) von Lias β und γ, die nur durch handhohe mergelige Lagen getrennt sind.

So ist überall an der Rät-Lias-Grenze die Vorbedingung für eine im Landschaftsbild hervortretende Stufe gegeben. Sie soll hier Rät-Stufe oder Rät-Arieten-Stufe genannt werden, je nachdem die eine oder die andere geologische Schicht daran mehr beteiligt ist.

Diese Rät-Arieten-Stufe ist die wichtigste Stufe im Jura-Vorland. Ihre Ränder ragen gesimsartig ins abgetragene Keuperland hinein. Von ihrer Oberfläche hat die Verwitterung und Abschwemmung weithin die weiche Costaten-Decke abgetragen und entfernt, so daß ihre Oberfläche als wichtige Terrasse zu nennen ist.

Die äußere Kante dieser Schichtstufe ist die natürliche Grenzlinie der beiden bedeutendsten fränkischen Formationen, von Jura und Trias. Ihr Rand ist außerdem eine Vegetationsgrenze: hier enden die Kalkböden des Juragebietes, unter und vor ihr liegen die weiten Quarzsand-Gebiete des Keupers. Das Juragebiet trägt Laubwälder, auf seinen Hängen gedeiht die üppige Kalkflora mit farbenprächtigen Blüten. Das anschließende Keupergebiet ist von nahezu unübersehbaren Nadelwäldern bedeckt und trägt eine ärmere, dem Sandboden angepaßte Flora.

b) Die obere Lias-Stufe (Posidonien-Stufe).

Weniger auffällig tritt die obere Lias-Stufe im Landschaftsbild auf. Ihre Kante ist wegen der geringeren Mächtigkeit des Stufenbildners ohnehin weniger steil; außerdem ist sie dadurch, daß seit vielen Jahrhunderten der Pflug über sie hinweggeht, abgerundet und eingeebnet worden. Den Verlauf ihrer Terrassenflächen verfolgt man mit den Augen am besten dann, wenn man irgendwo auf der Terrasse selbst steht. Dann erkennt man, wie sich die in ähnlicher Höhe liegenden ebenen Flächen der Posidonien-Terrasse von dem Hügelland darüber und darunter deutlich abheben.

An der Stufen-Bildung nimmt die ganze Posidonien-Zone teil, die, wie erwähnt, nur einige Meter mächtig ist. Bereits der bituminöse Schiefer ist ein äußerst festgeschichtetes, gegen Verwitterung ziemlich unempfindliches Gestein. Die vom Pflug aufgerissenen Schieferblätter erhalten sich jahrelang im Ackerboden als graue, papierdünne Schieferplättchen. Die widerstandsfähigsten Lagen sind aber die darüber liegenden harten Kalkbänke, die *Communis-* und die *Monotis*-Bank. Die *Jurensis*-Schicht ist als weiche Mergeldecke in der Regel der Verwitterung und Abschwemmung anheimgefallen und zerstört.

So tritt die Posidonien-Zone als formbildende Stufe in der Landschaft auf. Sie bildet Hochflächen, die sich als breite Terrassen zwischen die flachen Hänge des Mittleren Lias und des *Opalinus*-Tones einschieben und sich im Juravorland um die Braunjura-Höhen herumziehen.

In dem hier zu besprechenden Gebiet beginnt die Posidonien-Terrasse im Vorland des Moritzberges, oberhalb Leinburg; der Ort selbst steht auf der Rät-Terrasse. Ihre Fortsetzung nach Süden ist zunächst unter mächtigen Diluvialsandmassen begraben. Dafür tritt sie um so deutlicher in der Umgebung von Altdorf auf. Die Stadt selbst steht darauf; die ebene Hochfläche bis zum Schwarzach-Tal bei Rasch und Prackenfels ist Posidonien-Fläche. Südlich von Rasch durchschneidet der Ludwigskanal in 10 m tiefem Einschnitt die Posidonien-Zone mit ihrer Unterlage und gibt damit einen der schönsten fränkischen Posidonien-Aufschlüsse. Von ihm stammt die Profilskizze Abb. 8 S. 55. In der Neumarkter Gegend sind die breiten Flächen der Posidonien-Terrasse in der Umgebung der isolierten Juraberge (Tyrolsberg, Mönninger Berg, Sulzbürg) zu nennen. Hier pflegt man die *Communis-* und *Monotis*-Bank aus den Feldern zu brechen und für Bauzwecke (Hausbau, Straßenbau) zu verwenden. Weiter gegen SW. sind die Terrassenflächen bei Weinsfeld zu erwähnen; der Markt Thalmässing steht auf der Terrasse. Hier und weiter westwärts bis in die

Gegend von Ellingen scheinen *Communis-* und *Monotis*-Bank zu fehlen, erst am Fuß des Trommetsheimer Berges beginnen wieder die Kalksteingruben in den Feldern. Das römische Castrum von Teilenhofen (Iciniacum) stand auf dieser Terrasse. Weiter gegen Westen machen sich die Posidonien-Terrassen im Vorland vom Hahnenkamm bemerkbar, namentlich schön unterhalb vom Spielberg, wo die Gnotzheimer Kirche auf der Terrassenkante steht; endlich noch im Hesselberg-Vorland.

Ähnlich wie die Rät-Arieten-Hochflächen, haben die Posidonien-Terrassen und ihre Ränder zur Besiedlung angelockt. Die Böden dieser Stufe und ihres Vorlandes sind gute Ackerböden. Der Posidonien-Schiefer selbst ist infolge seiner Zerklüftung für Wasser aufnahmefähig, ist somit ein kleines Grundwasserbecken, dessen Überlauf Quellen speist. So ist in seiner Umgebung die Wasserbeschaffung in dem sonst an Quellen armen Lias-Gebiet nicht schwierig. Genügen die Quellen nicht, so gibt der Schiefer die Möglichkeit zur Anlage von Zieh- und Pumpbrunnen. Derart günstige Umstände lockten die Besiedler. So sind auch an und auf dieser Terrasse stattliche Dörfer entstanden.

Die Wege, die vom Mittleren Lias zur Posidonien-Terrasse emporführen, hat man zuweilen durch tiefe künstliche Einschnitte fahrbar gemacht. Derartige „Schiefergassen" gewähren einen willkommenen Einblick in den Schichtenaufbau, z. B. bei Möning sw. von Neumarkt oder bei Stopfenheim w. von Ellingen. Doch sind im südlichen Franken diese Schiefergassen leider seltener als im nördlichen Franken.

Beim Durchwandern der genannten Posidonien-Gebiete empfiehlt es sich das Augenmerk zu lenken auf die bereits bei der Formationsbeschreibung genannten Verwitterungsrückstände in den Feldern, auf die Anhäufungen von Belemniten, auf die kleinen weißen kantigen Kalksplitter und auf den Blätterschiefer, die als Anzeichen der unter der Vegetations- und Humusdecke verborgenen ε-Schichten dienen.

Die Grenze zwischen Lias und Dogger.

Wie bereits in der Einleitung zur Juraformation erwähnt, hatte Leopold von Buch (1839), dem wir die erste Einteilung der deutschen Juraformation verdanken, als Braunen Jura ursprünglich nur die Stufe vorgeschlagen, welche die steilen Hänge bildet und in der fast nichts als Sandsteine vorkommen (Eisensandstein). Mit Rücksicht auf faunistische Momente sowie auf die petrographisch anders ausgebildeten Jurastufen in England und Frankreich zog er jedoch später die Grenze zwischen Lias und Dogger dort, wo über den Tonen mit *Ammonites radians* die Tone mit *Trigonia navis* beginnen.

Da jedoch die *Trigonia navis* nur stellenweise häufiger vorkommt (in Franken ist sie besonders selten), gab Lepsius einen andern Anhaltspunkt.[1]) Er machte darauf aufmerksam, daß „in der obersten Lias-Schicht (Zone des *Lytoceras jurense*) die Ammoniten nicht verdrückt sind, sondern dick, verkalkt oder verkiest, aber meist ohne Schale, so daß man überall die Füllungen der Luftkammern mit gut erhaltener Lobenzeichnung aus dem Boden auswittern sieht. Im *Opalinus*-Ton fehlen derartige Ammoniten. Da in Deutschland überall dieser charakteristische Horizont der *Jurensis*-Mergel verbreitet ist, besteht kein Zweifel, wo die Grenze gegen den braunen Jura zu ziehen ist".

Diese feine Grenze im Frankenjura aufzufinden könnte möglicherweise dort gelingen, wo die Gunst der natürlichen Verhältnisse einen Einblick in die Schichten gewährt, wie z. B. im nördlichen Franken, wo die zum tiefliegenden Main hin fließenden Bäche und Flüsse kräftige Erosionsrinnen geschaffen haben und stellenweise offen halten[2]). Im südlichen Frankenjura jedoch, wo die weite wellige Ebene des Lias und des *Opalinus*-Tons noch von einer dicken Lehmdecke überzogen ist, kann man dieses Merkmal nur in außerordentlich seltenen Fällen treffen, wie sie sich z. B. bei größeren Erdarbeiten und Ingenieurarbeiten vorübergehend bieten. Für gewöhnlich muß man sich an morphologische Merkmale halten.

---

[1]) R. Lepsius, Geologie von Deutschland und den angrenzenden Gebieten Bd. I, 3 Leipzig 1892 S. 471.

[2]) Z. B. am sog. Trimeusel bei Unnersdorf am Main, 2 km nw. von Staffelstein.

Die für praktische Zwecke, z. B. für Kartierung und Profilierung in Betracht kommende Grenze zwischen Schwarzem und Braunem Jura ist die deutlich in der fränkischen Landschaft als Terrassen-Oberfläche hervortretende oberste Schicht der Posidonien-Zone (Seite 58). Dort, wo über ihr das Gelände wiederum kräftiger und hügelartig anzusteigen beginnt, fängt der Braune Jura an. Die palaeontologische Grenze liegt einige Meter höher. Welch geringen praktischen Wert letztere hat, ergibt sich daraus, daß sie einwandfrei erst in letzter Zeit durch L. Krumbeck gelegentlich einer großen Ausschachtung (12 m tief) in der Erlanger Gegend (bei Hezles am Fuß des Leyerberges) nachgewiesen werden konnte und zwar nur auf Grund der dabei erhaltenen Fossilfunde. (Zeitschr. d. Deutsch. geol. Ges. Bd. 77, 1925 Abhdlg. 1). Nach Krumbeck geht dort der Lias ohne Gesteins- und ohne Fazieswechsel in den Dogger über. Lediglich die Fauna ändert sich. Die fast reine Ammoniten-Fauna des Lias ζ mit den Dumortierien und Grammoceraten wird abgelöst von muschel- und schneckenreichen Schichten; unter den Ammoniten überwiegen die Lioceraten. Der Muschelreichtum läßt zunehmende Verflachung des Meeres erkennen, die dann in Braun β (Eisensandstein) auch in der Gesteinsfazies zum Ausdruck kommt.

Der Braune Jura (Dogger).[1]

Einteilung. Die einzelnen Zonen des Fränkischen Juras haben zum Teil wesentlich andere Gesteinsbeschaffenheit und Mächtigkeit als die entsprechenden Zonen des Schwäbischen Juras. Der vorige Abschnitt über den Lias zeigte, daß in Franken von seinen 6 Abteilungen sowohl die 3 unteren, wie die 2 oberen Zonen nur wenige Meter mächtig sind, während die dazwischen liegende Zone (*Costaten-* und *Amaltheen*-Schichten, Schwarz δ) mit 25—60 m weitaus die Hauptmasse des fränkischen Lias ausmacht.

Auch im Fränkischen Dogger gibt die palaeontologische Zonen-Einteilung ein ähnlich falsches Bild für die Mächtigkeit. Der Untere Dogger (α und β) nimmt mit 100 bis 150 m Mächtigkeit weitaus die Hauptmasse des ganzen Doggers ein. Der Mittlere Dogger (γ und δ) erreicht stellenweise kaum 5 m; der Obere Dogger (ε und ζ) ist im ursprünglichen Zustand 10 bis 20 m mächtig; da er aber aus plastischem Tonmergel besteht, ist er meist unter der Last der darüber liegenden Weißjura-Massen bis auf einen Rest von nur wenigen Metern ausgequetscht worden. Für praktische Zwecke ist somit auch hier die Einteilung nach petrographischen Merkmalen vorzuziehen.

Die Gümbel'sche geognostische Karte 1:100000 hat daher nicht mit Unrecht den fränkischen Dogger entsprechend seiner petrographischen und morphologischen Beschaffenheit in 3 Stufen geteilt: den *Opalinus*-Ton (d^1, unten), den Eisensandstein (d^2) und den oberen Dogger (d^3, Oolith mit Ornaten-Ton).

Der *Opalinus*-Ton bildet den breiten Sockel der steilen Eisensandstein-Berge; auf diesen liegt hinwiederum der obere Dogger als flache Terrasse. Dieser seinerseits legt sich als niemals fehlende Verebnung um die mauerartigen Steilhänge der Werkkalk-Stufe herum. Die Unterabteilungen des Braunen Jura zeigt die Tabelle Seite 61.

[1]) Auf dem geologischen Blatt IV unter mi ausgeschieden.

Einteilung der Braunjura- (=Dogger-) Schichten in Franken.

Stufe		Benennung der Schichten	Kurze Beschreibung der Schichten	Mächtigkeit
Oxfordien	Weiß Alpha	Werkkalk *Impressa*-Mergel	Unterer Weißjura-Steilrand aus Werkkalk (10—15 m), darunter *Impressa*-Mergel (bis zu 10 m); Grenzbank: Grünoolith-Kalk des untersten Weißen Jura mit *Perisphinctes plicatilis.*	einige Dezimeter
Oxfordien / Callovien	Zeta	Glaukonit-Schicht Geröll-Schicht Ornaten-Ton	Hellgrauer Ton, in dem die dunkelgrünen Glaukonitkörnchen außerordentlich stark angereichert sind. Entstanden durch Ausschlämmen der zerstörten umgelagerten Ornaten-Tonschicht zur Biarmaten-Zeit. Geröll-Schicht: Hellgrauer Ton mit vielen abgerollten Phosphorit-Konkretionen und abgerollten phosphoritischen Steinkernen von Ammoniten; ohne Abdrücke auf den Ton-Schichtflächen. Entstanden durch Zerstörung und Umlagerung des primär abgelagerten Ornaten-Tons. Ornaten-Ton. Schieferiger Ton mit unregelmäßig gestalteten Phosphorit-Konkretionen und mit vielen Ammoniten, die teils als phosphoritische Steinkerne, teils nur als Abdrücke auf den Schichtflächen erhalten sind. Einteilung mit zugehöriger Fauna siehe Tabelle Seite 69.	1 bis 2 m einige Meter
Callovien / Bathonien	Epsilon	*Macrocephalus*-Schicht *Varians*-Schicht	Dunkelgraue Tonschicht mit großen Brauneisen-Oolithkörnern. Darin ein oder zwei gelbe Kalkbänke (10—20 cm) mit großen Oolithkörnern und großen schön erhaltenen Ammoniten; stellenweise liegen die Ammoniten als phosphoritische Steinkerne mit schöner Lobenzeichnung im Ton. *(Macrocephalites macrocephalus, tumidus, Herveyi; Perisphinctes euryptychus, funatus, subtilis, Proplanulites subcuneatus, Kepplerites Gowerianus, Hecticoceras hecticum.)* Dunkelgraue Tonschicht (einige Dezimeter). *Aspidoides* Bank. Blaugraue Kalkbänke (10—20 cm) mit kleinen Oolithkörnern, in dunkelgrauem Ton eingebettet *(Oppelia aspidoides, fusca; Rhynchonella varians).* Die feinen, seidenglänzenden *Varians*-Schälchen bilden zuweilen förmliche Schalennester im Kalk und Ton.	einige Meter 1 bis 2 m
Bathonien / Bajocien	Epsilon / Delta	*Parkinsoni*-Schicht *Bifurcatus*-Schicht *Humphriesi*-Schicht	Die *Parkinsoni*-, *Bifurcaten*- und *Humphriesi*-Zonen bilden zusammen eine Schicht von mergeligem Eisenoolithkalk, die beim Verwittern zu rostroter bröcklicher Gesteinsmasse zerfällt. Sie ist eine der fossilreichsten Jura-Schichten, namentlich an Bivalven *(Alectryonia Marshi, Gresslya gregaria, Pholadomya, Modiola).* Die Zonen-Ammoniten sind häufig. SCHRÜFER nannte (1861) diesen in Franken schwer in die einzelnen Zonen zu trennenden Schichtenkomplex die „Schicht mit *Belemnites giganteus*", da dessen dicke, grobe Bruchstücke besonders häufig vorkommen. Einteilung siehe Seite 67 und 68.	1 bis 4 m
Bajocien	Gamma	*Sowerbyi*-Schicht	Dunkelgraue glimmerige Tonschichten mit einer grauen Kalksandsteinbank (20—30 cm), die in folgende drei Lagen zerfällt: Oben: Grobsandige Kalkbank voll von Muscheltrümmern *(Sonninia Sowerbyi)*, feinsandigere Kalkbank, durchzogen von Fadenbüscheln der *Serpula socialis.* Unten: Grundkonglomerat d. h. Kalksandsteinbank mit abgerollten Stücken von Eisensandstein und runden Toneisen-Sandsteinknollen.	einige Meter
Aalénien	Beta	Eisensandstein	Gelbe bis rostbraune Sandsteinmassen, meist locker gebunden; darin einige Lagen von oolithischen Rot- und Brauneisen-Erzen. Fossilien (nur als Abdrücke erhalten) auf wenige Lagen beschränkt *(Harpoceras Murchisonae, Pecten personatus = P. pumilus, Trigonia striata).* Weitere Ausführung über die Stufe Seite 64.	30 bis 50 m
Aalénien	Braun Alpha	*Opalinus*-Ton	Dunkelgraue tonig-mergelige Schichten mit Toneisengeoden in der oberen Region. Die Fossilien *(Harpoceras opalinum, Lytoceras torulosum)* meist nur als Abdrücke auf den Tonflächen erhalten, nur ausnahmsweise im unteren Teil der Stufe mit weißen Schalen.	60 bis 100 m

Liegendes: *Jurensis*-Mergel (einige Meter), darunter *Posidonien*-Schiefer

Opalinus-Ton.

(Benannt nach dem *Ammonites (Harpoceras) opalinus*, dessen schneeweiße, opalisierende Schalen hie und da zwischen den dunklen Tonschichten liegen).

Gesteinsbeschaffenheit: Dunkelgrauer Mergelschiefer, der im wesentlichen aus Ton und Kalk besteht, jedoch in wechselndem Mengenverhältnis, wobei teils kalkarmer Schieferton, teils tonreicher Mergel vorherrscht. Beim Verwittern wird die Gesteinsmasse plastisch; einzelne Lagen werden durch Wasseraufnahme weich und quellig. Mächtigkeit 50—100 m.

Der obere Teil des *Opalinus*-Tons ist reich an Toneisenstein-Knollen; sie schließen sich zuweilen zu Toneisenstein-Bänken zusammen. In den höchsten Lagen treten sandige Zwischenlagen und Sandsteinschichten auf; diese verdrängen durch allmähliche Zunahme den Schieferton und gehen in die Eisensandstein-Stufe über.

Aus dem Schieferton lassen sich durch Schlämmen einzelne Foraminiferen auswaschen *(Cristellaria incisa, acutiangulata, Involutina aspera, Polymorphina sp.)*; glatte Ostrakoden kommen in größerer Menge vor, daneben kleine Brut von Gasteropoden und Zweischalern; kleine Schwefelkies-Körnchen sind reichlich dem Ton beigemengt (nach Gümbel).

Die oberste Region des *Opalinus*-Tons ist bekannt durch die großen allseitig ausgebildeten Gipskristalle, die sekundär bei Zersetzung des Schwefelkieses entstanden sind.

Palaeontologische Einteilung. Gümbel (Geologie von Bayern II, 789) gibt folgende Teilung:

Obere Zone: Dunkler, schieferiger Letten mit glimmerig-sandigen Zwischenlagen und Toneisenstein-Geoden. *Am. opalinus*, *Nucula Hammeri*.

Mittlere Zone: Dunkler Mergel mit kalkigen Bänken; darin *Pentacrinus württembergicus*, *Trigonia navis*, *Lucina plana*, *Astarte opalina*, *Gervillia pernoides*.

Untere Zone: Dunkelgraue weiche tonige Mergel mit *Am. torulosus*, *Nucula Hammeri*, *Belemnites exilis*.

Die spätere Literatur hat indessen noch keine weiteren Nachweise für die Durchführbarkeit dieser Gliederung im südlichen Franken erbracht. Im allgemeinen sind die oberen Lagen fossilarm, die tiefsten Schichten enthalten reichlicher Fossilien. Meist sind aber ihre Kalkschalen durch Auflösung verschwunden, so daß nur noch ihre Abdrücke auf den frischen Schieferflächen erhalten sind — eine Erscheinung, die auch in anderen tonigen Schichten (Lias, Ornaten-Ton) auftritt. Einige härtere plattige Lagen enthalten noch weißschalige Konchylien.

W. Waagen[1]) erwähnt, daß seinerzeit die untere fossilreiche Zone an mehreren Stellen in der Umgebung des Hahnenkamms gut aufgeschlossen war, so sammelte er an der Hauptstraße, die das Dorf Sammenheim durchzieht: *Bel. subclavatus, B. Quenstedti*, *Am. torulosus*, *A. opalinus*, *Nucula Hausmanni*, *Astarte subtetragona*. Die höheren Schichten waren dagegen beinahe ganz fossilleer.

Quellhorizont. Die Oberfläche des *Opalinus*-Tons ist als undurchlässige Unterlage mächtiger Sandsteinmassen einer der wichtigsten Quellhorizonte des Jura-Vorlandes. Auf ihm entspringen die sog. Eisensandstein-Quellen. Für die Wasserversorgung der Wohnplätze, Dörfer und kleineren Städte ist dieser Quellhorizont äußerst willkommen, denn unter ihm liegen die über 100 m mächtigen, nahezu wasserleeren Ton- und Mergelschichten, die nur im Posidonien-Schiefer einen, jedoch nur wenig ergiebigen Wasserhorizont besitzen. Die wasserarmen

[1]) W. Waagen. Der Jura in Franken, Schwaben und der Schweiz, München 1864.

Schichten bilden den Untergrund des weiten welligen, ziemlich reich besiedelten Juravorlandes zwischen dem Fuß der Juraberge und der Rät-Lias-Kante. Man ist somit darin auf die Eisensandstein-Quellen angewiesen.

Die Härte des Wassers ist sehr gering; sie überschreitet selten 10 deutsche Härtegrade, soferne nicht härteres Weißjura-Wasser beigemengt ist: in solchen Fällen steigt die Härte bis 18 Grad. Zuweilen scheint der Schwefelkies- und Gipsgehalt der oberen *Opalinus*-Ton-Zone Ursache für abnormen Mineralgehalt des Quellwassers zu sein; solche Wässer enthalten Eisensalze, Sulfate und Schwefelwasserstoff in Lösung (Mineralquelle von Neumarkt i. Opf.).

Bodenbeschaffenheit. Das auf dem genannten Quellhorizont entspringende Wasser überrieselt die tonigen Böden, weshalb diese auf weniger kultivierten Flächen häufig kalt, durchweicht und versumpft sind. Die Quellgebiete sind sowohl im Wald wie im freien Land häufig mit Erlengebüsch bestanden. Die über die *Opalinus*-Ton-Hänge herabfließenden Bäche haben enge Schluchten in die tonigen Schichten eingenagt, namentlich im Bereiche der mit stärkerem Gefäll ausgestatteten Zuflüsse der Schwäbischen Rezat, der Regnitz und des Main. Meist ist jedoch die Bodenoberfläche im Bereiche des *Opalinus*-Tons weithin mit losem Doggersand überschüttet, worin das Oberflächenwasser versickert und versinkt. Solche Flächen sind geschätzte Wiesen- und Ackerbaugebiete mit stattlichen Dörfern.

Rutschungen. Der *Opalinus*-Ton gehört ähnlich wie *Zanclodon*-Letten zu den rutschgefährlichen Bodenarten. Beim Austrocknen des Tonbodens bilden sich Risse, worin bei Wiedereintritt von Niederschlägen das Regen- und Schneewasser versinkt und in der Folge den Ton zum Quellen und Zerfließen bringt.

Gebäude, die auf *Opalinus*-Ton mit geneigter Oberfläche stehen, bekommen gerne Mauerrisse; Fenster- und Tür-Einfassungen werden verzerrt, Brunnenschächte werden verschoben; an künstlichen steilen Böschungen, die den Beharrungszustand stören, kommt Fließbewegung des Bodens und Zuquellen der Einschnitte vor. Die bekannten Rutschungen an den Einschnitten der Bahnlinie Treuchtlingen—Donauwörth sind zum großen Teil auf die mit *Opalinus*-Ton vermengten Schuttmassen zurückzuführen, welche die Ries-Explosion dort hingeworfen hat.

Mächtigkeit und obere Grenze. Die Mächtigkeit des *Opalinus*-Tons beträgt in Franken zwischen 50 m (südliches Mittelfranken) und 100 m (Bamberg-Lichtenfelser Gegend). Eine auf den Meter genaue Angabe ist deshalb unmöglich, weil die wenigen guten Aufschlüsse im südlichen Franken, die einen Einblick in die Grenzregion von *Opalinus*-Ton und Eisensandstein gewähren, keine ausgesprochene Grenze zeigen, sondern einen über 10 bis 15 m Höhe verteilten Übergang von Ton in Sandstein.

Als Beispiel möge der Aufschluß am Ende von Sulzbürg (11 km südlich von Neumarkt i. Opf.) im Hohlweg nach Könnersdorf dienen, ferner ein Aufschluß im Sattel (östlich der Straße zwischen Morizberg und Nonnenberg (8,5 km nördlich von Altdorf).

Sulzbürg:	Nonnenberg:
40 m Eisensandstein-Stufe (zwischen Schloßberg und Gasthof zur Post)	Hangendes: Eisensandstein-Stufe
5 m lockere Sandsteinlagen mit Lettenzwischenlagen	1 m Lettenschiefer
5 m dunkelgrauer Lettenschiefer	1 m Sandsteinbänke
5 m Eisensandstein-Felsen	9 m Lettenschiefer mit sandigen Zwischenlagen
Liegendes: *Opalinus*-Ton	2 m Eisensandstein-Bänke
	Liegendes: *Opalinus*-Ton

Die Grenzschichten nehmen in diesen Fällen 13 bis 15 m der Profilhöhe ein. Der eigentliche Quellhorizont liegt in diesem Gebiet (Neumarkt-Altdorf) über den Grenzschichten, an der Sohle der Sandstein-Stufe.

Wo Aufschlusse an der Stufengrenze fehlen, liegt sie gewöhnlich wesentlich höher als sich aus der Beschaffenheit des sichtbaren Verwitterungsbodens erkennen läßt. Das Regenwasser schwemmt jahraus jahrein den abgewitterten Doggersand von den Eisensandsteinhängen herunter auf die *Opalinus*-Ton-Flächen und überdeckt sie derart mit Abtragungsschutt, daß oft selbst metertiefe Schürfungen den anstehenden *Opalinus*-Ton noch nicht einwandfrei feststellen. Deshalb zeigt die Gümbel'sche Karte 1:100000 nicht selten bereits dort Eisensandstein, wo der *Opalinus*-Ton unter dem Verwitterungsschutt noch wesentlich höher hinaufreicht. Beim früheren Kartieren in bewaldeten Gebieten scheint man die Stufengrenze gewöhnlich da gezogen zu haben, wo am Fuß der Eisensandstein-Hänge die Grenze zwischen üppiger Vegetation und trockenem Sandboden verläuft. Diese Vegetationsgrenze fällt jedoch meist in den Bereich der verrutschten Sandmassen, liegt also im *Opalinus*-Ton, somit tiefer als die eigentliche Schichtgrenze. Gewöhnlich ist diese oberflächige Bodengrenze auch die Grenze zwischen den Eisensandstein-Wäldern und den mit Äckern und Wiesen bedeckten *Opalinus*-Ton-Flächen.

Noch eine Erscheinung ist zu erwähnen, die häufig im Bereiche der frei zu Tage tretenden Grenzschichten zu beachten ist. Diese täuschen zuweilen tektonische Schichtstörung vor, da die über dem dunkelgrauen Ton liegenden Felsbänke mit 20° bis 30° Neigung gegen den Berg einfallen. Diese Erscheinung kommt daher, daß der *Opalinus*-Ton an der Basis des Stufenrandes unter der Last der darüber liegenden Felsschichten ausgequetscht wird. Dabei werden die äußersten Partien der unmittelbar auflagernden Sandsteinflöze abgesprengt und an ihrer Basis mit dem hervorquellenden Ton etwas fortgeschoben, bis sie — schräg angelehnt an die geschlossene Felswand — zur vorübergehenden Ruhe kommen. Diese Erscheinung gehört zu den Vorgängen, die das langsame Zurückweichen der Schichtstufen infolge Bodenbewegung, Abwitterung und Abschwemmung zustande bringen.

Eisensandstein.

Dogger-Sandstein; Personaten-Sandstein, benannt nach dem *Pecten personatus*.

Massige Sandsteinfelsen, Farbe gelbbraun bis rostbraun, Bestandteile: feine Quarzkörner und Quarzsplitter, die durch toniges Bindemittel und durch Brauneisen-Substanz verkittet sind. In untergeordneter Menge kommen plattiger Glimmersandstein und Glimmerton vor.

Die Mächtigkeit der Stufe nimmt von West nach Ost zu: Hesselberg und Hahnenkamm ungefähr 30 m, Neumarkt 80 m, Amberg-Bayreuth 100 m.

Im untersten und obersten Teil der Stufe kommen meterdicke Bänke von dunkelgrauem Lettenschiefer vor. Solche Tonflöze bilden im oberen Eisensandstein östlich von Altdorf und Neumarkt eine kleine schmale Terrasse, die als Ackerland mitten zwischen den Nadelwaldhängen benützt wird.

Der Eisengehalt des Sandsteins ist bedeutend. Abgesehen von dem gelbbraunen Eisenhydroxyd, das gleichmäßig die ganzen Sandsteinmassen durchtränkt hat, kommen noch besondere Lagen von Brauneisenerz (Limonit) und Roteisenoolithflöze vor. Die Limonit-Lagen (= Kieseleisensteine und Sandeisenstein-Schwarten und Zapfen) durchziehen bes. die unteren 15 m der Stufe horizontal und vertikal nach allen Richtungen. Es sind durch Brauneisenerz verfestigte und verkieselte Sandmassen. Ihre schokoladebraunen Trümmer bedecken die Böden des Juravorlandes und sind selbst noch entfernt vom Juragebiet in den Diluvial- und Alluvial-Ablagerungen zu erkennen.

Die Roteisenerz-Flöze liegen im mittleren und oberen Eisensandstein; meist sind es drei Flöze, deren oberstes das mächtigste ist, bei Hersbruck z. B. hat es 1,20 m. Manchmal schieben sich noch ein oder zwei weitere Flöze dazwischen. In diesen Roteisenerzflözen ist der Sand durch horizontal über den Meeresboden ausgebreitete Eisenlösungen verfestigt worden.

Die Eisensandstein-Stufe hat bisher erst im nördlichen Teile des Frankenjura eine eingehende Bearbeitung erfahren.[1]) Aus dem südlichen Frankenjura liegen zunächst nur unzusammenhängende

[1]) Ernst Schmidtill, Zur Stratigraphie und Faunenkunde des Doggersandsteins im nördlichen Frankenjura. Mit 6 Fossil-Tafeln. Palaeontographica, Beiträge zur Naturgeschichte der Vorzeit. Bd. LXVII, S. 1—82. Stuttgart 1925.

Beobachtungen und allgemein gehaltene Beschreibungen vor. Was Entstehung und Gesteinsart betrifft, schließt sich jedoch die Stufe im Süden eng an das Vorkommen im nördlichen Frankenjura an. Daher möge der nachfolgenden Ausführung über Fauna, Fazies und Entstehung das Ergebnis der SCHMIDTILL'schen Forschung zugrunde gelegt werden.

Fossilführung. Die Hauptmasse des Eisensandsteins ist nahezu fossilleer. Die vorkommenden Fossilien sind auf einige fossilreiche Lagen und Bänke beschränkt. Im Frankenjura nördlich der Pegnitz konnte SCHMIDTILL 9 solche Fossilbänke nachweisen; im unteren Eisensandstein sind sie kalkfrei, die Kalksubstanz der Muschelschalen ist verschwunden, nur ihre fein modellierten Abdrücke haben sich im umgebenden Sandstein erhalten. Erst im oberen Teil der Stufe kommen Kalkbänke vor, in denen auch noch die Kalkschalen vorhanden sind. Diese Kalkbänke des nördlichen Frankenjuras gehen bei Osternohe (zwischen Gräfenberg und Hersbruck) in eine dicke fossilleere helle Kalksandsteinbank (bis 5 m mächtig) über, die von hier ab südwärts (Hersbruck-Neumarkt-Beilngries) als Steilkante die Eisensandsteinhänge bedeckt und abschließt, als Verebnung auftritt und das untere Ende der Ornatenton-Terrasse bezeichnet.

SCHMIDTILL hat in den genannten Fossilbänken eine individuenreiche Fauna gesammelt und bestimmt. Die Lamellibranchiaten herrschen weitaus vor (20 Familien mit 120 Arten); es sind Sand- und Schlamm-liebende Muscheln. Die Gasteropoden sind mit 12 Arten vertreten. Die Ammoniten *(Harpoceras Murchisonae, H. olutarius, H. concavus)* sind selten, trotzdem sie auch hier die eigentlichen zonenbeständigen Leitfossilien sind. Brachiopoden fehlen. Besonders häufig vorkommende Muscheln sind: *Pecten pumilus (=personatus)*, dann Arten der Gattungen *Cucullaea*, *Tancredia* und *Pleuromya*. Lokal häufig, zum Teil auf einzelne Bänke beschränkt sind folgende Arten (u., m., o. = untere, mittlere, obere Lagen des Eisensandsteins):

Trigonia Brodiei (u.)	*Trigonia striata* (seltener)	*Gervillia subtortuosa* (u. m. o.)
Leda rostalis (u.)	*Leda complanata* (o.)	*Modiola cuneata* (u.)
Pseudomonotis elegans (o.)	*Ostrea calceola* (u. und o.)	*Posidonomya Suessi* (o.)

Fazies-Arten. Bemerkenswert ist noch, daß SCHMIDTILL zwei Faziesarten unterscheiden konnte:

1. Die Seichtwasser-Fazies ist die normale. Der feine Quarzsand ist darin durch Ton und Eisenoxydhydrat verkittet, wodurch die Stufe tatsächlich aus „Sandstein" besteht. Fossilien treten schichtenweise in größerer Menge auf. Der obere Teil der Stufe zeichnet sich durch fossilreiche Kalksandsteinbänke sowie durch drei durchgehende Roteisenerz-Flöze aus. Diese Fazies reicht ostwärts bis an die Linie Neustädtlein (9 km westlich von Bayreuth)-Lindenhardt-Auerbach-Amberg. Östlich davon herrscht

2. die Strand- oder Dünen-Fazies. Der ebenfalls feine Sand ist hellfarben, frei von Ton und Kalk, daher locker, fossileer. Die Mächtigkeit der Stufe schwillt bis auf 100 m an. An Stelle der Roteisenoolith-Flöze treten hier dunkelbraune Bänke von Kieseleisenstein. Deshalb wittern auch hier im oberen Teil der Stufe die schokoladebraunen Eisenkieselbrocken aus, welche die Abtragungsflächen bedecken.

Die eigentliche Küstenzone, die sich durch groben Brandungsschutt und Auskeilen der Schichten bemerkbar machen müßte, ist nicht mehr vorhanden. Der Eisensandstein hat vermutlich ursprünglich noch auf das Oberpfälzer kristalline Gebirge übergegriffen. Von hier hat die Denudation die Sedimentdecken und damit auch etwa dort vorhandene Küstenablagerungen entfernt.

Der Eisensandstein im Juragebiet südlich der Pegnitz schließt sich im allgemeinen der Seichtwasser-Fazies an, wenn auch die Fossilien im allgemeinen seltener sind. Inwieweit hier durchgehende Fossilbänke vorkommen, ist noch nicht näher erforscht. Fossilführung scheint namentlich im Hahnenkamm- und Hesselberggebiet vorzukommen.

Herkunft und Entstehung. Sowohl der fränkische *Opalinus*-Ton wie der Eisensandstein sind Ablagerungen, die trotz der erwähnten Küsten- und Seichtwasser-Fazies noch weit vom ehemaligen Festland entstanden. SCHMIDTILL erwähnt, daß an der Westküste von Nordafrika der feine

Wüstensand durch den Wind 300 km weit in den Atlantischen Ozean verfrachtet wird. Nach KRUMBECK erhielt der *Opalinus*-Ton seinen Tonschlamm aus dem ehemaligen Schiefermantel des Fichtelgebirges und Oberpfälzer Waldes. Es handelt sich hier um feinstzerriebenes Gesteinsmaterial, das durch Flüsse dem Meer zugeführt, durch Gezeitenströmungen erfaßt und gleichmäßig über den Meeresboden ausgebreitet wurde. Am Ende der *Opalinus*-Zeit wurde (nach SCHMIDTILL) das bisher niederschlagsreiche Klima durch ein trockeneres verdrängt. Die Vegetation starb ab, der Wind konnte den leichteren lockeren Verwitterungsschutt erfassen und den feinen Sand teils als Dünen zum Meer vorschieben, teils als Sandstaub weit ins Meer hinaustragen. Wo stärkere Aufschüttung erfolgte, entstanden lokal Sandinseln, wie aus dem Vorkommen von Bänken mit Wellenfurchen und Trockenrissen zu entnehmen ist.

Die Einschaltung von dunkelgrauen Tonbänken erklärt K. G. SCHMIDT[1]) mit vorübergehender Landhebung, wobei Flächen, die bereits mit *Opalinus*-Ton bedeckt waren, von neuem der Denudation zum Opfer fielen. Der abgeschwemmte und ins Meer getragene *Opalinus*-Ton kam auf bereits abgelagerten Eisensandstein zu liegen und täuscht hier nun eine verspätete Wiederholung vor.

Die Herkunft des Eisengehaltes, der durch die ganze Stufe verteilt ist und in seiner Gesamtmasse außerordentlich groß ist, konnte bisher noch nicht befriedigend erklärt werden. Letzten Endes dürfte er aus den kristallinen Gesteinsmassen der umgebenden Festländer (Böhmische Masse, Vindelicisches Land) stammen. SCHMIDTILL nimmt den Zufluß eisenreicher Quellen bezw. Gewässer an. K. G. SCHMIDT erklärt die Eisenkiesel-Schwarten im unteren Teil der Stufe als Zementations-Zonen. Nach ihm wären zur Dogger-Zeit vorübergehend trocken gelegte Sandflächen durch auf- oder absteigende Lösungen von Eisensalzen und Kieselsäure verkrustet worden.[2])

Morphologie. Mit der Eisensandstein-Stufe endet das flachwellige Juravorland; der Steilanstieg der Juraberge beginnt. Im Juravorland selbst liegen mehrere Eisensandstein-Berge als Reste des abgetragenen Juragebirges. Ist auf ihnen noch ein größerer Rest der Weißjuradecke erhalten, so haben sie die Form von Tafelbergen (z. B. Nagelberg bei Treuchtlingen, die Berge zwischen Thalmässing und Obermässing, Buchberg bei Neumarkt). Ist diese Decke jedoch ganz oder bis auf geringe Reste abgetragen, so sind es Kegelberge (z. B. Heidecker Schloßberg, Eichelberg bei Eysölden, Sulzbürger Berge, Möninger Berg, Tyrolsberg).

Die Eisensandsteinböden sind im allgemeinen wenig fruchtbar, daher tragen sie meist ausgedehnte Nadelwälder, die den Jura-Steilrändern ein dunkles Aussehen verleihen. Wo an der Sohle des Eisensandsteins oder innerhalb der Stufe tonige Schichten ausstreichen, sind meist kleine Quellgebiete. Sie bedingen einen auffallenden Wechsel im Vegetationsbild. Mitten in den düsteren Nadelwäldern treten dann Laubbäume und Erlengebüsche mit reicher Bodenvegetation auf.

Wie rasch der Eisensandstein abwittert, zeigt eine Wanderung vom Moritzberg auf dem Sattel nach Ost gegen den Nonnenberg hin. Auf dem Moritzberg bildet die Weißjura-Decke noch eine ausgedehnte Hochfläche. Vom breiten Sporn, der den Berg einst mit dem Juraplateau im Osten verband, ist die schützende Kalkplatte abgewittert und der Eisensandstein freigelegt worden. Dieser wird nun durch das nach Nord und Süd abfließende Regenwasser immer mehr abgeschwemmt. Jetzt ist nur noch ein schmaler Grat erhalten, dem der Wald nur dürftigen Schutz vor allzurascher Abtragung verleiht.

Am Rande der Jurasteilstufe bildet der Eisensandstein die unteren steilen Gehänge, die zu den Weißjurahöhen hinaufführen. Sie sind wegen der Steilheit und des Sandbodens meist mit Wald bedeckt. Geschützte sonnige Lagen tragen im sö. Franken Obst- (bes. Kirschen) und Hopfengärten.

[1]) KARL GEORG SCHMIDT, Aus der Geologie von Neumarkt i. Opf. Inaugural-Dissertation, Freiburg-Breisgau 1926. (Bericht der Naturforsch.-Ges. zu Freiburg i. B. Bd. XXVI, 1).

[2]) Vgl. auch die kürzlich erschienene Abhandlung: REINHOLD SEEMANN, Die geol. Verhältnisse längs der Amberg-Sulzbacher und Auerbach-Pegnitzer Störung. (Abhdlgn. der Naturhist. Ges. zu Nürnberg, 1925. Bd. XXII, Heft 3).

Verwendung des Gesteins: Die mächtige Eisensandstein-Stufe hat nur wenige zu Bausteinen geeignete feste Lagen. Eine solche liegt in der unteren Region zwischen grauen Schiefertonbänken. Sie hat größere Härte, feines Korn und warmen gelbbraunen Farbton. GÜMBEL erwähnt als Beispiel eines Bauwerkes, das in alter Zeit aus diesem Material errichtet wurde, die noch im Verfall bewunderungswürdig schöne Kirchenruine von Gnadenberg bei Altdorf.

Die härteste und brauchbarste Schicht der Stufe ist die Kalksandsteinzone, die den Eisensandstein nach oben abschließt und allenthalben die Terrassenkante bildet. Bei Weißenburg wurde sie früher abgebaut und sogar zu Pflastersteinen verarbeitet.

Der Obere Braune Jura.

Nach der palaeontologischen Einteilung besteht der untere Dogger aus *Opalinus*-Ton und Eisensandstein. Die Mächtigkeit dieser beiden Schichten in Franken rechtfertigt indessen eine etwas andere Einteilung des Doggers, wobei die untere Abteilung dem *Opalinus*-Ton und die mittlere Abteilung dem Eisensandstein zufällt. Die geringmächtige Entwicklung der höheren Zonen (γ bis ζ) in Franken verlangt, daß diese als obere Doggerstufe zusammengefaßt werden (d^3 der GÜMBEL'schen Karte 1:100000). Literatur-Übersicht s. S. 68 unten.

Diese obere Doggerstufe trennt man nach petrographischen Gesichtspunkten weiter in: Oolith (unten) und Ornaten-Ton (oben). Einteilung, Beschaffenheit und kurze Angabe der wichtigsten Fossilien dieser reichhaltigen Gesteinsserien ergibt sich aus beiden folgenden Profilen aus dem Osten und Westen des Gebietes sowie aus der anschließenden Besprechung des Calloviens.

Der Obere Braune Jura bei Neumarkt i. Opf. (beim Dorf Höhenberg)

aufgenommen von L. REUTER 1904

Einteilung: Braunjura ζ = 1 bis 3; Braun ε = 4 bis 6; Braun δ = 7 und 8; Braun γ = 9.

Hangendes	Unterer Weißer Jura, gelblich-weiße Kalkbänke mit *Perisphinctes plicatilis*, *P. Martelli*.
1. Glaukonit-Ton 10 cm	Blaugrauer Ton voll dunkelgrüner Glaukonit-Körnchen.
2. Geröll-Schicht 65 cm	Blaugrauer Ton mit abgerollten Phosphorit-Knollen, die reiche Ammoniten-Fauna führen: *Aspidoceras divisiforme*; *Peltoceras athleta; Cosmoceras Pollux. C. Jason*; *Perisphinctes aurigerus*, *subaurigerus*; *Reineckia anceps*, *R. Fraasi;* viele Hecticoceraten: *H. krakoviense*, *H. lunula*, *H. pseudopunctatum*, *H. rossiense*.
3. Ornaten-Ton einige Meter	In der ursprünglichen Ablagerung erhaltene graue schiefrige Ton-Schichten mit Phosphorit-Konkretionen, phosphoritischen Steinkernen von Ammoniten der Ornatenton-Fauna und dunklen Ammoniten-Abdrücken auf den Schichtflächen.
4. Macrocephalen-Schicht 115 cm	Zwei großoolithische Kalkbänke (je 10 cm) mit Ton-Zwischenlage. *Macrocephalites macroc.; Per. funatus.*
5. *Aspidoides*-Schicht 50 cm (= *Varians*-Sch.)	Zwei kleinoolithische Kalkbänke (10 und 12 cm) mit Ton-Zwischenlage. *Oppelia aspidoides; Parkinsonia ferruginea; Rhynchonella varians*, *Rh. ehningensis.*
6. Parkinsonier-Oolith 30 cm	Rostroter, unregelmäßig geschichteter, bröckliger Kalkmergel, oolithreich. *Park. Parkinsoni*, *P. neuffensis*, *P. ferruginea*, *P. Schloenbachi; Haploceras oolithicum; Bel. giganteus.*
7. Bifurcaten-Oolith 20 cm	Härtere, geschichtete Kalkmergel-Bänke, oolithisch. *Cosmoceras bifurcatum*, *C. baculatum.*
8. Coronaten-, Ostreen- u. Humphriesier-Schicht 15 cm	Harte Oolith-Kalkbank (Austernbank). *Stephanoceras Humphriesianum; Ctenostreon proboscideum; Alectryonia Marshi; Cerithium echinatum; Pholadomya Murchisoni; Bel. gigant.*
9. Sowerbyer-Schicht 1—2 m	Dünne, gelbbraune, plattenförmig abgesonderte Kalksandsteine mit Quarzkörnern *Sonninia carinodiscus.*
Liegendes	Eisensandstein (= Dogger-Sandstein).

Der Obere Braune Jura am Hesselberg

(Neuer Bruch unter der Osterwiese am Südhang des Berges, aufgenommen von A. BENTZ 1923).

Einteilung: Braunjura $\zeta = 1$; Braun $\varepsilon = 2$ bis 4; Braun $\delta = 5$ bis 8; Braun $\gamma = 9$.

1. Ornaten-Ton 60 cm	Grauer, mergeliger Ton; oben mit dunklen Phosphorit-Knollen, darin: *Quenstedticeras Lamberti*, *Mecochirus socialis*. Unten zahlreiche *Belemnites calloviensis*.
2. Macrocephalen-Oolith 85 cm	Zwei knollige Kalkbänke mit vereinzelten großen Oolithkörnern; getrennt durch gelbe oolithische Kalkmergel. *Macroc. macr.*, *M. tumidus; Sphaeroceras bullatum*, *Sph. microstoma; Perisphinctes triplicatus.*
3. *Varians*-Oolith 60 cm	Oben 40 cm Mergel mit kleinen Oolithkörnern. *Oppelia aspidoides*, *O. fusca; Rhynchonella varians.* Unten 20 cm harte Kalkbänke, braun, mit kleinen Oolithk. *Parkinsonia württemb.; Oppelia fusca.*
4. Parkinsonier-Oolith 80 cm	Oben 20 cm gelbe Kalkmergel, locker, etwas oolithisch. Große Exemplare von *Park. neuffensis.* Unten 60 cm braune Kalke mit Mergel-Zwischenlagen, große Oolithkörner. *Park. Parkinsoni*, *P. neuffensis; Haploceras oolithicum; Pholadomya Murchisoni; Belemnites giganteus.*
5. Bifurcaten-Oolith 40 cm	Gelber, stark oolith. Kalkmergel. *Cosmoceras bifurcatum; Park. compressa; Bel. giganteus; Greßlya gregaria; Pecten Bouchardi; Hinnites adjectus.*
6. Coronaten-Schicht 50 cm	Zwei harte Kalkbänke (15 und 20 cm), dazwischen 10 cm schwach oolith. Mergel. *Stephanoceras Braikenridgi; St. Blagdeni; Pholadomya Murchisoni; Ostreen; Bel. giganteus;*
7. Ostreen-Kalk 118 cm	Oben 5 cm schwach oolith. Mergel, viele Pholadomyen (Pholadomyen-Lager); darunter: 45 cm Kalke, innen grau; Oolith nimmt ab; dünne Mergelzwischenlagen. Viele Ostreen, Pecten, Belemniten, Greßlyen; 68 cm graue Kalkmergel und Kalkbänke. *Bel. giganteus*, Ostreen, Pecten.
8. Humphriesier-Schicht 230 cm	Oben 80 cm knollige harte Kalke, blaugrau mit gelber Rinde, fossilreich. *Stephanoceras Humphriesianum*, *St. Braikenridgi; Pecten spathulatus; Terebratula perovalis*, *T. intermedia; Rhynchonella quadriplicata; Astarte minima; Trochus biarmatus; Cerithium muricatum.* Muschelknollen; darunter 100 cm dichte harte tiefblaue Kalke, fossilärmer. *Oxytoma Münsteri; Bel. giganteus.* 50 cm rote sandige Kalke, reich an Serpeln, Ostreen, Pecten.
9. Sowerbyer-Schicht	(davon noch 140 cm aufgeschlossen) oben 50 cm gelbliche, sandige Tone. *Greßlya; Bel. giganteus.* darunter 60 cm grauer Ton und 30 cm fetter schwarzer Ton, anscheinend fossilleer.

Abhandlungen, welche sich eingehend mit dem fränkischen oberen Braunjura befassen, sind

M. SCHLOSSER, Die Fauna des Lias und Doggers in Franken und der Oberpfalz. (Zeitschrift der Deutsch. Geol. Ges. 1901 S. 558.)

Die Abhandlung gibt eine Übersicht über die aus diesen fränkischen Zonen stammenden Fossilien der Münchner palaeontologischen Staatssammlung.

L. REUTER, Dogger-Profile aus dem Gebiet von Neumarkt i. Oberpfalz (Neues Jahrbuch f. Min. 1905 Bd. I S. 80).

L. REUTER, Die Ausbildung des oberen Braunen Jura im nördlichen Teile der Fränkischen Alb. (Geognost. Jahreshefte XX. München 1907, S. 19–134.)

A. BENTZ, Über Dogger und Tektonik der Bopfinger Gegend. (Jahresberichte und Mitteilungen des Oberrhein. geol. Vereins XIII, Stuttgart 1924 S. 1–45.) Vgl. das oben gegebene Profil.

Das Callovien. Die beiden oberen Braunjura-Zonen (ε und ζ = Callovien) haben durch L. Reuter eine eingehende Bearbeitung erfahren[1]). Diese tonigen Schichten sind an den Jura-Rändern unter der Last der darauf liegenden Weißjura-Massen mehr oder weniger ausgepreßt worden, wobei ihr ursprünglicher Verband zerrissen wurde. Sie lassen somit in den natürlichen Aufschlüssen oder bei seichten Schürfungen an den Jura-Rändern nur noch in den seltensten Fällen ihre Schichtfolge erkennen. L. Reuter ließ daher an geeigneten Stellen im Juragebiet zwischen Lichtenfels-Nürnberg-Amberg und Regensburg Grabungen ausführen, wobei es gelang, die ursprüngliche Lage der Schichten und ihren Fossil-Inhalt festzustellen. Die reiche, von Schicht zu Schicht wechselnde, aber stets die betreffenden Horizonte einhaltende Ammoniten-Fauna wurde über das weitausgedehnte Gebiet hin untersucht. Dabei ergab sich folgende Zonen- und Faunen-Einteilung:

Einteilung des Fränkischen Calloviens (nach L. Reuter 1907).

Die Ammoniten-Arten, die neben den Hauptleitformen vorkommen und sich auf deren Schichten beschränken, sind in Kleindruck beigefügt.

<table>
<tr><td>Oxford</td><td colspan="3">Unterster Weißer Jura: Zone des Peltoceras transversarium und des Aspidoceras biarmatum.</td></tr>
<tr><td rowspan="4">Callovien</td><td rowspan="3">Normal gelagerter Ornaten-Ton</td><td colspan="2">Zone des Cosmoceras ornatum
(Cosm. Duncani; Peltoceras Athleta; Perisphinctes Orion, P. sulciferus).</td></tr>
<tr><td rowspan="2">Bereich der Reineckia anceps</td><td>Zone des Cosmoceras Castor und C. Pollux
(Cosm. Guilielmi; Reineckia Fraasi, R. Stübeli; Stephanoceras coronatum; Strigoceras pustulatum; Oecoptychius refractus; Hecticoceras Brighti, H. suevicum).</td></tr>
<tr><td>Zone des Cosmoceras Jason
(Hecticoceras lunula).</td></tr>
<tr><td>Macrocephalen-Schicht</td><td colspan="2">Zone des Macrocephalites macrocephalus
(Macrocephalites tumidus, M. Herveyi; Perisphinctes funatus, P. euryptychus, P. Steinmanni, P. subtilis, P. variabilis; Proplanulites subcuneatus; Kepplerites Gowerianus; Hecticoceras hecticum).</td></tr>
<tr><td>Bathonien</td><td colspan="3">Zone der Oppelia aspidoides
(Oppelia fusca, Rhynchonella varians).</td></tr>
</table>

Die ganze Schichtenfolge besteht aus grauem Ton, dem bald Kalkbänke, bald Phosphorit-Konkretionen mit Fossil-Einschlüssen, im nördlichen Frankenjura auch Pyrit-Konkretionen mit verkiesten Fossilien eingelagert sind. Die kalkige Fazies ist die normale. Sie wurde zu Beginn der Macrocephalen-Zeit durch die von Norden her vordringende phosphoritische Fazies nach Süden zurückgedrängt; im nördlichen Frankenjura wird auch noch diese durch die pyritische Fazies ersetzt.

[1]) Siehe Fußnote auf Seite 68.

Die tonigen Callovien-Schichten beherbergen dort, wo sie noch in ihrer ursprünglichen Ablagerungsform vorliegen, viele unregelmäßig gestaltete Phosphorit-Konkretionen sowie zahlreiche Ammoniten, die teils als phosphoritische Steinkerne, teils nur als dunkle Abdrücke auf den Schichtflächen erhalten sind. Diese primäre Ablagerung wird durch eine diskordant darüber ausgebreitete Geröll-Lage bedeckt, in der abgerollte Phosphorit-Konkretionen mit abgestoßenen und abgeschliffenen Steinkernen von Ammoniten des Calloviens im grauen Ton stecken. In dieser Lage liegen die Ammoniten unregelmäßig durcheinander, d. h. ohne Rücksicht auf ihre Zugehörigkeit zu den einzelnen Callovien-Schichten. Darüber folgt dann noch eine tonige Glaukonit-Schicht (10 bis 50 cm), in welcher die grünlichen Glaukonit-Körnchen derart angereichert sind, daß die ganze Schicht dunkelgrünes Aussehen hat, stellenweise sogar förmlichen Glaukonit-Sand enthält.

Diese Tatsache führt zu der Folgerung, daß die fränkischen Callovien-Schichten vor Ablagerung der Weißjura-Sedimente, also zur Biarmaten-Zeit, durch die Meereswogen teilweise aufgerissen und umgelagert wurden. Diese Denudation reichte in den einzelnen Gegenden in verschiedene Tiefe, jedoch nicht unter die Macrocephalen-Zone hinab. So entstand die Geröll-Lage, welche nun allenthalben die in ihrer ursprünglichen Lage erhaltenen, jedoch unregelmäßig erodierten Callovien-Schichten diskordant bedeckt. Die erwähnte Glaukonit-Schicht ist auf eine Konzentration des Glaukonits durch die bei der Umlagerung verursachte, Schlämmung zurückzuführen.

Morphologie. Der obere Braune Jura ist trotz seiner geringen Mächtigkeit eine der kenntlichsten geologischen Stufen Frankens. Als flache 50 bis 100 m breite Terrasse unterbricht er die Steilhänge der Juraberge. Hat man beim Emporsteigen die steilen, mit Nadelwald bedeckten Eisensandstein-Hänge hinter sich, so bietet die meist freie Ornatenton-Terrasse willkommene Gelegenheit zum Halten, bevor man den letzten Steilanstieg zum Juraplateau versucht. Ihr Quellenreichtum, ihre üppige Flora, der Fossilreichtum der verwitternden Schichten fallen jedem Naturfreund auf.

Der eigentliche Ornaten-Ton ist 10 bis 20 m mächtig, meist jedoch — wie erwähnt — unter der Last der auflagernden Weißjuramassen ausgequetscht, so daß er stellenweise nur noch wenige Meter mächtig ist oder ganz zu fehlen scheint. An andern Stellen, namentlich in den Talwinkeln, liegt er unter mächtigem Weißjura-Schutt begraben.

Soferne die tonigen Schichten des oberen Braunen Juras nicht mit Verwitterungsschutt bedeckt sind, ist der Boden naß und schwer, daher für Ackerbau wenig geeignet. Häufig ist daher die obere Braunjura-Terrasse mit Buschwerk bestanden, noch häufiger liegt sie aber als Ödung da, die Gemeindeland ist und als Weideplatz dient.

Boden- und Gehänge-Rutschungen sind im Bereiche der Stufe häufig. Zuweilen kommen ganze Waldpartien auf der weichen schlüpfrigen Ton-Oberfläche ins Rutschen, oder die Steilwände des Werkkalkes verlieren ihren Halt, wenn unter ihnen der Ton ausgequetscht ist. Sie reißen von ihrem Hinterland ab und verursachen bedeutende Bergstürze. Schuttfelder, die auf solche Weise entstanden sind, erkennt ein geübtes Auge an vielen Stellen. Solche alte Zeugen früherer Bergstürze sind z. B. westlich und nordwestlich von Beilngries, am Fuß vom Hirschberg und im Westen von Plankstetten.

Als Quellhorizont hat der Ornaten-Ton außerordentliche Bedeutung. Ähnlich wie die Grenze zwischen Blasensandstein und Lehrbergstufe die meisten

Quellen (mit brauchbarem Wasser) im fränkischen Keupergebiet besitzt, so ist im Frankenjura der Ornaten-Ton die an Quellwasser reichste Stufe. Die mächtigen, zerklüfteten, durchlässigen Weißjura-Massen sind die Einzugs- und Nährgebiete dieses Quellhorizontes; deshalb entspringen auf ihm nicht nur viele, sondern auch besonders wasserreiche Quellen.

Wo die untersten Weißjura-Schichten die Tonmergel-Fazies haben, bilden diese den Quellhorizont; dann entspringen die Quellen einige Meter über der Oberfläche des Ornaten-Tons.

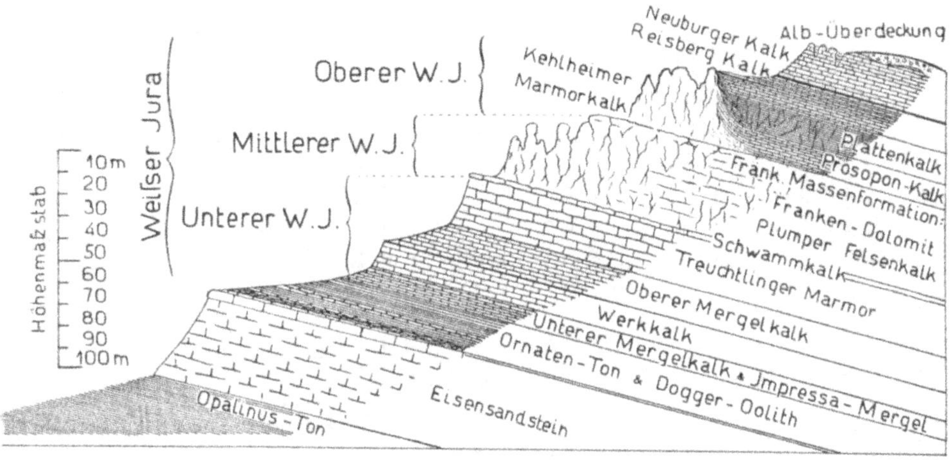

Abb. 9.

Übersicht über die Weißjura-Formation im südlichen Frankenjura

nach der Einteilung von L. von AMMON und TH. SCHNEID.

Der Weiße Jura (Malm).[1])

Mit Beginn der Weißjura-Ablagerungen tritt auffälliger Gesteinswechsel ein. An Stelle der vom nahen Festland eingeschwemmten dunkelfarbigen, sandigen und tonigen Sedimente (Dogger, Lias) folgen helle Mergelschichten, weiße Kalkbänke, Schwamm- und Riffbildungen. Die Merkmale der wasserreichen, schuttliefernden Flüsse des nahen Festlandes im Osten und Süden verschwinden; der feine Mergelschlamm wird nach und nach völlig durch Kalk und Dolomit ersetzt.

Die Ursachen mögen teils tektonischer teils klimatischer Art sein. Das Vindelicische Land, das bisher die Sedimente geliefert hatte, ist wahrscheinlich am Ende der Doggerzeit versunken Die Meerestiefe, die im oberen Dogger 50—100 m betragen haben mag, dürfte sich auf etwa 200 m gesteigert haben.[2]) Was die andere Ursache betrifft, so mag eine Wiederkehr oder vielmehr eine noch weitere Steigerung des bereits im Dogger erkennbaren Trockenklimas eingetreten sein (vgl. Eisensandstein, Seite 65 unten). Die verkleinerten und wasserarm gewordenen Flußsysteme brachten nur noch geringe Mengen von Flußtrübe (Mergel) mit. Dagegen dürfte die mit der Trockenheit einsetzende Temperaturerhöhung ganz wesentlich die chemische Kalkausscheidung im Meerwasser gesteigert und zugleich das üppige Wachstum stockbildender Korallen ermöglicht haben.[3])

[1]) Auf der geologischen Karte, Blatt IV, mit oi angegeben.

[2]) ERNST FISCHER, In welchen Meerestiefen haben sich unsere Juraschichten gebildet? (Württ. naturw. Jahresh. 1912).

[3]) J. F. POMPECKJ, Die Bedeutung des Schwäbischen Jura für die Erdgeschichte. (Akadem. Antrittsvorlesung der Univ. Tübingen. Stuttgart 1914, Seite 48.)

Tithon (= Portland)	Zeta	**Neuburger Kalk.** Stufe der *Berriasella ciliata*. Helle Kalkbänke von Neuburg-Unterhausen. Fauna charakteristische Perisphincten, *(Aulacosphinctes, Pseudovirgatites)*, Beriasellen, Simoceraten usw.	40 m
		Reisberg-Schicht. Unterstufe des *Perisphinctes (Virgatosphinctes) vimineus*. a) Bankkalk-Fazies. Hellgraue tonige Kalkbänke, reich an Hornsteinen. An den Rändern des Donautales bei Neuburg sowie im südlichen Wellheimer Trockental. *Perisphinctes (Virgatosphinctes) vimineus*, ***Reisi***, ***vicinus***.	30 m
		b) Felsig-oolithische Fazies. Echinodermen-Brekzien-Kalk von Laisacker, Zell und Nassenfels bei Neuburg. *Perisphinctes diceratinus*, ***kelheimensis***, ***abbachensis***; *Lima Brancoi*, *Diceraten* und *Trichiten*.	10 m
		Solnhofer Plattenkalk. Stufe der *Oppelia lithographica* und der *Oppelia steraspis*.	60—80 m
		a) Plattenkalk-Fazies. Schiefrige, gelblich-weiße Plattenkalke, in mächtigen Steinbrüchen zwischen Solnhofen, Langenaltheim und Mörnsheim aufgeschlossen. Fauna siehe Seite 87.	60 m
		b) Kalkbank-Fazies = Mörnsheimer Wilder Fels. Dickere Kalkbänke reichlich mit feinstverteilter Kieselsäure durchsetzt (Verwitterungs-Rückstand = Neuburger Weiß). Gelegentlich treten darin schwammige und riffige Wucherungen auf. Reich an Ammoniten, Brachiopoden, Muscheln und Schnecken.	20—25 m
		Übergangsregion zum Krebsscherenkalk: Wechsellagerung von Dickplatten und Schiefern. Reich an feinverteilter Kieselsäure, die ganze Schichten zu Hornsteinplatten und Hornsteinschiefern macht.	10—15 m
		Krebsscheren-Kalk. *(Prosopon-Kalk.)* Stufe des *Holcostephanus Gravesianus* und der *Waagenia Beckeri*. Weiße Kalkbänke, dünn bis dickbankig (bis zu 40 cm), stark verkieselt, mit Hornsteinknollen.	15—25 m
		Obere Lagen: Kalkbänke mehr grobkörnig mit mehlig-sandiger Oberfläche. Hornsteinknollen in die Länge gezogen und verzweigt. *Holcostephanus Gravesianus*, *H. gigas*; *Waagenia hybonota*.	rd. 10 m
		Untere Lagen: dichte harte Kalkbänke mit glasig-sprödem Bruch, mit großen rundlichen Hornstein-Knollen, die innen achatartig blauweiß oder grauweiß gestreift sind. *Waagenia Beckeri*, *W. harpephora*, *Oppelia Zio*. Brachiopoden- und Korallen-Fazies halbfelsig, brekziös, oolithisch. *Oppelia pugilis*, *O. nobilis*, *O. asema*. Im sö. Frankenjura ist der Krebsscheren- u. Plattenkalk weithin durch die Korallenkalk-Fazies verdrängt: Kehlheimer Diceras-Kalk; Nerineen-Kalk von Abbach u. Abensberg (Offenstetten u. Sandharlanden); weißer Oolith-Kalk von Großmehring.	8—10 m
Kimmeridge	Epsilon	**Fränkische Massenformation.** Stufe des Frankendolomits und des plumpen Felsenkalks. Massige Dolomit- u. Kalkfelsen.	60—100 m
		Oberste Zone (einige Meter): a) felsige Fazies (z. T. geschichteter Kalk) mit reichem Fossilinhalt: Brachiopoden, Schwämme, Korallen, Fossilien häufig verkieselt. b) Echinodermen-, Brekzien- und Detritus-Kalk, grob gebankt; mit Seeigel-Stacheln.	4—5 m
		Felsige Massenformation: unregelmäßig ineinander übergehende Massen von Felsenkalk und Felsendolomit. Im nö. Frankenjura herrscht Dolomit vor, im südl. der Felsenkalk; letzterer verwittert zu „Lochfelsen". Auffallende Armut an Fossilien, *Rhynchonella trilobata*, *Terebratula insignis*.	60—80 m
		Unterste Zone: Schichtkalk, brekziös, ruppig rauh, im Bruch körnig. Mit Echinodermen, Schwämmen und Brachiopoden.	bis zu 10 m
	Delta	**Treuchtlinger Marmor und Schwammkalk.** Stufe des *Am. (Aulacostephanus) pseudomutabilis* und *Aul. eudoxus*. Oben: Schwammkalk, gelblichweiße Kalkbänke mit uneben zackigen Schichtflächen, auf welche fossile Schwammrasen, Seeigel-Stachel, Brachiopoden und kleine Pectiniden aufgewachsen sind.	4—6 m
		Treuchtlinger Marmor. Dicke Kalkbänke (je 40 bis 120 cm dick), gelblichbraun oder bläulichgrau, fleckig. Zwischen den Kalkbänken liegen weiche, mergelige Zwischenlagen (bis 20 cm dick), die reich an Fossilien sind (kleine Brachiopoden, Seeigel, kleine glatte Pectiniden, große Aptychen). In zahlreichen großen Steinbrüchen aufgeschlossen (Treuchtlingen, Weißenburg, Pappenheim, Eichstätt). *Perisphinctes Ernesti*, *P. praenuntians*, *P. Roubyanus*, *Oppelia Holbeini*, *O. Weinlandi*, *O. compsa*; *Aspidoceras acanthicum*, *A. orthoceras*.	30—40 m

Kimmeridge	Gamma	**Oberer grauer Mergelkalk.** Stufe des *Oecotraustes dentatus* (oben) und der *Sutneria platynota* (unten). Oben: Grenzbänke γ/δ = *Balderus*-Bänke. Dicke gelbliche Kalkbänke. *Idoceras balderus.* Dentaten-Zone: meist geschlossene Kalkbänke mit *Oecotraustes dentatus, Oppelia tenuilobata* (diese auch noch in Weiß δ) *Aspidoceras Uhlandi, Perisphinctes crussoliensis, Holcostephanus striolaris* u. s. w. Platynoten-Zone: graue, zuweilen knollige Mergelkalk-Bänke mit weichen Mergel und Mergelschiefer-Zwischenlagen. *Sutneria platynota, Aspidoceras circumspinosum, Ataxioceraten* (Gruppe der „Polyploken": *Perisphinctes Lothari, P. effrenatus* u. s w.) Die Kalkbank-Fazies der Stufe ist häufig durch die Schwamm-(Scyphien-)Fazies verdrängt, so namentlich am Westrand des Juragebirges, westlich von Berching-Neumarkt-Altdorf-Nüruberg-Erlangen. Diese Fazies beginnt zuweilen schon in Weiß β und wuchert bis in Weiß δ hinein.	25 – 30 m
Oxford	Beta	**Werkkalk.** Stufe des *Idoceras planula* (oben) und des *Peltoceras bimammatum* (unten). Wohlgeschichtete Kalkbänke ohne Hornsteine. Erster Steilrand über dem Braunen Jura. *Planula*-Zone. Stark zerklüftete Kalkbänke, die splittrig verwittern. *Idoceras planula. Oppelia litocera, Haploceras falcula; Perisphinctes polygratus, virgulatus,* u. s. w. Bimammaten-Zone: Werkkalk-Bänke mit glatten Schichtflächen, *Peltoceras bimammatum, Oppelia flexuosa, Opp. Hauffiana, Ochetoceras canaliculatum, Perisphinctes Tiziani, suevicus, colubrinus,* u. s. w. Die Schwamm-Fazies tritt stellenweise und klotzartig im geschichteten Kalk auf. Gestein rauh, undeutlich geschichtet, z. T. mergelig und bröcklich. Reich an Kleinfauna: Brachiopoden, Echinodermen, Scyphien.	20 m
	Weißer Jura Alpha	**Unterer grauer Mergelkalk und *Impressa*-Mergel.** a) Ton-Fazies (eigentlicher *Impressa*-Mergel) im südlichen Frankenjura (Ries bis Greding). Grauer, weiß verwitternder tonreicher Mergel, geht nach oben in festere Bänke über. Voll rostiger Steinkerne kleiner Ammoniten, reich an Foraminiferen. *Terebratula impressa* nur in dieser Fazies. b) Kalk-Fazies im östl. und nö. Frankenjura. Wohlgeschichtete Mergelkalk-Bänke, mit dünnen grünlichgrauen Mergel-Zwischenlagen; ärmer an Fossilien als die Ton-Fazies. Auch hier rostige Steinkerne kleiner Ammoniten. **Glaukonit-Kalk.** Stufe des *Peltoceras transversarium.* Eine oder einige gelbe knollige, harte Kalkbänke, mit Glaukonit-Körnchen durchsetzt. Reich an schöngerippten Perisphincten. *(Per. chlorooolithicus, P. plicatilis, P. Martelli; Oppelia callicera).* **Stufe des *Aspidoceras biarmatum.*** Unmittelbar unter dem Glaukonit-Kalk liegt glaukonitischer Schieferton mit abgerollten phosphoritischen Knollen; sie schließen die Ornaten-Ton-Fauna ein, auch Bruchstücke großer Ammoniten der Biarmaten-Zone. Dies führt zu der Annahme, daß während der Biarmaten-Zeit Aufwühlung des Meeresbodens mit nachfolgender Transgression stattfand.	rd. 10 m 10 m
Callovien		Liegendes: **Ornaten-Ton** (oberster Brauner Jura).	

Einteilung der Weißjura-Formation im südlichen Frankenjura (nach Theodor Schneid und Joachim Schroeder-München).

Schwarzer und Brauner Jura zeichnen sich vor dem Weißen Jura durch verhältnismäßig einfachen Stufenbau aus und gestatten leichter eine Zonengliederung auf palaeontologischer Grundlage, namentlich dort, wo die einzelnen Stufen nur geringe Mächtigkeit haben (z. B. Posidonien-Schiefer und oberer Brauner Jura).

Im Weißen Jura haben dagegen die einzelnen Stufen größere Mächtigkeit, die erwähnten Schwamm- und Riffbildungen treten neben und mitten in den geschichteten Lagen auf; sie wachsen nach oben in die höheren Stufen hinein ohne Rücksicht auf die Schichtgrenzen. Die Fauna ist außerordentlich reich; doch nur wenige und seltenere Arten halten sich an bestimmte Zonen, was die Schichtgliederung auf palaeontologischer Grundlage schwierig gestaltet.

Diese Unregelmäßigkeiten erschweren im Weißen Jura die genaue bezw. weiterhin verfolgbare Bestimmung der palaeontologischen Schichtgrenzen, geben trotz des Fossilreichtums nur wenige charakteristische Zonen-Fossilien und erschweren den Vergleich der Profile in den verschiedenen Gegenden.

In Württemberg hat man den Umstand, daß gleichzeitig neben geschichteten Lagen auch ungeschichtete, ruppige und massige Gesteine liegen, zur Unterscheidung zweier nebeneinander liegender Faziesarten benützt:

Weiß α bis ζ = Mergelschichten und Kalkbänke (Ammoniten-Fazies)

Weiß α' bis ζ' = Schwamm- und Korallen-Bildungen (Schwamm-, Korallen- oder Scyphien-Fazies).

Das Normalprofil, das Gümbel und v. Ammon für den fränkischen Weißen Jura aufgestellt haben und das in den höchsten Schichten (Weiß ζ) durch Th. Schneid ergänzt wurde, zeigt Abb. 9 Seite 71. Hiebei ist zu bemerken, daß die Schwammfazies in allen Unterstufen von α bis ε bald hier bald dort in Franken auftritt. Der Übersichtlichkeit wegen wurde beim Entwurf der Skizze unterlassen, die Schwamm-Fazies in die Schichten α bis γ einzuzeichnen. In dieser Fazies treten ähnlich wie im Schwäbischen Jura in den unteren Stufen (α, β γ, δ) hauptsächlich Schwammkolonien auf. Mit Beginn der ε-Stufe (Massenformation) stellen sich riffbildende Hydrozoen (Ellipsactinien, Polypen-Stöcke) plötzlich in großer Menge ein und werden von kalkreichen Sedimenten begleitet, namentlich von winzigen Kalkkügelchen, den sog. Oolithen. Diese wurden durch chemische Vorgänge in großen Mengen aus dem Meerwasser ausgefällt und häuften sich zusammen mit den Hartteilen organischer Wesen zu den Massen-Ablagerungen an. Weiter oben treten die Korallen auf und bauen ihre Riffe bis in die ζ-Zeit.[1])

Die tiefste Weißjura-Zone (Biarmaten-Zone) ist in Franken nicht durch normales Sediment vertreten. Wie im Abschnitt über den Ornaten-Ton (S. 70) ausgeführt, wurde zur Biarmaten-Zeit das abgelagerte Callovien durch Meeresströmungen aufgerissen und schließlich als ein mit Geröllen durchsetzter Tonschlamm wieder abgelagert. Unter diesen Geröllen liegen untereinandergeworfen Bruchstücke von Ammoniten aus dem oberen Callovien und aus der Biarmaten-Zone.

Unterer grauer Mergelkalk.

Weißjura α, *Transversarius*-Zone (unten) und *Impressa*-Zone (oben). Im südlichen Frankenjura 10—30 m.

Transversarius-Zone. Zwischen Ornaten-Ton und *Impressa*-Zone liegen in ganz Franken regelmäßig eine oder einige gelbe knollige Kalkbänke. Das Gestein ist mit dunkelgrünen Glaukonitkörnchen durchsetzt und schließt zahlreiche auffallend schön gerippte Ammoniten aus der Gruppe des *Perisphinctes plicatilis* ein *(Per. chloroolithicus, Martelli)*.

---

[1]) F. Berckhemer, Der Weiße Jura ε. (Württ. Jahresh. f. v. Naturkde. Bd. 75, 1919 S. 67.)

Die Weiß-α-Stufe tritt im südl. Frankenjura (vom Ries ostwärts etwa bis Berching) in der tonreichen schwäbischen Fazies auf; weiter nordwärts wird das Gestein kalkig und geht in wohlgeschichtete Mergelkalke mit blättrigen, grünlichgrauen Mergelzwischenlagen über.

In Südfranken besteht die Stufe aus weichem, tonreichen Mergelschiefer; die Farbe ist gelblichgrau. Darin kommt die (in der nördlichen Kalk-Fazies fehlende) *Terebratula (Aulacothyris) impressa* vor; häufig sind kleine verrostete Ammoniten aus der Lingulaten-Gruppe (Haploceraten); sie waren ursprünglich verkiest, wurden aber bei der Verwitterung in Brauneisenstein übergeführt.

Morphologie. Die Stufe bildet im südlichen Franken flache Hänge und Terrassen, welche die Ornatenton-Terrasse ohne sichtbare Unterbrechung nach oben hin fortsetzen und erst am beginnenden Steilrand der Werkkalk-Stufe enden. Der blendend helle Tonmergel ist in der Umgebung von Treuchtlingen und Weißenburg (z. B. am Nagelberg und beim Dorfe Schambach) in Wasserrissen und Feldwegen aufgeschlossen. Im NO., wo die Kalk-Fazies vorliegt, beginnt der Weißjura-Steilrand bereits unmittelbar über dem Ornaten-Ton.

Werkkalk.

Weißjura β, *Bimammatus*-Zone (unten) und *Planula*-Zone (oben); Mächtigkeit etwas über 20 m.

Die Stufe ist eine der auffallendsten im Fränkisch-Schwäbischen Jura, da sie den untersten, 10 bis 20 m hohen Steilrand der Weißjura-Formation bildet, der sich an den Jurabergen und namentlich in den Aufschlüssen wie eine nahezu senkrechte, wohlgeschichtete Mauer über der flachen Terrasse des oberen Braunen Juras und *Impressa*-Mergels erhebt. Die normale Kalkbank-Fazies wird nicht selten durch die Schwamm-Fazies verdrängt.

1. Kalkbank-Fazies. Gesteinsart: Schön geschichtete Kalkbänke, je 15 bis 25 cm dick, ohne Hornsteine. Farbe gelblich weiß bis blendend weiß. Fossilien sind seltener als in der Schwamm-Fazies und in den geschichteten Weiß-γ-Bänken. Der Werkkalk ist wegen seines lagenförmigen Auftretens und seiner dichten Beschaffenheit ein geschätzter Werkstein; man verwendet ihn für Bauzwecke, zur Straßenbeschotterung und zum Kalkbrennen. Er wird in vielen zum Teil ausgedehnten Steinbrüchen an den Gehängen der Juraberge gebrochen. Selbst auf den vom Juramassiv bereits abgetrennten Bergen mit Werkkalkdecke beutet man ihn aus, manchmal zum Schaden des Landschaftsbildes und der prähistorischen Befestigungen (z. B. Röckinger Kalkbruch auf der südlichen Hesselberg-Seite).

Die Stufe entwickelt sich aus dem *Impressa*-Mergel (Weißjura α) durch allmähliches Überhandnehmen der harten weißen Kalkbänke (20 bis 40 cm dick) mit glatten Schichtflächen. Die mergeligen Zwischenlagen verschwinden. Das Gestein zerspringt beim Anschlagen porzellanartig, mit muscheligem Bruch; beim Verwittern zerfällt es in scharfkantige, beilförmige Scherben, welche die Halden der Steilstufe und der Aufschlüsse bedecken. Daher die Bezeichnung „unterer Splitterkalk“ (der obere Splitterkalk gehört dem oberen Weißjura γ an). In der oberen, etwa 3 m mächtigen Zone sind die Kalkbänke auffallend stark zerklüftet.

Palaeontologische Einteilung und Leitfossilien siehe Tabelle Seite 73.

An Ammoniten sind zu nennen *Perisphinctes (Idoceras) planula*, ferner kleine Lingulaten *(Haploceras lingulatum)* und Flexuosen *(Oppelia litocera; modestiformis)*.

Die untere Zone *(Bimammatus*-Zone) geht durch allmähliche Aufnahme mergeliger Zwischenlagen in den *Impressa*-Mergel (Weißjura α) über. Häufiger vorkommende Ammoniten sind Perisphincten aus der Gruppe des *Per. biplex*, ferner Oppelien *(O. flexuosa, Hauffiana)*.

2. Schwamm-Fazies. Beim Auftreten der Schwamm-Fazies verliert das Gestein seine schöne Schichtung, es wird klotzig und felsig. Kleinere Schwammkolonien liegen mitten im Schichtkalk, größere Massen sind dem normalen Schichtkalk angelagert, treten auch als steile Felsen darin auf; in Württemberg nennt man sie „Stotzen".

Das Gestein ist rauh und von Lücken durchsetzt, die mit Mergel erfüllt sind. Bei größerem Mergelgehalt wird das Gestein dunkelgrau und krümlich; der Fossilreichtum ist dann besonders groß; die Fauna besteht aus kleinen Formen; die Ammoniten sind kleinwüchsiger als diejenigen der Schichtkalk-Fazies. Eine häufig vorkommende Art sind kleine Cardioceraten und Haploceraten *(Cardioceras alternans).*

Die Schwamm-Fazies von Weißjura α kommt besonders häufig im Neumarkter Jura vor; im Westen liegt sie noch auf der mittleren Kuppe des Hesselberges; seine höchste Erhebung beim Gustav Adolf-Denkmal ist jedoch bereits unteres Weiß γ.

Oberer grauer Mergelkalk.

Stufe des *Ammonites polyplocus*[1]), Weißjura γ; 25 bis 30 m.

Die Stufe umfaßt die graue Kalkmergel-Zone, die sich zwischen Werkkalk (unten) und Treuchtlinger Marmor (oben) einschiebt. Infolge ihrer weichen Gesteinsbeschaffenheit ist sie gegenüber ihrer Unterlage weit abgetragen; auf den Randbergen und den Randhöhen der Jurahochfläche bedecken ihre abgewaschenen Kuppen und Kegel den härteren Werkkalk, der stets als erste Steilrandstufe im Weißen Jura auftritt. So hat die Stufe weite Verbreitung östlich von Altdorf, Neumarkt und Beilngries, dann weiter westwärts auf den großen Juraschollen zwischen Sulz-, Schwarzach-, Anlauter- und Altmühl-Tal; ferner auf der Hochfläche des Hahnenkamms zwischen Wettelsheim und Heidenheim; selbst auf dem Hesselberg ist ihre untere Zone noch auf der höchsten Kuppe (Gustav Adolf-Ruhe) erhalten

Diese Stufe erfährt, soweit sie im südlichen Mittelfranken zwischen Ries und Sulztal vorkommt, gegenwärtig eine Neubearbeitung im geologischen Institut der Universität München. Da deren Ergebnis noch nicht vorliegt, möge hier noch die bisher übliche, seinerzeit von L. v. Ammon aufgestellte Einteilung Platz finden:

Obere Abteilung. Zone der *Oppelia dentata.* Gesteinsbänke handhoch, heller und weniger tonig als in den beiden tieferen Abteilungen. Gestein fest, oolithisch, unregelmäßig gefleckt, reich an Kieselknollen. *Oppelia tenuilobata* und *O. dentata* treten hier zum erstenmal auf, finden sich aber auch noch in den nächsthöheren Stufen.

Mittlere Abteilung. Dickere Kalkbänke, 30—60 cm dick, mit scharf hervortretenden weichen, mergeligen Schichtfugen. Die Bänke verwittern zu großen beilförmigen Gesteinssplittern, die den Fuß der Aufschlüsse bedecken; daher die Bezeichnung „Splitterkalk". Die Aufschlüsse haben oft ein an Werkkalk erinnerndes Aussehen, unterscheiden sich aber durch das Vorkommen weicher, fossilreicher Tonmergel-Zwischenlagen zwischen den Kalkbänken Fauna. Die polyploken Ammoniten haben hier ihre Hauptentwicklung, Oppelien sind häufig.

---

[1]) L. v. Ammon hatte die fränkische Weiß-γ-Zone „die Stufe der *Oppelia tenuilobata* und des *Perisphinctes polyplocus* = Tenuilobaten-Stufe" benannt. Th. Schneid hat dann später darauf hingewiesen, daß die *Oppelia tenuilobata* nicht nur in der Weiß-γ-Stufe vorkommt, sondern auch noch in der ganzen Weiß-δ-Stufe, weshalb häufig die Faunen von γ und δ, d. h. der *Polyplocus*- und *Eudoxus*-Stufe zusammengeworfen wurden. Somit ist *Oppelia tenuilobata* als Leitfossil fur Weiß γ unbrauchbar; dagegen ist für diese Stufe das massenhafte Vorkommen der polyploken Ammoniten *(Perisphinctes effrenatus, inconditus, Lothari)* charakteristisch. Daraus ergibt sich die Benennungs-Stufe des *Perisphinctes polyplocus* = Polyploken-Stufe.

Untere Abteilung. Unterstufe des *Ammonites platynotus.* Graue, durch Glaukonit grünlich gefärbte Mergelschiefer mit dünnbankigen, zum Teil knolligen Kalkbänken. Sie verwittern leicht und bilden die abgeebneten Terrassen über der Werkkalkstufe. Leitende Ammoniten: *Sutneria platynota* und *Aspidoceras circumspinosum.* Letzterer Ammonit liegt oft massenweise in den weichen Mergelschichten in Form kugeliger Jugendexemplare von Wallnußgröße.

Die in letzter Zeit übliche palaeontologische Einteilung von Weißjura γ gibt die Tabelle Seite 73.

Die Schwamm-Fazies (Scyphien-Fazies), die stellenweise schon in den tiefsten Malm-Schichten beginnt, hat besonders in der Polyploken-Stufe weite Verbreitung. Das Gestein ist im unteren Teil der Stufe mergelig, krümelig und locker (entspricht den Würgauer Schichten in der Bamberger Gegend) und hat reiche Fossilführung: Echinodermen, Brachiopoden und kleine Mollusken; nach oben geht es in klotzige Massen über.

Diese Schwamm-Fazies hat ihre Hauptverbreitung im Weißjura-Gebiet östlich von Altdorf und Neumarkt; sie kommt auch auf den dortigen isolierten Jurabergen (Dillberg und Buchberg) vor.

Treuchtlinger Marmor.

Abb. 10 **Steinbruch im Treuchtlinger Marmor bei Treuchtlingen (Gloßner'scher Bruch).**

(Weißjura δ, *Pseudomutabilis*-Kalk = *Eudoxus*-Kalk; frühere GÜMBEL'sche Bezeichnung: Schwammkalk.)

Das Gestein ist einer der geschätztesten Bausteine Nordbayerns, da es in großen Platten und Quadern gewonnen werden kann und einen warmen, gelblich-grauen Farbton hat. Es eignet sich auch zum Schleifen und Polieren, weshalb es gerne zur Innenarchitektur verwendet wird. Ähnlich wie hier ist die Weiß δ-Stufe in dem weiten Gebiet zwischen Weißenburg—Kinding—Eichstätt—Dollnstein und Harburg entwickelt. Zwischen Solnhofen, Eichstätt und Kinding streicht die 30 bis 40 m mächtige Stufe am untern Talrand aus und bildet hier die Unterlage des Frankendolomits. (Phot. Aufnahme von Dr. L. REUTER)

Weißjura δ, *Pseudomutabilis-*, *Eudoxus*-Stufe 30—40 m im Altmühl-Jura. Gegen Ost und Nordost wird die Stufe schwächer und führt dort Hornsteine; Mächtigkeit bei Hersbruck-Hartmannshof 13 m. Die Hauptmasse der Stufe zeigt die gut geschichtete Ammoniten-Fazies, die oberen 4—6 m sind meist als Schwammfazies (Scyphien-Fazies) ausgebildet.

1. Ammoniten-Fazies. Dickbankiger Schichtkalk, Mächtigkeit der einzelnen Bänke 0,40 bis 1,20 m. Gesteinsstruktur: brekziös, Anbruch rauh. Gesteinsfarbe: ziemlich hell, bräunlich bis grau, außerdem bläulich oder aschgrau gefleckt. Zwischen den Bänken liegen ziemlich regelmäßig weiße Tonmergel-Zwischenlagen (bis 20 cm mächtig), die reichlich Fossilien einschließen: kleine Brachiopoden, Echinodermen, große Aptychen (von *Aspidoceras laevis*) sowie zarte Schalen kleiner Pectiniden.

Die Fossileinschlüsse der Stufe geben ein mannigfaltiges, reiches Faunenbild, ganz im Gegensatz zu der fossilarmen darüberfolgenden Massenformation. Am häufigsten sind Brachiopoden (*Terebratula bisuffarcinata*, *T. Zieteni*) und Muscheln (Pectiniden und Limiden). Die Ammoniten-Fauna besteht aus Perisphincten, Aspidoceraten, Oppelien und Haploceraten, die gleich häufig sind. Die Benennung der Stufe erfolgte nach den auf sie beschränkten Ammoniten: *Aulacostephanus (Reineckia) pseudomutabilis* und *eudoxus*.

Technische Verwendung. Das Gestein ist infolge seiner dichten, harten Beschaffenheit und der Mächtigkeit der einzelnen Bänke sowie der gelblichgrauen, ruhig-warmen Farbentönung ein gesuchtes Bau- und Werksteinmaterial.

Große Steinbrüche sind 1. zwischen Ries und Altmühltal: bei Wemding, Kaisheim, Weilheim, Gundelsheim, Rehlingen und Möhren; 2. im Altmühl-Tal: bei Treuchtlingen, Pappenheim, Solnhofen (beim neuen Friedhof), Dollnstein, Rebdorf, Marienstein, Eichstätt (Wagner-Bruch am Fuß der Willibaldsburg; der Hartinger-Bruch im Buchtal zeigt die von der dickbankigen Ammoniten-Fazies unterlagerte Scyphien-Fazies), Walting; 3. östlich vom Altmühl-Tal: Weißenburg (Stadtwald), Petersbuch bei Titting, Hirschberg und Paulushofen bei Beilngries.

Verwendung findet das Material zu Mauer- und Eckquadern, zu Treppen- und Gesimssteinen, zu Säulen, Barren und Trögen. Es eignet sich gut zum Schleifen und Polieren, ist daher auch als Marmor geschätzt.

2. Schwammkalk (Scyphien-Fazies des Treuchtlinger Marmors) nimmt meist die oberen 4 bis 6 m der Stufe ein. Dünnere felsige Schichtbänke; Anbruch sandig rauh, Struktur feinkörnig bis mehlig; Gestein färbt stark ab. Farbe hellgelblich bis grell weiß. Schwämme sind darin häufig, sie liegen teils ausgebreitet auf den rauhen Schichtflächen, teils durchziehen sie das ganze Gestein: ihre Querschnitte zeigen sich auf den Gesteinsbruchflächen als dunkle Streifen und Bänder. Die Schichtflächen der großen Gesteinsplatten sind uneben zackig mit zapfenartigen Vorsprüngen; auf ihnen sitzen häufig kleine Ammoniten, Seeigel, Brachiopoden, kleine Pectiniden und Schwämme fest aufgewachsen.

Die in letzter Zeit erfolgte geologische Kartierung im südwestlichen Ries durch Hans Nathan[1]) ergab, daß hier die *Pseudomutabilis*-Stufe nicht in der Fazies der dicken geschlossenen δ-Kalkbänke vorliegt; hier greift vielmehr die Massen-Fazies von ε in die *Pseudomutabilis*-Zone hinab, zumeist bis auf die Obergrenze der *Dentatus*-Zone (Weißjura γ) und stellenweise noch in diese hinein. Die *Pseudomutabilis*-Zone beginnt hier mit Kieselknauer-Kalken (Kiesel-δ) worauf — ohne Zwischenschaltung der zu erwartenden dicken δ-Bänke — die Massenfazies folgt.

Auf solchem δ-Massenkalk steht z. B. die Ruine Niederhaus (s. von Hürnheim); er bedeckt den Gipfel des Kreuzberges bei Kleinsorheim, sowie den Ganzenberg bei Niederaltheim. Überall liegen hier unmittelbar unter der Massenfazies die Dickbänke mit *Oppelia (Oecotraustes) dentata* (Weißjura γ).

[1]) Hans Nathan, Geologische Untersuchungen im Ries. Das Gebiet des Blattes Möttingen mit geol. Karte. (Neues Jahrbuch für Min., Geol. u. Pal. Beilage-Bd. LIII B, Stuttgart 1925 S. 31—97.)

Massenformation.

Weißjura ε. Frankendolomit und plumper Felsenkalk, 60—80 m.

Diese Stufe hat im Gegensatz zu den wohlgeschichteten tieferen und höheren Weißjura-Stufen schichtungslosen felsigen Charakter. Im nördlichen Frankenjura herrscht in ihr der Dolomit (Frankendolomit) vor; im südlichen Jura besteht — wie Th. Schneid treffend bemerkt — zwischen Dolomit und Felsenkalk „ein gegenseitiges Sichbedrängen, ein Ringen um Raum. Man schlägt am Fuße eines Massenfelsens vielleicht Kalk, auf halber Höhe Dolomit, dann wieder Kalk, dem sich vielleicht oben noch einige Meter Schichtdolomit aufsetzen; oder man findet auf der Vorderseite eines Felsblockes Kalk, auf der Rückseite Dolomit. Auf weite Strecken hin aber findet man in den unteren zwei Dritteln der Hänge die dolomitische, oben die kalkige Fazies". Die Stufe ist arm an organischen Einschlüssen im Gegensatz zu der mannigfachen reichen Fauna von Weiß δ.

Abb. 11.

Felsenpartie der Massenformation bei Konstein im Wellheimer Tal.

Die Massenformation, die im allgemeinen aus dolomitischem Gestein (Frankendolomit) besteht, hat im Altmühl-Gebiet stellenweise kalkige Ausbildung. Das Gestein ist dann massiger Felsenkalk (plumper Felsenkalk Gümbel's); er ist widerstandsfähiger als Dolomit und trotzt noch riffartig der Verwitterung, wenn rings um die dolomitischen Massen abgewittert sind. Solche Kalkriffpartien streben in 60 bis 80 m hohen Wänden an den Talrändern empor, zerteilen sich stellenweise in einzelne Felsnadeln und erhöhen die malerische Szenerie des Altmühl-Tales und seiner Seitentäler.

(Phot. Aufnahme von Dr. L. Reuter.)

Dolomit wiegt — wie erwähnt — gegenüber Felsen-, Kiesel- und Brekzienkalk vor. Sein Gefüge ist massig oder höchstens undeutlich gebankt; solche Bänke, die namentlich im obersten Teil der Stufe vorkommen, sind mehrere Meter dick. Die Struktur ist kristallin, unten mehr fein-, oben mehr grobkristallin. Die Farbe (ist grau, seltener hell oder weiß; die oberen Lagen sind grau gefleckt oder blaugrau sog. Flecken- und Blaudolomit z. B. im südlichen Teil des Wellheimer Tales)

Fossilien sind schlecht erhalten und nicht häufig, meist Brachiopoden, einige Muscheln, sowie Schwämme und Stacheln von Seeigeln:

Terebratula insignis	Seeigel:
„ *bisuffarcinata*	*Cidaris coronata*
Rhynchonella trilobata	*Holectypus orificatus*
„ *Asteriana*	*Pachyclypeus semiglobosus*
„ *lacunosa*	*Rhabdocidaris nobilis*
Pecten subtextorius	

In der Mittelregion des Dolomits herrscht *Rhynchonella trilobata* vor, im oberen Drittel *Terebratula insignis* und *Rhynchonella Asteriana.*

Felsenkalk. Erkennbar an der senkrechten Zerklüftung und den schärfer umrissenen Verwitterungsformen, im Gegensatz zu den weich gerundeten Formen des Felsendolomits. Die Flächen sind glatt und verhindern das Anwachsen von Flechten, weshalb die Felsen hell bleiben. Die Farbe des Gesteins ist rein weiß oder leicht gelblich bis rötlich braun. Die unteren und mittleren Lagen haben dichte Struktur und feines Korn, die oberen Lagen gröberes Korn und feinbrekziöse Struktur (Kalktrümmerfels; fossiler Zerreibungsschutt von Bryozoen-Rasen).

Die Felsenkalkzone ist besonders schön sichtbar im Altmühltal von Hagenacker (unterhalb Solnhofen) bis Dollnstein (Kreuzfelsen) und Breitenfurt; im nördlichen Teil des Wellheimer Tales an beiden Talseiten; bei Konstein ist der 70 m hohe Drachenfelsen zu nennen (Abb. 11 S. 79).

Im oberen Drittel der Stufe tritt der sog. Lochfelsen auf, ein Felsenkalk, der bei der Verwitterung tiefe Löcher, Rillen und Höhlungen bekommt, an der Oberfläche mit Moospolstern überzogene Karrenfelder bildet und schließlich zu ausgedehnten Trümmerfeldern zerfällt.

Das Gestein ist namentlich in dieser Abteilung reich an Kieselsäure, die z. T. in Kieselknollen auftritt oder die organischen Reste verkieselt hat oder auch mit ihren feinsten Körnchen die ganze Kalkmasse durchsetzt. Ähnliche Verkieselung findet man indessen auch noch in den höheren Stufen.

Schichtkalk kommt namentlich in den höchsten und untersten Teilen der Stufe vor. Im unteren Teil gleicht er dem *Pseudomutabilis*-Kalk, sitzt aber im Gegensatz zu diesem im Dolomit; das Gestein ist ebenfalls halb breschig, ruppig rauh und körnig im Bruch. Die oberen Schichtkalke liegen als deutliche 3 bis 5 m mächtige Decke über der massigen, dolomitisch-kalkigen Fazies; es sind halb felsige oder undeutlich geschichtete, dickbankige Kalke. Im oberen Teil der Stufe tritt auch der Echinodermen-Kalk auf, ein grobkörniges brekziöses Gestein, unter dessen Fossilien die Seeigel-Stacheln auffallen.

Die Fauna des ε-Kalkes ist ebenfalls arm an Fossilien; Ammoniten fehlen nahezu; die hauptsächlich aus Brachiopoden und Mollusken bestehende Fauna ist indifferent, d. h. ohne Formen, die nur auf ε beschränkt wären.

Über die Entstehung der Massenformation unterrichtet eine Abhandlung von F. Berckhemer[1]). Darnach handelt es sich um die Ablagerung eines großen Riff-Organismus. Es gibt kaum ein besseres Material zur Entstehung strukturloser Massen als die Hydrozoen-Riffe. Der zuckerkörnige Kalk ist aus solchen riffbildenden Hydrozoen hervorgegangen, indem die Skelettmaschen durch Kalk ausgefüllt wurden. Der Dolomit entstand aus organischen Riffen durch diagenetische[2]) Umwandlung; Eiweißstoffe fällten aus dem Meerwasser Magnesia, welche

[1]) F. Berckhemer, Der weiße Jura ε. (Württ. Jahresh. f. v. Naturk. Bd. 75; 1919.)

[2]) Diagenese ist der chemisch-physikalische Vorgang, der die lose Ablagerung zu Gestein werden läßt und zwar durch Umlagerung, Zementierung und Verhärtung der Moleküle.

die Skelette erfüllte oder den bereits abgelagerten Kalk verdrängte. Der dichte Felsenkalk ist aufgebaut einerseits durch Kalkalgen, Foraminiferen, Bryozoen, Schwämme, Echinodermen und Mollusken, anderseits aus anorganischen Bildungen, Stromatolithen, Ooiden und aufgearbeitetem Sediment. Die Grus- und Trümmerbildungen im Felsenkalk sind bei Zerstörung der noch nicht ganz verfestigten Riffe entstanden.

Abb. 12. **Der Burgstein bei Dollnstein,**

eine Felsnadel der Massenformation im Altmühl-Tal zwischen Dollnstein und Breitenfurt (Dollnstein liegt im Hintergrund in der Mitte des Bildes). Die Felspartie bildet die Südspitze eines weit ins Altmühl-Tal vorgeschobenen Umlaufberges. Die harte Felsmasse hat ihn vor der Abtragung bewahrt. Die Bahnlinie München—Treuchtlingen umfährt den Berg in weitem Bogen und gibt dadurch den Naturfreunden unter den Reisenden Gelegenheit sich am herrlichen Landschaftsbild zu erfreuen.

(Phot. Aufnahme von Ministerialrat HEINRICH ULLMANN, München.)

Morphologie. Die Fazies der Massenformation hat das Landschaftsbild wesentlich beeinflußt. Wo der Felsenkalk gegenüber dem Dolomit vorherrscht, wie im südlichen und namentlich im südwestlichen Frankenjura, hat das Gestein der Verwitterung getrotzt. Seine Oberfläche hat hier im Südwesten noch merklichen Hochflächencharakter beibehalten, wenn auch schon vereinzelt Dolinen darin auftreten.

Wo dagegen, wie im Oberpfälzer und ganz besonders im oberfränkischen Jura die rein dolomitische Fazies herrscht, sitzt die Kalksubstanz fein verteilt als Bindemittel im Gestein. Das von den Spalten aus durchsickernde Bodenwasser löst die leichter löslichen Kalkteilchen zuerst; das Gestein wird mehr und mehr gelockert, bis schließlich loser Dolomitsand zurückbleibt, der von Wasser und Wind weggetragen wird. So wird die reine Dolomit-Fazies leichter und rascher zerstört als die Felsenkalk-Fazies Die denudierte Dolomitlandschaft im östlichen Frankenjura zeigt die unregelmäßig-kuppigen Oberflächen, die jeden Hochflächencharakter verloren haben (vgl. die Schilderung der Oberpfälzer Dolomitlandschaft, Abtlg. III, S. 30). Die Dolinenbildung ist hier häufig, sie ist ein Kennzeichen der weit vorgeschrittenen unterirdischen Erosion, die in Klüften und Höhlen arbeitet und das Gebirge innerlich zerstört.

Die rein dolomitische Fazies der Massenformation ist daher die eigentliche Höhlenformation im Frankenjura. Die bekannten Höhlen haben ihre Hauptverbreitung im Oberpfälzer Jura (Umgebung von Velburg) und im oberfränkischen Jura. Das Höhlen-Niveau ist meist die unterste Dolomitregion über den harten Felsplatten des Schwammkalkes (Weiß δ), der wohl noch Spalten- und Kluftbildung gestattet, aber nicht mehr die seitliche domförmige Erweiterung.

Stufe des Plattenkalks und der oberen Schichtkalke.

Weißjura ζ. 120 bis 160 m.

Über den Massenbildungen (Weißjura ε) folgt im Altmühlgebiet noch eine 50—80 m mächtige geschichtete Ablagerung. Ihre untere Zone ist mehr dickbankig (*Prosopon*-Kalk, 15—25 m), gegen oben wird sie zunächst plattig und dann schieferig (Plattenkalk rd. 50 m). Im Altmühl-Tal bei Solnhofen steht die untere Zone ziemlich hoch oben an den Talhängen an und nimmt hier auf weite Strecken etwa deren drittes Viertel ein; das vierte gehört zum Plattenkalk. Gegen die Donau hin folgen noch 30—40 m dunkle, blaugraue tonreiche Schichtkalke, die arm an Hornsteinen sind. Schließlich liegen ganz im Süden, bei Neuburg a. D. noch 30—40 m blendendweiße Kalkbänke darüber, so daß die ganze ζ-Stufe dort 120—160 m mächtig ist, also ungefähr die gleiche Mächtigkeit wie der ganze übrige Weiße Jura hat.

Bis vor nicht zu langer Zeit war man sich über Schichtfolge und Einteilung dieser mächtigen Stufe nicht klar. Erst die palaeontologische Durchforschung und Bearbeitung der Faunen durch Th. Schneid (Geognostische Jahreshefte 1914, 1915) brachte die nunmehr gesicherte Einteilung, die auf den folgenden Seiten kurz zusammengefaßt ist.

Fauna. Nach der Fossilarmut der Massenablagerungen von Weißjura ε stellt sich nun wieder eine größere Fauna ein, die namentlich reich an Mollusken ist. Mit Ausnahme der auf die einzelnen Unterstufen verteilten Ammoniten erhält sich diese Molluskenfauna fast durch die ganze Schichtreihe von Weißjura ζ. Sie ist daher zwar typisch für die ganze Stufe, aber unbrauchbar für ihre weitere Unterteilung. Sie setzt sich der Hauptsache nach aus folgenden Elementen zusammen:

Muscheln:	*Goniomya clathrata*	*Lucina zetae*
Astarte minima. numus	„ *marginata*	*Ostrea rugosa*
„ *supracorallina*	„ *ornata*	*Pholadomya acuminata*
Exogyra reticularis	*Pecten cingulatus*	*Pleuromya donacina*
„ *spiralis*	„ *nonarius*	*Tellina zetae*
„ *virgula*	„ *subarmatus*	

Außerdem sind zu nennen *Rhynchonella Astieriana*, ferner kleine fossile Krebsscheren von *Magila (Pagurus) suprajurensis* sowie die kleine Krabbe *Prosopon aculeatum*.

Wo das Gestein halbfelsig nnd riffartig wird, stellt sich die Riff-Fauna ein, die aus Brachiopoden, Lamellibranchiern, Echinodermen und Encriniten besteht.

Die Schneid'sche Einteilung von Weißjura ζ gibt nachgenannte Unterstufen:

1. **Prosopon-Kalk,** Stufe des *Ammonites Beckeri* Neum., daher die Bezeichnung „*Beckeri*-Stufe". (Ausführung nach Th. Schneid 1914). Die zwischen Massenkalk (unten) und Plattenkalk (oben) eingeschlossene Stufe; Mächtigkeit 15 bis 25 m. Sie besteht gewöhnlich aus geschichteten weißen Kalkbänken mit auffallend vielen Hornsteinknollen. Seltener ist eine andere Fazies: Brekzienkalk und Felsbildungen mit reicher Brachiopoden-Fauna. Die ganze Gesteinsmasse ist mit fein verteilten Kieselsäure-Stäubchen und -Körnchen durchsetzt und liefert beim Verwittern, d. h. bei Auflösung und Auswaschung des Kalkes durch das Niederschlags- und Grundwasser die kieseligen und bimssteinartig morschen (tripelartigen) Gebilde, die durch ihre schönen Fossileinschlüsse bekannt sind (z. B. von der Mörnsheimer Platte).

Die normale Fazies läßt sich teilen in eine

Obere Zone: dünnbankigere Kalkbänke wie unten, von sandig-mehligem Korn, 8—12 m. Außerordentlich reich an Hornsteinknollen, die innen vielfach achatartig blauweiß gebändert sind.

Diese Kiesel-Knollen sind bald stark in die Länge gezogen, bald ästig verzweigt; ihre Formen sind zuweilen so sonderbar, daß sie von Laien für fossile Knochen und Skeletteile gehalten werden; sie bilden auch breite Kuchen, die zu förmlichen Hornsteinschichten zusammengewachsen sind.

Untere Zone, 8—12 m: sehr helle, fast rein weiße, dichte, mittel- bis dickbankige Kalkschichten; Bruch glasig-spröd. Die großen blauweiß gebänderten Hornsteinknollen sind auch hier häufig, doch nicht derart verbreitet wie in der oberen Zone

Abb. 13. **Lithographie-Steinbruch bei Solnhofen.**

Auf der Hochfläche zwischen Solnhofen, Mörnsheim, Mühlheim und Langenaltheim hat die mittlere Region der Plattenkalk-Stufe neben außerordentlich dichtem Gefüge so feines Korn, daß die dickeren Platten (meist 10–15 cm, die sog Flinze), die zwischen den Dachplatten-Schiefern liegen, geschliffen und poliert werden können. Es sind die weltbekannten Solnhofer Lithographie-Steine Um das wertvolle Gestein zu gewinnen, werden die zahlreichen ausgedehnten Steinbrüche bis in Tiefen von 40 m ausgebeutet. Was hier durch menschliche Tätigkeit im Laufe des letzten Jahrhunderts geleistet worden ist, mag man auf vorliegendem Bild durch Vergleich der Häuser und des Waldes (oben auf dem Bild) mit der Tiefe des Bruches erkennen. (Phot. Aufnahme von Dr. L. Reuter.)

Die Trennung des *Prosopon*-Kalks in zwei Zonen ist jedoch nicht immer durchführbar, da dünnbankige, dickbankige und felsige Lagen zuweilen wechsellagern.

Nach unten geht die mittel- bis dünnbankige *Prosopon*-Stufe zwar nicht plötzlich, doch innerhalb einer nur wenige Meter mächtigen Zone in die dickbankigen und felsigen Lagen der Massenformation über, so daß der Beginn einer anderen Fazies und Stufe kaum zu übersehen ist.

Schwerer kenntlich ist die obere Grenze gegen den Plattenkalk, denn der Übergang ist ein ganz allmählicher; die *Prosopon*-Bänke werden erst dickplattig, dann plattig und zuletzt schiefrig; auch hier wechseln noch dickere Platten mit dem Schiefer. Deshalb ist es nahezu unmöglich, eine scharfe Grenze zwischen *Prosopon*- und Plattenkalk zu ziehen, wenn man nicht andere Anzeichen, wie z. B. das Aufhören der Hornsteinknollen hiezu verwerten will.

Fauna. Th. Schneid gibt für das von ihm untersuchte Gebiet zwischen Eichstätt und Neuburg a. D. folgende Ammoniten-Fauna als charakteristisch für die *Prosopon*-Stufe an:

Oppelia pugilis Neum., *O. nobilis* Neum., *O. asema* Opp., *cf. carachtheis* Opp., *tenuisculpta* Font.

Waagenia Beckeri Neum., *W. harpephora* Neum.

Holcostephanus Gravesianus D'Orb., H. aff. gigas Ziet.

Perisphinctes aff. giganteus Sow, ferner mehrere stattliche Perisphincten, die man zu *Per. Ulmensis* rechnen kann. Schneid stellt sie in die Uhlig'sche Gruppe *Virgatosphinctes*.

Die felsigen Bildungen, sowie die hornsteinreichen Kalke sind reich an Brachiopoden und Bivalven.

Vorkommen. Im Altmühlthal (Attenbrunner Mühle-Obereichstätt-Rebdorf-Eichstätt-Landershofen) liegt die Schicht ziemlich hoch an den Hängen, annähernd in 460—480 m Höhe. Hier nimmt sie auf weite Strecken deren drittes Viertel ein, während das vierte dem Plattenkalk zufällt. Nicht selten fehlt jedoch hier diese Plattenkalk-Decke ganz; dann bildet der *Prosopon*-Kalk die Hochfläche. Infolge tektonischer Störungen liegt die Schicht indessen auch höher (z B. bei Langenaltheim-Mörnsheim; Maxbruch 500 m) oder tiefer; letzteres ist namentlich weiter südlich vom Altmühltal der Fall. Im Wellheimer Tal geht sie lokal (Konstein) bis auf die Talsohle (410 m Meereshöhe) herab.

Durch Verfolgung der Höhenlage dieser Schicht kam Th. Schneid zu dem Ergebnis, daß die scheinbar großen, vom Solnhofer Plattenkalk erfüllten ζ-Mulden nicht fossile Muldenausfüllungen zwischen ε-Riffen sind, sondern schollenförmige tektonische Senkungsfelder. Näheres hierüber Seite 89.

Die Verbreitung des *Prosopon*-Kalkes auf der Albhochfläche und am Rande des Donau-Tales reicht noch weiter gegen Osten, bis in die Gegend von Regensburg (vgl. Abtlg. III S. 33).

Zur unteren *Prosopon*-Stufe gehört auch der weiße Kalk von Abensberg, der bei Offenstetten und Sandharlanden in großen Steinbrüchen aufgeschlossen ist und auch östlich von Ingolstadt (Nerineen-Kalk von Großmehring) vorkommt.

Es handelt sich um eine fein-oolithische, kreidig-erdige Fazies des Kelheimer Marmorkalkes. Das Gestein ist in mächtigen Bänken geschichtet und liefert ein ausgezeichnetes (noch viel zu wenig bekanntes und verwertetes) Material für Bauten und Bildhauerzwecke. Einzelne Lagen sind echtes Oolith-Gestein, das sonst im Frankenjura selten ist. Besonders erwähnenswert ist der durch sein helles Klingen ausgezeichnete Kalk von Offenstetten.

In diesen weißen Kalkmassen kommen einige auffallende Lagen großer Hornsteinknollen (Chalzedon-Geoden) vor. Die Knollen sind in horizontaler Richtung fladenartig ausgebreitet. zum Teil unter sich verwachsen. Die Dicke beträgt 10—20 cm. Sie haben weiße Kieselrinde, die Füllmasse ist hellgrau und zeigt innen schöne achatartige Streifung mit hellen, dunkelgrauen und bräunlichen Ringen. Nach Schnittmann[1]) liegt die Haupthornsteinbank bei Abensberg (Galgenberg) 2,10 m über der oberen Grenze des Felsenkalkes (ε/ζ-Grenze): je 25 cm darunter und darüber ist noch jeweils eine schwächere Hornsteinlage. Wo die Stufe abgewittert ist, bedecken solche Kieselknollen als Verwitterungs-Rückstände die Bodenoberfläche.

Verwendet werden die hornsteinreichen Bänke der *Beckeri*-Stufe hauptsächlich zu Mauersteinen. Zu diesem Zweck werden sie in zahllosen Brüchen gewonnen, z. B. bei Bieswang, Schernfeld, Seubersholz, Buchenhüll, Pietenfeld, Adelschlag, Möckenloh, Meilenhofen, Biesenhart, Wellheim, Ried, Ensfeld, Altstätten und Trugenhofen; weiter im Süden verwendet man an ihrer Stelle den Reisberg-Kalk.

2. **Plattenkalk-Stufe** (Stufe der *Oppelia lithographica* Oppel). Sie bedeckt die höchsten Teile der Jurafläche im Gebiet zwischen Pappenheim und Neuburg a. D. sowie zwischen Ries im Westen und Regensburg im Osten. Nur ganz im Süden, am Jurarande bei Neuburg-Unterhausen liegt darüber noch eine jüngere Stufe (Neuburger Kalk; Stufe der *Berriasella ciliata*).

Mächtigkeit 50 bis 100 m. Die Ablagerung zeigt vielfachen Fazieswechsel; zunächst die beiden im ganzen Weißen Jura vorhandenen Unterschiede zwischen Kalkmergel-Fazies und Riff-Fazies (= Kelheimer Korallenkalk-Fazies, vgl. Abtlg. III S. 33).

---

[1]) F. X. Schnittmann, Hornsteine und Quarzite des Malm. (Zeitschr. d. Deutsch. Geol. Ges., Bd. 77, 1925, S. 217.)

Die Kalkmergel-Fazies zeigt von unten nach oben folgende Eigentümlichkeiten. Aus dem unteren *Prosopon*-Kalk (= Krebsscheren-Kalk) entwickeln sich zunächst Dickplatten, dann allmählich Flinze (Solnhofer Lithographiestein-Lagen) und Dachschiefer; nach oben wird das Gestein wieder mächtiger in der Schichtung, dickplattig und gebankt; hier gleicht es wiederum dem *Prosopon*-Kalk, doch mit dem Unterschied, daß hier in der oberen Region zwischen den oft ziemlich dicken Bänken häufig noch mächtige Lagen von Schiefern eingeschoben sind. Stellenweise zeigen diese oberen *Prosopon*-Lagen auch den Charakter von Brachiopoden- und Brekzien-Kalk und werden dabei halb felsig, ähnlich wie in der oberen Region von Weiß ε.

Der Fazieswechsel gestattet die gegen 100 m mächtige Stufe von oben nach unten in folgende Unterstufen zu gliedern:

1. Reisberg-Kalk (so benannt von TH. SCHNEID nach dem großen Aufschluß am Reisberg bei Böhming, 11 km nördlich von Ingolstadt). Mächtigkeit bis zu 40 m. Er ist die obere Kalkbank-Fazies von ζ sowie ihre unmittelbare Fortsetzung nach oben. Diese Fazies bedeckt ganz ζ, reicht aber verschieden tief herab, ersetzt strichweise den „Oberen wilden Fels" und greift stellenweise noch in das Plattenkalk-Niveau. Die Fazies zeigt auffallende Ähnlichkeit mit dem ζ der Schwäbischen Alb.

Gesteinsbeschaffenheit: Mitteldicke Kalkbänke, gut geschlossen. Farbe dunkel (blaugrau). Hat höheren Mergelgehalt als der Plattenkalk, ist daher auch weniger hart. Auffallend arm an Fossilien. Hornsteine und Gesteinsverkieselung fehlen nahezu.

Fauna: An Ammoniten kommen kleine glatte Haploceraten, einige Perisphincten (*Per. contiguus-Reisi* SCHNEID) vor; Oppelien und Aspidoceraten sind ausgestorben. Reichlicher sind kleine Bivalven: *Lucina zetae* Qu., *Astarte minima* Qu., *A. supracorallina* Qu., ferner Arten von *Corbula*, *Nucula*, *Leda*, *Anisocardia*.

Vorkommen: Am Reisberg, 11 km nördlich von Ingolstadt; an seinem westlichen Hang ist unten ein alter verlassener Schieferbruch (25 bis 30 m Plattenkalk), darüber ein weiterer großer Kalkbruch, in dem der Reisberg-Kalk an 25 m hoher Wand aufgeschlossen ist.

Die ausgedehntesten natürlichen Aufschlüsse sind am nördlichen Donautalrand zwischen Marxheim und Bergheim. In der Donauschlucht zwischen Rennertshofen und Neuburg tritt der Reisberg-Kalk an den steilen Talwänden, namentlich auf der Südseite, als Unterlage des weißen Neuburger Obertithons hervor; am Finkenstein zwischen Riedensheim und Bittenbrunn steht er 40 m hoch an. Weitere Vorkommen sind am südlichen Ausgange des Wellheimer Tales sowie in der Umgebung des unteren Usseltales von Ammerfeld an nach S. und SO.

Verwendung finden die dunklen, hornsteinfreien, rostfleckigen Bänke der Reisberg-Schicht hauptsächlich als Mauersteine; sie werden hiezu gebrochen bei Nassenfels, Zell a. d. Speck, Hütting, Gammersfeld, Unterstall, Joshofen, Seensand, Riedensheim, Steppberg, Mauern, Erlbach, Neuhausen, Ammerfeld und weiter im Osten namentlich auf dem Reisberg bei Böhmfeld.

2. Oberer „Wilder Fels" (Mörnsheimer wilder Fels). 20 bis 25 m mächtig.[1])

Gesteinsbeschaffenheit: Dickplattige und gebankte Kalkschichten mit plattig-schiefrigen Einlagerungen. Das Gestein ist mit feinverteilter Kieselsäure durchsetzt; einzelne Schichten sind förmlich verkieselt, derartige Anreicherungs-

---

[1]) Im Gegensatz zu dieser Schicht nennt man „Unteren wilden Fels" oder „das wilde Gebirge der Platten-Unterlage" die 10—15 m mächtigen dickplattigen Übergangs-Schichten vom *Prosopon*- zum Plattenkalk. Diese wilden Dickplatten sind vielerorts reich an Kieselsäure; sie ist gleichmäßig über die ganze Gesteinsmasse verteilt und macht oft ganze Schichten und Schichtstöße zu Kiesel- oder Hornstein-Platten und -Schiefern. Ähnliche Verkieselung der Kalkplatten kommt dann nochmals in den höchsten Schichten des Plattenkalkes z. B. auf der Hochfläche zwischen Solnhofen und Mörnsheim vor (TH. SCHNEID, Geogn. Jahresh. 1914 S. 135). Die Verkieselung macht die Platten für technische Zwecke unbrauchbar. In prähistorischer Zeit jedoch waren die Kieselplatten beliebtes Rohmaterial zur Herstellung feinerer Steinwerkzeuge.

Zonen machen sich als dunkle Bänder im weißen Gestein bemerkbar (sog. Bänderkieselkalk).

Bei Auslaugung des Kalkes durch Niederschlags- und Grundwasser entstehen die Kieselkalke mit nierenförmiger, fladig-welliger wulstiger Oberfläche, die auf dem Plateau zwischen Solnhofen und Mörnsheim die Oberfläche bedecken. Das „Neuburger Weiß“ ist nach TH. SCHNEID der pulverförmige unlösliche Rückstand Kieselsäure-haltiger Platten des wilden Felsens.

Die Ammoniten-Fauna ist im wesentlichen die gleiche wie im Plattenkalk: *Oppelia lithographica* bei Mörnsheim, ferner *Aspidoceraten* und *Perisphincten*. Weit häufiger sind Brachiopoden und Bivalven, ferner kleine Krabben (*Prosopon*). Der Reichtum an Brachiopoden zeigt ein gelegentlich starkes Eindringen der Riff-Fauna (Kolonisierung von ζ), obwohl keine eigentliche Riff-Fazies vorliegt, sondern sich nur kleine riffartige Wucherungen zeigen.[1])

3. Plattenkalk (dünngeschichteter Plattenkalk von Solnhofen—Eichstätt). Mächtigkeit bei Solnhofen-Mörnsheim 30 bis 40 m; bei Eichstätt—Schernfeld—Schönfeld 20—25 m. Die Stufe ist in ihrer ganzen Mächtigkeit scheinbar nur noch bei Solnhofen—Mörnsheim erhalten. Auf der Eichstätter Hochfläche, wo der „Untere wilde Fels“ stellenweise bereits in 10 m Tiefe zum Vorschein kommt, dürfte der obere Teil bereits der Abtragung zum Opfer gefallen sein.

Gesteinsbeschaffenheit: Die tieferen Plattenkalkbrüche bei Solnhofen—Langenaltheim—Mörnsheim zeigen senkrechte, bis zu 40 m hohe Kalkwände, an denen etwa 250 horizontal geschichtete Kalkplatten übereinander liegen. An Ort und Stelle nennt man:

1. die dünneren Platten „Zwicksteine“, da aus ihnen durch Abzwicken der überflüssigen Ränder mit der Zange Dachplatten hergestellt werden (vgl. Abbildung Seite 87). Bei Solnhofen nennt man diese Zwicklagen auch „Weitenhiller“. Hier und bei Langenaltheim sind diese Platten mit braunen moosförmig verästelten Dendriten von den Kluftflächen her überzogen (entstanden durch Rost-Abscheidung aus eingedrungenen eisen- und manganhaltigen Schichtwässern).

2. Die dickeren, feinkörnigen, dichten Platten sind die wertvollen „Flinze“. Sie geben die weltberühmten Lithographie-Steine.[2]) Bei Solnhofen sind sie 10—15 cm, seltener bis zu 24 cm dick, bei Langenaltheim nur 7—8 cm, seltener 10 cm. Dünnere Flinze und solche, die sich infolge gröberen Kornes (namentlich in der Eichstätter Gegend) weniger zum Schleifen und Polieren eignen, werden zu Bodenbelegplatten verarbeitet. Zwischen ihnen liegen:

3. die „Fäulen“. Diese bestehen aus feinem Tonmergelschlamm, der beim Verwittern und Zerfrieren in papierdünne Blätter zerfällt. In den tieferen, wenig angewitterten Aufschlüssen hängen die Fäulen noch an den Flinzen; sie müssen bei der Verarbeitung erst abgeschliffen werden. In mehr verwitterten Lagen sind die Fäulen bereits abgelöst und blättrig. Bei Langenaltheim nehmen die Fäulen derart an Mächtigkeit zu, daß sie zu meterhohen Schichtstößen werden.

Fauna: TH. SCHNEID nennt als charakteristische Ammoniten: *Oppelia lithographica* OPPEL, *O. Haeberleini* OPP., *O. steraspis* OPP., *O. Thoro* OPP., *O. apora* OPP. und *O. Bous* OPP. Weit häufiger als die Ammoniten selbst sind die Aptychen (= Schalendeckel) von Oppelien und Aspidoceraten.

Die Gesamtfauna hat JOH. WALTHER in einer Monographie behandelt. Er nennt von den Plattenkalk-Fundplätzen des südlichen Frankenjura etwa 150 Tiergattungen mit 350 Arten, wobei die Insekten[3]) noch nicht einbegriffen sind.

[1]) JOH. WALTHER, Die Fauna der Solnhofer Plattenkalke, bionomisch betrachtet. (Festschrift zum 70. Geburtstag von ERNST HAECKEL. Jenaische Denkschriften Bd. IX, 1904.)

[2]) Nach GÜMBEL rechnet man im Steinbruchbetrieb von Solnhofen, daß 40% des gebrochenen Materials brauchbare Steine seien und zwar etwa 33% Dachschiefer und Bodenbeleg-Platten und nur 7% Lithographiesteine.

[3]) Die Insekten des Plattenkalks sind bearbeitet von A. HANDLIRSCH, Die fossilen Insekten, (Leipzig, Engelmann 1908.)

Davon sind ungefähr 88 Gattungen mit 175 Arten auf den fränkischen Plattenkalk beschränkt und bisher anderwärts noch nicht aufgefunden worden.

Am häufigsten ist nach WALTHER die planktonische, stiellose Crinoide *Saccocoma;* an zweiter Stelle kommt ein kleiner Fisch *Leptolepis*, dann folgt der *Ammonites lithographicus (Oppelia)*, häufiger sind auch noch Aptychen von Ammoniten. Damit ist im wesentlichen die häufiger vorkommende Fauna erschöpft. Das Übrige sind Seltenheiten, die nur gelegentlich beim Ausheben der Platten gefunden werden. Wenn sie trotzdem in allen größeren Sammlungen ausgestellt sind und deshalb scheinbar häufig sind, ist zu bedenken, daß seit Erfindung der Lithographie (1796), also seit mehr als 100 Jahren ein reger Steinbruchbetrieb herrscht und Millionen von Kubikmetern an Platten dem Boden entnommen wurden, wobei die stets begehrten Fossilien sorgfältig gesammelt und verkauft wurden. So sollen z. B. in den Steinbrüchen von Mörnsheim und Mühlheim in manchem Jahr nur etwa zehn Krebse und Fische gefunden werden.

Abb. 14.

Verarbeitung der Dachplattenschiefer zu Dachplatten bei Solnhofen und Eichstätt.

Die dünneren Platten (mit etwa 10 mm) werden im Plattenkalk-Gebiet in unbearbeitetem Zustande zum Bedecken der flachen Dächer verwendet. Für den Handel richtet man sie mit Hilfe der Zange nach bestimmten Schablonen zu Dachziegeln zu und bringt sie als „Zwicktaschen" in den Handel. Das Bild zeigt das Rohmaterial und das Zuzwicken nach der Schablone. Das Dach der Hütte ist mit rohen Platten bedeckt, die Wand besteht aus Dickplatten (Flinzen).

(Phot. Aufnahme von Ministerialrat HEINRICH ULLMANN, München.)

Die Fossilien sind überdies nicht gleichmäßig über das Plattenkalk-Gebiet verteilt. So fanden sich die fossilen Medusen hauptsächlich im Osten bei Pfalzpoint, auf der Hochfläche zwischen Kelheim und Eichstätt. Bei Eichstätt und Solnhofen sind die Fische meist tadellos erhalten, im östlichen Gebiet dagegen meist zerfallen. Umgekehrt sind die Seeigel bei Kelheim gut erhalten; bei Eichstätt und Solnhofen findet man nur Bruchstücke. Im Osten fehlen die Insekten, im Westen sind sie häufig. *Saccocoma* (von den Leuten „Knöpfe" oder „Seesterne" genannt) kommt bei Eichstätt (in 6 Horizonten) in Menge vor, nimmt von hier aber nach allen Seiten hin ab.

Solnhofen selbst gehört zu den an Versteinerungen ärmsten Plattenkalk-Gebieten; die fossilreichsten Fundstellen dürften die (leider längst verlassenen) Brüche bei Daiting (13 km südwestlich von Solnhofen) gewesen sein. Nach J. WALTHER zeigt die Fossilliste von Daiting „das Bild einer reichbewaldeten Küste, belebt von Flugsauriern und räuberischen Reptilien, dicht neben dem tierreichen Meeresgrund".

Auch Langenaltheim ist auffallend fossilarm. Nur *Saccocoma* ist noch häufiger neben Umrissen kleiner Oppelien, Aptychen und Lumbricarien (Exkremente von Regenwürmern). Doch fand man hier in den tieferen Lagen zwei (durch 10 m Schieferzwischenlagen getrennte) dünne Lagen ganz bedeckt mit Schwärmen von *Leptolepis*-Fischchen. Die kleinen fossilen „Solnhofer Fische" in den Sammlungen dürften zumeist aus diesen Lagen stammen.

Außerdem sind sowohl von hier wie von den anderen Plattenkalkbrüchen Fußspuren einzelner Tiere (z. B. vom Urvogel *Archaeopterix*, von einem kleinen Dinosaurier und von dem an den Molukkenkrebs erinnernden *Limulus*) zu nennen, die sich über größere Strecken hin verfolgen lassen.[1])

In der außerordentlich mannigfaltigen Fossilreihe, die im Laufe der Zeit aus dem Plattenkalk des südlichen Frankenjura erhalten wurde, sind marine und festländische Tierformen, baumartige Pflanzen und Schilfgewächse gemischt. In ihnen zeigt sich eine zusammengedrängte Auswahl einer noch reicheren Tier- und Pflanzenwelt, wie sie bisher in keiner andern Formation und an keinem andern Ort gefunden wurde. Deshalb liegt der Versuch nahe, auf Grund dieser Plattenkalk-Funde ein Lebensbild der Tierwelt im Rahmen ihrer einstigen Umgebung zu schaffen. Dies wurde denn auch wiederholt versucht.

Den ersten Versuch, eine Analyse der Plattenkalk-Fauna durchzuführen, machte Joh. Walther in der bereits erwähnten Haeckel-Festschrift. Eine kleinere Abhandlung verdanken wir J. Schwertschlager[2]) in Eichstätt. Das umfassendste Lebensbild vom Strande von Solnhofen in Bayern in der Oberjurazeit gab in letzter Zeit O. Abel.[3])

Rothpletz hat die Frage der Zeitdauer der Schichtablagerung behandelt.[4]) Er berechnet den jährlichen Schichtenzuwachs auf 5 cm Höhe und schätzt die Gesamtdauer der ganzen Plattenkalk-Ablagerung auf 250 bis 500 Jahre.

Die Frage nach der Entstehung des Plattenkalkes griff zuerst M. Neumayr auf.[5]) Er nahm an, daß die Schichten in Lagunen entstanden sein könnten, ähnlich wie die Ablagerungen zwischen den rezenten Barriere-Riffen. J. Walther verfolgte diese Frage weiter und kam zur Ablagerung in Strandlagunen und zwar zur Zeit, in welcher der jurasische Meeresboden zu Festland wurde. Die Fäulen sind nach ihm festländischer Staub, der in die Lagunen geweht wurde; die Kalkplatten dagegen seien chemische Niederschläge aus kalkreichem Wasser. Nach O. Abel könnten die Fäulen auch aus tonigen Einschwemmungen entstanden sein, die Plattenkalke dagegen aus erhärtetem Kalkstaub äolischer Herkunft.

Jedenfalls ist zu bedenken, daß weiter im Norden der jurasische Meeresboden bereits Festland geworden war, und daß der kurz vorher aus dem Meer gehobene Kalkschlammboden der Abtragung durch Wind und Wasser ausgesetzt war, wobei im wesentlichen das Material für den Plattenkalk und für seine Zwischenschichten geliefert wurde. Die fossilen Überreste des Plattenkalkes verdanken ihre prachtvolle Erhaltung der Feinkörnigkeit des Gesteinsmaterials, dem zähen weichen Schlamm, in den sie eingebettet wurden, und seiner raschen Erhärtung.

Riff- und Korallen-Fazies. Die geschichtete Ammoniten-Fazies vom oberen ε bis zum jüngsten ζ wird zwischen Eichstätt und Neuburg stellenweise von

[1]) Neuere Funde von Sauriern aus dem lithographischen Schiefer beschreibt:

F. Broili, Beobachtungen an der Gattung *Homoeosaurus* H. v. Meyer. (Sitzungsber. der Bayer. Akad. d. Wiss. Math.-naturw. Abtlg. 1925 S. 81—121.)

F. Broili, Ein neuer Fund von *Pleurosaurus* aus dem Malm Frankens. (Abhdlgn. der Bayer. Akad. d. Wiss. Math.-naturw. Abtlg. Bd. XXX, 8. München 1926.)

[2]) J. Schwertschlager, Die lithographischen Plattenkalke des obersten Weißjura in Bayern. (Verlag Natur und Kultur, München 1909.)

[3]) O. Abel, Lebensbilder aus der Tierwelt der Vorzeit, (Jena, Gustav Fischer, 1922).

[4]) A. Rothpletz, Über die Einbettung der Ammoniten in den Solnhofer Schichten. (Abhandl. d. Bayr. Akad. d. Wiss. Kl. II, Bd. 24 Abt. 2, München 1909).

[5]) M. Neumayr, Erdgeschichte, (Leipzig. 1887, Bd. II, S. 319).

einer brekziösen, koralligenen, riffigen Fazies begleitet, die dem Brachiopoden-Kalk des obersten ε gleicht. Sie tritt auf bei Zell—Nassenfels, im Wilden Felsen von Mörnsheim und bei Laisacker (Neuburg). Die Fauna setzt sich aus Brachiopoden, Zweischalern, Echinodermen und Gastropoden zusammen. Das Vorkommen von Laisacker (Nerineen-Kalk und Korallen-Oolith) gehört dem Obertithon an, ist also die jüngste Riffbildung des Gebietes, ein Äquivalent der Ammoniten-Fauna von Unterhausen. Es gleicht durch das Vorherrschen großer Zweischaler der Kelheimer Riff-Fauna.

Riff- und Muldenbildungen. Am Rande des Altmühl-Tales liegen die Plattenkalk-Vorkommen beckenartig zwischen den ε-Riffen der Massenformation (Felsenkalk und Dolomit); bei Kelheim erheben sich die Ränder der Massengesteine über die Plattenhorizonte. Im schwäbischen Jura beobachtete bereits Quenstedt eine mantelförmige Umhüllung der ε-Riffe durch ζ-Schichten, was ihn zu dem Ausspruch veranlaßte: „Weiß ζ deckt in welliger Bewegung alle die Wunden, welche die Strömungen auf dem alten Meeresgrund gerissen haben". Diese Beobachtungen führten zu der Annahme, daß der Plattenkalk zum Teil gleichaltrig mit Massenkalk und Dolomit sei.

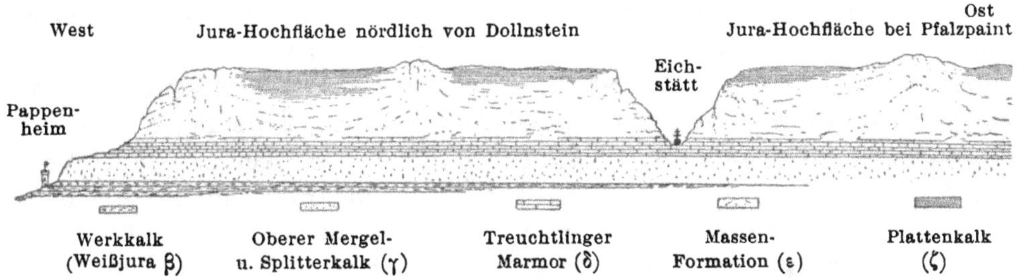

Abb. 15. **Profil durch das Altmühl-Gebiet von Pappenheim und Eichstätt** (nach der Auffassung von Johannes Walther 1904).

Längen 1:200000, 20fach überhöht.

Namentlich Joh. Walther vertrat in der Haeckel-Festschrift die Anschauung, daß die ε-Riffe inselartig auf der δ-Unterlage emporwuchsen und daß sich die dazwischen liegenden Senken und Vertiefungen mit dem feinen Kalkschlamm des Plattenkalkes füllten. Die Riffe bergen nach ihm die festsitzende Bodenfauna: Spongien, Korallen, Brachiopoden und Muscheln sowie die dazwischen herumkriechenden Schnecken. Im feinen Kalkschlamm dagegen sind die freier beweglichen und schwimmenden Tiere konserviert: Fische, Schildkröten, Krokodile, Eidechsen, Flugsaurier, Schlangensterne, planktonische Crinoiden *(Saccocoma)* und Ammoniten. Th. Schneid kam dagegen bei der (leider nicht veröffentlichten) geologischen Kartierung des Gebietes zwischen Eichstätt und Neuburg a. D. zur Auffassung, daß diese Annahme einer sog. Muldenausfüllung hier den Tatsachen nicht gerecht werde. Die lokale auffällige Tiefenlage der Plattenkalke sei durch tektonische Störungen und Verwerfungen zu erklären.

Später erschienen Abhandlungen von F. Berckhemer und F. Musper[1]), welche die Beschaffenheit und Entstehungsbedingungen der Massenformation (Weißjura ε) westlich vom Ries wesentlich geklärt haben.

[1]) Fritz Berckhemer, Der Weiße Jura ε. Eine petrogenetische Untersuchung (Jahresh. des Ver. für vat. Naturkde. in Württ. Bd. 75, 1919 S. 19—82).

Fritz Musper, Der Brenztal-Oolith, sein Fossil-Inhalt und seine Deutung (ebenda, Bd. 76 und 77, Stuttgart 1920, 1921).

Nach BERKHEMER sind sämtliche Sedimente von Weißjura ε Teile eines großen Riff-Organismus.[1]) In der Umgebung von Heidenheim a. Brenz verläuft die ε/ζ Grenze am Rande der Mulden nicht geradlinig wie bei Abbrüchen, sondern dringt lappenförmig in die Vertiefungen zwischen die Massenkalke ein und legt sich um ihre Erhebungen herum (Begleitworte zu Blatt Heidenheim S. 27).

Nach MUSPER vertreten Korallenkalk und Oolith stets das tonige ζ. Die Entstehung erklärt er folgendermaßen: Im ε—ζ Meer verlief ein Barriere-Riff längs des neugewordenen Festlandes.[2]) Im Riffgebiet lagerte sich, geschützt von den Brandungswellen, der Platten- und Krebsscheren-Kalk ab. Im Brenzgebiet wurde gelegentlich das Riff durch heftige Gezeiten-Strömungen durchbrochen. Das noch unverfestigte Sediment wurde hier bis in eine Tiefe von 30 m aufgewühlt und in den entstandenen Gräben als oolithischer Detritus zusammen mit abgespültem Riffschutt, mit zerbrochenen Muscheln und Brachiopoden-Schalen wiederum abgelagert. Während sich also bei Eichstätt—Solnhofen feiner Schlamm zwischen den Riffen niederschlug und in ihrem Schutz erhalten blieb, häufte sich im Brenztal grobkörniges Material in lebhaft bewegtem Wasser. Unter Zufüllung der Oolithmulden zog sich das Jurameer von hier langsam gegen SO. zurück; sein Boden wurde zum Festland der bald darauf einsetzenden Kreidezeit.

Der helle Kalk von Neuburg a. D. und Unterhausen. Ober-Tithon, etwa 40 m, die jüngste jurasische Ablagerung in Süddeutschland.

Diese höchste Jura-Stufe tritt im sw. Frankenjura unmittelbar vor dem Verschwinden des Jurarandes unter der Tertiärdecke der südbayerischen Hochebene auf. TH. SCHNEID erkannte in ihren Fossil-Einschlüssen eine neue und ungeahnt reiche obertithonische Fauna.[3])

Gesteinsbeschaffenheit: Der Kalk ist dick gebankt, die einzelnen Bänke sind 30 bis 60 cm, gelegentlich 1 m dick; die untersten Lagen haben halbfelsigen Charakter. Das Gestein ist ziemlich dicht, hat weichen Bruch und tonig-morsches Gefüge ohne Hornsteine und Verkieselungen; es reibt sich mehlig ab. Die Farbe ist auffallend blendend weiß mit gelblichen Flecken, gelegentlich auch gleichmäßig hell ockergelb. Es gleicht dem Mörtelkalk und Breistein der Kelheimer Gegend und wird wie dieser zum Kalkbrennen ausgebeutet.

Die Fauna zeigt größeren Reichtum als ihre Unterlage (Reisberg-Kalk, S. 85). Die Fazies ist die Ton- oder Ammoniten-Fazies. Unter den Ammoniten herrschen bei weitem die Perisphincten vor, in durchgehends neuen eigenartigen Formen. ***Aspidoceras*** ist zwar noch da, aber selten, das in den Plattenkalken so häufige Genus ***Oppelia*** ist ebenso wie ***Haploceras*** ausgestorben, auch die Aptychen sind verschwunden.

Betreffs der übrigen Mollusken und der Brachiopoden ist zu erwähnen, daß auch die Rhynchonellen und Terebrateln nahezu verschwunden sind. Besonders häufig vorkommende Bivalven sind kleine zierliche Arciden, herzförmige *Cyrena*-artige Gehäuse und kleine Mytiliden. Reiche und schöne Entfaltung zeigen die Pleuromyen, Trigonien, Ostreen und eigenartige eckige Piniden. An häufig vorkommenden Gastropoden sind zu nennen: Nerineen und winzige Alarien.

Bemerkenswert ist, daß hier nochmals die ***Exogyra virgula*** zahlreich auftritt, die sonst als Leitfossil für das obere Weiß ε gilt. Deshalb wurde früher der Neuburger Kalk fälschlicherweise zwischen obere Massenformation (ε) und Prosopon-Kalk (unteres ζ) eingereiht.[4])

Vorkommen der Stufe: Die Stufe ist als einigermaßen zusammenhängende Decke nur bei Neuburg, auf der Weißjura-Scholle südlich der Donau, erhalten. Nördlich der Donau kommt sie nur noch an einigen, durch die tektonische Lage

[1]) F. BERCKHEMER, „Oberer Weißer Jura" in: Begleitworte zur Geogn. Spezialkarte von Württemberg, Atlasblatt Heidenheim. (Stuttgart 1924.)

[2]) K. W. SPEIER, Die Korallen des Kelheimer Jura. (Paläontographica Bd. 59, 1912.)

[3]) THEODOR SCHNEID, Die Geologie der Fränkischen Alb zwischen Eichstätt und Neuburg a. D. Zweite Hälfte (Geognost. Jahreshefte XXVIII, 1915).

[4]) GÜMBEL's Frankenjura 1891, S. 104.

begünstigten Stellen als höchste Jura-Schicht vor. In der weiteren Umgebung ist sie bereits durch die Denudation zerstört und abgetragen.

Am schönsten ist die Stufe aufgeschlossen in den großen Kalkbrüchen zwischen Ober- und Unterhausen, besonders am Bahnhof Unterhausen. Nördlich davon liegt sie als 20 bis 25 m mächtige Decke auf dem Flachsberg über den blaugrauen Kalkbänken der Reisberg-Schicht, die am Donautal-Steilrand (auf der Nordseite des Berges) hervortreten. Westlich von Neuburg ist sie in den großen Brüchen am Burgholz erschlossen (6 bis 8 m Kalkbänke, reich an Ammoniten). Nördlich der Donau nennt Th. Schneid folgende Aufschlüsse:

1. über dem Finkenstein, im Musterholz (östl. von Riedensheim). Die unteren 40 m des Finkensteins bestehen aus Reisberg-Schichten (oben dicke Bänke, darunter ruppige uneben schieferige, dunkelgraue Plattenkalke [25 m] mit dickeren Zwischenlagen). Darüber liegt das blendend weiße Neuburger Obertithon 15 bis 20 m mächtig;
2. östlich von Treidelheim in einem Bruch an der Straße nach Sieglohe über den ruppigen Dickplatten der Reisberg-Stufe;
3: das bisher bekannte nördlichste und höchstgelegene Vorkommen (Höhenlage 435—540 m) mit reicher Fauna liegt auf der Höhe des Hainberges, östlich von Mauern und Ellenbrunn. Profil von Mauern zum Hainberg: Unmittelbar über Mauern steht Fleckendolomit mit *Rhynchonella Asteriana* an (oberstes ε), in höherer Lage folgt *Prosopon*-Kalk. Der darüber zu erwartende Solnhofer Plattenkalk ist verdeckt. Erst der höher liegende Reisberg-Kalk ist wieder sichtbar. Der Neuburger Kalk ist auf der Höhe des Hainberges in einem kleinen Bruch aufgeschlossen. Die Schichtenreihe zwischen Dolomit und Neuburger Kalk dürfte hier 90 bis 100 m mächtig sein.

Die Formationslücke zwischen Weißjura- und Kreide-Schichten.

Mit dem hellen Obertithon-Kalk von Neuburg schließt die nahezu lückenlose Reihe der mesozoischen Sedimente, die wir in Franken von der älteren Trias an Schicht für Schicht verfolgen können. Es sind teils terrestrische Ablagerungen, die in abgeschlossenen festländischen Senkungsräumen durch Wasser und Wind zusammengetragen worden waren, teils Sedimente flacher Meere, welche sich in diese Senkungsräume ergossen hatten und sie lange Zeit hindurch bedeckten.

Ablagerungen der unteren Kreidezeit (Wealden, Neokom, Gault) fehlen, erst das Cenoman hat solche hinterlassen. Somit zeigt sich zwischen den tithonischen und cenomanen Ablagerungen eine Formationslücke, die den Zeitraum der unteren Kreide-Formation umfaßt. Zu Beginn dieser Zeit war unser Gebiet aus dem Meere emporgestiegen und Festland geworden. Schon damals begann der Erosions-Zyklus, der nach und nach die fränkisch-schwäbische Stufenlandschaft schuf.

Nur noch vorübergehend kam der südliche und östliche Teil des Frankenjuras unter dem Meeresspiegel. Die cenomane Transgression, die größte Meeresüberflutung der Festländer, die je die Erde betroffen hat, erreichte auch unser Gebiet und bedeckte die schon teilweise abgetragene und verkarstete Weißjurafläche mit ihren Kreide-Sedimenten. So wurden im Südwesten (zwischen Altmühl und Donau) noch Cenoman-Schichten abgelagert, im Osten (Regensburg—Amberg—Betzenstein) außer den cenomanen auch noch turone Schichten.

L. Kober[1]) bringt diese Transgression in Zusammenhang mit der beginnenden Gebirgsfaltung, die damals große Teile der Erde erfaßte. Die Böden ehemaliger Ozeane wurden gehoben; ihre verdrängten Wassermassen mußten ein Steigen der Meere bewirken und damit tieferliegende Kontinental-Räume überfluten. Erst gegen Ende der Kreidezeit, als größere Teile der jungen Gebirge infolge ihrer Mächtigkeit und ihres Gewichtes wiederum in die Tiefe zurückversanken, wich das Meer zurück; die überfluteten Kontinente wurden nun endgültig zu Festland. Der vorübergehend unterbrochene Erosions-Zyklus konnte nun ungestört weiterschreiten und die Landfläche bis zu den Formen abtragen, die wir jetzt vor uns sehen.

---

[1]) Leopold Kober, Der Bau der Erde. (Berlin, Verlag Borntraeger, 1921.)

Die Kreide-Formation.[1])

Das Cenoman zwischen Altmühl und Donau.

THEODOR SCHNEID[2]), der hier Vorkommen und Art der Kreide-Ablagerungen feststellte, erkannte aus deren Unterlage (Transgressions-Fläche), daß in der Zeit der Formationslücke, also während der Unteren Kreide, bedeutendere tektonische Bewegungen, Hebungen und Abbrüche stattgefunden hatten. Das Land im Norden (das heutige Bayern nördlich der Donau) war emporgepreßt worden. Die Abtragung hatte darin weite Flächen der jurasischen Decke entfernt. Der in den cenomanen Ablagerungen angehäufte und vermutlich von Norden her zugeführte Gesteinsschutt läßt vermuten, daß bereits eine Abtragung nicht nur von Weißjura, sondern auch von Braun- und Schwarzjura, vielleicht sogar von oberem Keuper stattgefunden hatte. Damit muß auch bereits eine bedeutende Verkarstung der heute noch vorhandenen Weißjura-Decke erfolgt sein, denn die cenomanen Gerölle, Sande und Kieselkreiden füllen nicht selten nesterartige Vertiefungen in der jurasischen Unterlage aus, ähnlich wie dies aus der Regensburger Gegend von der sog. Schutzfels-Schicht im ältesten Cenoman bekannt ist.

Die von Süden hereinbrechende cenomane Überflutung fand infolgedessen immer ältere Schichten vor, je weiter sie nach Norden vorrückte: in der Nähe der Donau (Neuburg, Steppberg) liegt das Cenoman über den hellen Neuburger Kalkbänken, zwischen Rennertshofen und Wellheim auf den grauen Bankkalken der Reisberg-Schicht sowie auf Solnhofer Plattenschiefer; bei Nassenfels auf Echinodermen-Breschen, die dem Plattenkalk äquivalent sind, endlich bei Wellheim und Konstein auf Frankendolomit. Die Überflutung dürfte nordwärts kaum die Linie Solnhofen-Dollnstein überschritten haben, da nördlich davon Cenoman-Reste bisher nicht gefunden wurden.

Art der Cenoman-Gesteine. Während weiter im Osten (Regensburger Gegend) die Kreideschichten mächtige zusammenhängende Decken bilden, in denen namentlich die jüngsten Stufen gut entwickelt sind, trifft man hier im Westen nur auf dürftige Reste einer kurzen cenomanen Überflutung. Nur stellenweise sind kleine Reste der ursprünglichen Cenoman-Decke erhalten in Form grobkörniger Sande, Schotter und Kieslager. Deutlicher hebt sich nur die feinkörnige Fazies hervor, die sog. Neuburger Kieselkreide (Neuburger Weiß), die das Obercenoman vertreten dürfte. Im übrigen läßt sich die einstige Verbreitung der Cenoman-Decke nur aus den massenhaft herumliegenden quarzitischen Sandsteinbrocken und Blöcken, sowie aus den tripelartigen Gesteinstrümmern erkennen.

Die noch erhaltenen Decken bestehen zu unterst aus hellen, grobkörnigen Sanden[3]), die höheren Lagen aus groben Schottern und eckigen sowie splittrigen Hornsteinknauern (Hornstein-Schotter). Von Wellheim an südwärts bis auf die Jurascholle von Neuburg-Unterhausen liegen die Kieselkreide-Nester in Mulden und Klüften der jurasischen Unterlage.

Die genannten losen Sedimente sind gelegentlich durch kieseliges Bindemittel zu Sandsteinen, quarzitischen Konglomeraten und Breschen verkittet, die feinsten Kieselsande (Neuburger Kreide) zu plattig gebankten oder elliptisch geformten Quarziten. Diese sind nicht selten fossilhaltig (Inoceramen, Pectiniden, Aviculiden und Bryozoen). Die Gesteine sind meist weiß, gelegentlich aber auch durch Eisen und Mangan rötlich, violett bis dunkelbraun gefärbt. Bei reichlicherer Beimengung von Eisenlösungen entstanden Eisensandsteine, Roteisensandsteine und durch Limonit verbundene Grobsandsteine, z. B. bei Gammersfeld, Aicha-Wellheim und Mörnsheim, wo man sie in früheren Jahrhunderten für den Obereichstädter Hochofen abzubauen suchte.

---

[1]) Die geologische Karte verzeichnet die Kreideablagerungen mit c.

[2]) DR. THEODOR SCHNEID, Die Geologie der fränkischen Alb zwischen Eichstätt und Neuburg a. D., Abschnitt II, Obere Kreide (Geognostische Jahreshefte XXVIII, 1915 S. 29).

[3]) Diese cenomanen Sande und Schotter unterscheiden sich nach TH. SCHNEID von tertiären Ablagerungen durch ihre helle, meist weiße Farbe, ferner durch die in den verkitteten Partien vorkommenden Fossilien sowie namentlich durch ihre Lage auf den Hochflächen. Die tertiären Sande und Schotter liegen dagegen mantelförmig um die unteren Teile der Hänge und füllen die Niederungen und Talmulden.

Einteilung der fränkischen Kreide-Formation.

Nach L. LEHNER (Centralblatt für Mineralogie usw. 1924, Nr. 6).

	Nördlicher Frankenjura	Südlicher Frankenjura	Regensburger Gegend
Ober-Turon	Nördlichste Fazies: Veldensteiner Sandstein, fossilleer liegt infolge der Diskordanz auf älteren Schichten, z. T. auf Weißjura; oberer Teil entspricht der *Schoenbachi*-Zone, unterer Teil der Scaphiten-Zone Cardien-Ton = Lettenschichten-Fazies Neukirchener Ocker. Farberden der Gegend Neukirchen-Königstein mit Lamellibranchiaten und Turriliten Südwestliche Fazies: Heldmannsberger Sandstein zwischen Hersbruck und Illschwang; feinkörniger, plattiger Sandstein mit artenreicher Fauna von Lamellibranchiaten und Gastropoden, die der Fauna der Priesener Schichten entspricht Gehört im wesentlichen der oberen Scaphiten-Zone an Diskordanz infolge Meeres-Regression und Denudation		Großberg-Sandstein (liegt auf Transgressionsfläche) Karthauser Baculiten-Mergel, oberer Teil
Mittel-Turon	Betzensteiner Kreidekalk, glaukonitisch; nur in Reliktblöcken bisher aufgefunden, mit mannigfaltiger Fauna *(Callianassa antiqua, Baculites anceps, Magas Geinitzi).*		Karthauser Baculiten-Mergel, unterer Teil
	Pulverturm-Schicht, Reliktvorkommen bei Neukirchen, Gesteinsbeschaffenheit und Fauna wie bei Regensburg (dünne gelblichweiße Bänke; Gestein mergelig-kieselig, zuweilen kalkig, öfters jedoch porös-schwammig).		Pulverturm-Schicht
			Eisbuckel-Schicht
Unter-Turon	Hornsandstein, bisher nur bei Fürnried aufgefunden	Unterturone Relikte möglicherweise noch bei Wellheim	Hornsandstein
	Fränkische *Vesicularis*-Kreide, östlich von Hersbruck-Neumarkt, Quarzite, Quarzitsandsteine und Sandsteine, fossilreich, besonders an Lamellibranchiaten		Knollensand (=Winzerberg-Schicht)
Ober-Cenoman	Amberger Tripel, südlich und südöstlich von Sulzbach, entkalkte, feinkörnige Eisensandsteine	Wellheimer Inoceramen-Quarzit, Neuburger Kieselkreide (Neuburger Weiß)	Reinhauser Sandstein und Kalk
Mittel-Cenoman	Glaukonit-Mergel und -Kalk, infolge mergeliger Beschaffenheit nur wenig erhalten	Das Unter-Cenoman ist im südlichen Frankenjura mächtig entwickelt, mit großen Fazies-Differenzen: Sanden, Konglomeraten, Sandsteinen und Quarzit-Sandsteinen. Mischfauna von Bryozoen und Lamellibranchiaten: Bryozoen-Sandstein, Gelber Sandstein von Neuburg, petrefaktenleere Sande und Sandsteine, Quarzitsandsteine und Konglomerate	Eybrunner Mergel
Unter-Cenoman	Sulzbacher Kreidekalk, bisher nur bei Sulzbach aufgefunden; echte Klippenfazies mit reicher Fauna; identisch mit KLÜPFEL's Erzkonglomerat der Amberger Gegend		Regensburger Grünsandstein
	Weißer Sand		
			Schutzfels-Schicht

Herkunft der Trümmergesteine der Cenoman-Decke. Das gesamte Material dürfte nach SCHNEID den abgetragenen Juraschichten nördlich der Altmühl entstammen: die Hornstein-Schotter vorwiegend aus den mächtigen Hornsteinbänken der abgetragenen Reisberg-Schicht; die Neuburger Kieselkreide ist wahrscheinlich der unlösliche Rückstand oberjurasischer Schichten, die reichlich mit feinsten Quarzkörnchen durchsetzt sind. Die Grobsande stammen möglicherweise aus unterem Lias und Keuper im abgetragenen Norden.

Ähnlich wie zwischen Eichstätt und Neuburg a. D. sind von der einstigen Cenoman-Decke auch in dem ostwärts anschließenden Gebiet (Kipfenberg-Riedenburg) nur noch lose Reste erhalten.

Dieses Gebiet hat F. X. SCHNITTMANN auf Kreide-Ablagerungen hin durchsucht[1]). Ihre Reste bestehen aus Gesteinen verschiedener Korngröße, deren Kalkgehalt nur selten noch vorhanden ist. Man findet einerseits Übergänge von grobkörnigen tonigen oder kalkigen zu ganz feinkörnigen, hornsteinartigen Sandsteinen und endlich zu echten Hornsteinen, andernseits Kalksandsteine mit kalkigem Bindemittel und solche mit Kalk in Spuren bis zu vollständig entkalkten Eisensandsteinen (sog. Amberger Tripel). Mit dem Kalk verschwindet darin auch der Glaukonit.

Diese tripelartigen Eisensandsteine haben große Verbreitung. Da sie weiter im Osten (in der Kelheim-Regensburger Gegend bei Kapfelberg, Poikam, Kareth) über Grünsandstein und Eybrunner Mergel liegen, gehören sie ins Niveau der Reinhauser und Winzerberg-Schichten (Grenze Cenoman-Turon). Sie lassen mit mehr Sicherheit auf die ehemalige Verbreitung der Kreidedecke schließen, als die mit ihnen vorkommenden Hornsteine, da diese auch von Jura-Hornsteinen sowie tertiären Quarziten und Jaspisen begleitet werden.

In den Kalksandsteinen und Eisensandsteinen erkennt man Trümmer von Bivalven-Schalen sowie zahlreiche Foraminiferen, welch letztere meist zu den Gattungen *Giroidina*, *Globigerina*, *Nodosaria*, *Operculina*, *Spirolina*, *Rotalia* und *Textularia* gehören; auch Spongien-Nadeln sind häufig. Von den übrigen Fossilien gibt SCHNITTMANN etwa 20 Arten an, darunter *Exogyra columba*, *E. sigmoidea*; *Gryphaea vesicularis*, *Inoceramus labiatus*, *I. latus*.

Die Kreide-Formation im Neumarkter-Jura.

Die Kreide-Ablagerungen im Jura nordöstlich von Neumarkt i. Opf. sollen zusammen mit denjenigen des nördlichen Frankenjura in Abteilung VI besprochen werden.

Hier sei nur erwähnt, daß L. LEHNER sich mit deren Aufsuchung und Durchforschung beschäftigt hat[2]) und dabei noch Äquivalente der bei Regensburg vorkommenden höheren Kreideschichten (Turon) nachweisen konnte, die im südwestlichen Frankenjura fehlen.

Im Neumarkter Jura fand er häufige Relikte der „Fränkischen *Vesicularis*-Kreide", d. h. Quarzite, Quarzitsandsteine und Sandsteine mit zahlreichen Fossilien (etwa über 30 Arten, vorwiegend Lamellibranchiaten), unter denen besonders *Ostrea vesicularis* LAM. häufig ist. Die Schicht entspricht dem Regensburger Knollensand (Unter-Turon); noch jüngere Schichten kommen im Nordosten vor (Betzensteiner Kreidekalk, Veldensteiner Sandstein).

Tabelle Seite 93 zeigt, wie die fränkischen Kreide-Ablagerungen denjenigen der Regensburger Gegend entsprechen.

---

[1]) FRANZ XAVER SCHNITTMANN, Beiträge zur Kenntnis des Frankenjura. Die Kreide-Ablagerungen und Verkieselungserscheinungen im Frankenjura südlich der unteren Altmühl. (Zeitschr. d. Deutsch. Geol. Ges. Bd. 77, 1925 S. 206—238.)

[2]) L. LEHNER, Die Gliederung der fränkischen albüberdeckenden Kreide. (Centralbl. für Min., Geol. und Pal. 1924 Nr. 6 S. 176—181.)

Das Tertiär.[1]

I. Die tertiären Ablagerungen im fränkischen Jura- und Keupergebiet.

Mit den geschilderten Cenoman-Ablagerungen schließt im fränkischen Juragebiet die Reihe der Meeres-Sedimente. Erst westlich von der Wörnitz treten wiederum weiter verbreitete Decken tertiärer Schichten auf, östlich von der Wörnitz konnte SCHNEID nur noch obermiozäne Ablagerungen von lokaler Verbreitung feststellen.

Tertiäre Spaltenfüllungen. Auf der Jurahochfläche geben über die Tertiärzeit nur wenige Knochenfunde Kunde, die gelegentlich in Spalten und Klüften im verkarsteten Kalkgebirge gemacht wurden bei Anlage und Betrieb von Steinbrüchen. So schließen die tiefgehenden Aufschlüsse im Solnhofer und Eichstätter Plattenkalk nicht selten solche Klüfte, Schlotten und Spalten auf. Sie gehen kaminförmig 12 m und darüber in die Tiefe und sind mit rotbraunem, seltener mit grünlichem Lehm erfüllt, der neben den bekannten erbsen- bis schussergroßen Bohnerzen viele Trümmer von Juragesteinen, Hornsteinen, losgelösten dicken grobkristallinen Kalzit-Sinterkrusten und Brauneisenerzschwarten umschließt. Soweit das Alter der Kluftfüllungen aus den darin gefundenen Knochen bestimmt werden konnte, haben sie sehr verschiedenes Alter. Denn da die chemische Verwitterung und Verkarstung der Jurahochfläche während aller Festlandsperioden, also mit Ausnahme der cenomanen und tertiären Überflutungen, sich seit Ende der Jurazeit vollzog, kann seitdem Kluftbildung und Kluftfüllung erfolgt sein.

Die bisher bekannten[2]) ältesten Fossilreste in solchen Juraklüften stammen aus dem Eozän. M. SCHLOSSER beschreibt solche von Heidenheim am Hahnenkamm (mit der Tapir-Art *Lophiodon rhinoceroides*, Mittel-Eozän), sowie vom Grobschwart zwischen Suffersheim und Raitenbuch, (Ober-Eozän). Aus der Ulmer Gegend sind solche von Bachhagel bei Giengen a. Brenz, sowie von Mähringen bei Ulm bekannt.

Als altoligozän wurden die übrigen untersuchten Spaltenfüllungen der Ulmer Gegend bestimmt (Arnegg, Eselsberg bei Ulm, Örlingertal bei Ulm, Rammingen, Stubersheim und Tomerdingen). Das letztgenannte Vorkommen ist durch viele Kiefer des Nagers ***Pseudosciurus suevicus*** (Eichhörnchen) bemerkenswert.

Oligozänes und untermiozänes Alter hat der Knochenfund an der Grafenmühle bei Pappenheim. Er enthielt Knochen von ***Amphicyon*** (Hunde-Art), ***Palaeochoerus*** (Schweine-Art), ***Diplobune*** und ***Coenotherium*** (Paarhufer),

Mittelmiozänes Alter hat der berühmte Solnhofer Säugetierfund. Er lag in einer Spalte der sog. „Neuen Welt“ in den Plattenbrüchen der Solnhofer-Mörnsheimer Hart. Man fand dort Knochen mittelmiocäner Arten vom Elephanten ***(Mastodon angustidens)***, Hirsch ***(Palaeomeryx)***, Hund ***(Amphicyon)***, Schwein ***(Listriodon)***; ferner von Raubtieren: ***Mustela*** und ***Stenoplesictis*** (Marder), ***Potamotherium*** (Fischotter); schließlich von Eichhörnchen ***(Sciurus, Sciuroides)*** und Fledermäusen ***(Rhinolophide)***.

Einen obermiozänen Fund von Wirbeltieren (Attenfeld, südwestlich von Nassenfels) erwähnt SCHNEID (Geogn. Jahresh. XXVIII, 1915 S. 51). Er enthielt Knochenreste obermiocäner Arten vom Hirsch, Rhinoceros, Schwein, Tapir, Hund, Marder, Hase, Maulwurf, Hamster, von der Ente, von Schildkröten, Schlangen und Fröschen.

Trotz der Dürftigkeit der bisher in den Bohnerzen und Spaltenfüllungen des süddeutschen Jura aufgefundenen Säugetier-Reste konnte M. SCHLOSSER nicht nur die wichtigsten Arten, sondern einen recht ansehnlichen Bruchteil der Säugetier-Arten des europäischen Tertiärs ermitteln.

---

[1]) Auf dem Blatt IV der Geologischen Übersichtskarte mit t bezeichnet.

[2]) Die bis 1902 bekannten Funde beschreibt M. SCHLOSSER, Beiträge zur Kenntnis der Säugetierreste aus den süddeutschen Bohnerzen (Geol. und Pal. Abhandlungen von KOKEN, V, 3. Jena 1902). Angaben über neuere Funde geben TH. SCHNEID, (Geogn. Jahresh. XXVIII, 1915, S. 50)' ferner A. Moos, Beiträge zur Geologie usw. (Geogn. Jahresh. XXXVII, 1924, S. 169); über unteroligozäne Spaltenfüllungen am südwestlichen Riesrand (Hürnheim, Bollstadt, Deggingen) berichtet H. NATHAN (vgl. Fußnote Seite 78).

Die obermiozänen Bildungen zwischen Eichstätt und Neuburg a. Donau. Schneid unterscheidet eine sandige und eine tonige Fazies. Die erstere, der sog. Glimmersand, greift auf die Alb von S. her über, wo er über die ganze schwäbisch-oberbayerische Hochebene verbreitet ist: feinkörnige, stark mergelige, grünlichgraue Sande mit starkem Glimmergehalt, in der Verwitterungszone gelblich und ausgebleicht. Die Lagerung zeigt Kreuzschichtung. Lokal ist der Sand zu plattigen oder felsigen Sandsteinen erhärtet, auch zapfige Konkretionen kommen vor. Im Sand liegen häufig kleinere oder größere Stücke Kieselhölzer, wahrscheinlich Eichenstamm-Stücke, besonders zwischen Neuburg, Nassenfels und Adelschlag. Diese Sandschichten mögen aus Seebecken mit einer Art Wanderdüne am sandigen Strand stammen.

In kleineren Tümpeln und Teichen auf der Juraplatte entstanden die lettig-tonigen oder auch torfig-moorigen Schichten mit kalkigen Einlagerungen. Hieher gehören die körnigen (pisolithischen) Süßwasserkalke der Eichstätter Gegend (Exerzierplatz, Adelschlag, Ochsenfeld), sowie von Riedensheim, östlich von Steppberg, die eine reiche Konchylien-Fauna einschließen *(Helix sylvana, inflexa, carinata; Limnaeus dilatatus; Planorbis cornu; Ancylus deperditus; Amnicola convexa; Bythinia gracilis).*

Der Tertiärkalk im Ries.

Obermiozäner Süßwasserkalk (Sarmatische Stufe)[1] kommt in größerer Verbreitung im Ries vor und seiner nächsten Umgebung. Gute Aufschlüsse geben viele Steinbrüche, z. B. zwischen Nördlingen und Reimlingen, bei Wallerstein und Öttingen, in denen der massige Kalk als Baustein oder zu Brennkalk gebrochen wird.

Der Süßwasserkalk bedeckt in etwa 10 m mächtiger Lage flächenhaft die inselartig aufragenden Hügel in der Riesebene sowie die Höhenzüge ringsum an ihrem Rand. Das Gestein ist massig, körnig, weiß bis hell ockerfarben. Die zahlreichen Hohlräume, die das Gestein durchziehen, geben ihm ein blasig-poröses Aussehen. Die Kluftwände sind mit tropfsteinähnlichen Rinden voll knolliger und warzenförmiger Unebenheiten überzogen (Sprudelkalk). Die sog. Pflanzenkalke sind vom Kalk umrindete Pflanzenstengel. Das Gestein ist außerordentlich reich an Schnecken, die sich indessen auf nur 11 Arten (7 Land- und 4 Süßwasserschnecken) beschränken.[2] Die häufigsten Landschnecken sind: *Helix (Cepaea) sylvestrina* (die charakteristische und leitende Form des Rieskalkes), *Cochlicopa subrimata loxostoma*; *Caracollina noerdlingensis; Pupa (Abida antiqua) noerdlingensis.* Die kleine Süßwasserscknecke *Hydrobia (Litorinella) trochulus* kommt in ungeheuren Mengen vor. Ganze Lagen des Gesteins bestehen aus ihren nur millimetergroßen Schälchen; ähnlich tritt das kleine Schalenkrebschen *Cypris faba* (*C risgoviensis* Sieber) gesteinsbildend auf. Am Wallersteiner Felsen hat man beim Kalkbrechen Anhäufungen von Vogelknochen (Pelikan, Ibis, Storch, Reiher und Schwimmvögel) nebst überkrusteten Federn, Nestern und Eiern gefunden.

Die ganze Ablagerung ist jünger als der *Sylvana*-Kalk (Seite 97) und der Steinheimer Süßwasserkalk. Sie läßt auf ein oder einige Seebecken schließen, an deren Boden und Rändern warme Quellen (als Folge der Rieskatastrophe) emporsprudelten. Die *Hydrobia*-Schneckchen und Krebschen lebten im stagnierenden Wasser; die flachen Ufergebiete waren mit Röhricht bestanden, in dem die genannten Wasservögel brüteten.

---

[1]) Daß schon vor der Ries-Katastrophe alttertiäre Süßwasserkalk-Ablagerungen ähnlich wie in der Ulmer Gegend auch im Riesgebiet und seiner Umgebung vorhanden waren, beweisen erratische Kalkblöcke mit alttertiären Land- und Süßwasserschnecken, die gelegentlich im Ries (Hahnenberg bei Appetshofen) sowie am Riesrand bei Amerbach und im Bahneinschnitt von Otting-Weilheim gefunden wurden.

[2]) W. Wenz, Die Land- und Süßwassermollusken-Fauna der Rieskalke (Jahresber. d. Oberrhein. Geol. Ver. XIII, 1924, S. 187—189).

Die verschiedenen Arten des Ries-Kalkes wurden in letzter Zeit von O. M. Reis beschrieben. [1] Er unterscheidet fossilreichen und fossilarmen Kalk. Beide Arten treten sowohl massig wie geschichtet auf. Zur ersteren gehören:

Chara-Kalk, besteht hauptsächlich aus Stengelbruchstücken und den kleinen runden Früchten von Characeen; [2])

Cladophorites-Kalk [3]); hier ist der an den Vegetations-Spitzen emporwachsende Algen-Rasen kalkig umkrustet worden. Die Schichtungsfugen entsprechen dem Jahreswechsel. Zuweilen ist dieser Pflanzenkalk mit Ostracoden und Hydrobien erfüllt, die darin lebten oder eingeschwemmt wurden;

Mollusken-Kalk (= Schalen-Kalk) besteht aus Schalen-Anhäufungen von Ostracoden, Heliciden, Hydrobien und Mumien von Hydrobien.

Die fossilarmen Kalk-Arten teilt O. M. Reis je nach ihrem Gefüge ein: in Oolith-Kalk, Umkrustungs-Kalk, Blasen-Kalk, Sinter-Kalk und Schwemm-Kalk. Hier handelt es sich um oolithische Bildungen, Zerreibungsmassen und Schalenreste, die durch Kalkgallerte und Kalkschlamm umkrustet wurden. Dabei erhärteten häufig die äußeren Gallertmassen rascher als die inneren, so daß letztere infolge des langsameren Schwundes zerreißen mußten. Die Schwemmkalke bestehen aus verschwemmten, mergeligen und sandigen Kalkkörnchen, die sedimentiert wurden.

Nach Reis haben diese Rieskalke ihren Kalkgehalt nicht etwa aus einem sehr kohlensäurereichen Tiefenwasser bezogen, sondern teils aus den zerstäubten Kalkmassen der vulkanischen Ries-Entladung, teils aus den Grundwässern entnommen, welche die Weißjura-Massen durchflossen und dabei Gelegenheit hatten, sich mit Kalk zu sättigen.

Tertiärer Süßwasserkalk in Mittelfranken.

Nördlich vom Juragebirge liegen bei Treuchtlingen (Bubenheim) sowie zwischen Pleinfeld, Georgensgmünd und Rittersbach mehrere Vorkommen von Tertiärkalk (*Sylvana*-Stufe). Gesteinsbeschaffenheit, Fossilinhalt, sowie die wechselnde Höhenlage führen zu der Annahme, daß es sich um fossile Quelltuff-Absätze handelt, wie sie sich noch heute (allerdings in viel kleinerem Maßstab) an steiler abfallenden Jurabächen bilden, z. B. an der „steinernen Rinne" bei Rohrbach, nordwestlich von Weißenburg.

Der *Sylvana*-Kalk ist hier ein tuffiges, körniges, weißes bis gelbbraunes Gestein, in dem Landschnecken und Knochen von Landsäugetieren vorkommen. Einen Kilometer nördlich von Bubenheim sind kantige, faustgroße Weißjuratrümmer in den dichten Sinterkalk eingebacken.

Besondere Berühmtheit hat das Vorkommen am Bühl bei Georgensgmünd erlangt, das eine der reichsten Fundstätten tertiärer Landsäugetiere barg. Der Kalk bedeckte in einer Mächtigkeit von etwa 10 m die Oberfläche des dortigen Keupersandstein-Hügels. Das isolierte Kalkvorkommen mitten im Keupersandgebiet hatte seit Jahrhunderten Veranlaßurg zur Kalkbrennerei gegeben. Der Fossilreichtum wurde indessen erst vor etwa 100 Jahren bekannt. Damals erwähnte der Zoologe Cuvier in seinen „Ossements fossiles" einen Rhinoceros-Schädel von Georgensgmünd; etwas später besuchte der englische Geognost Murchison die Fundstelle und sammelte dort Knochen fürs britische Museum. 1834 gab Hermann v. Meyer im Museum Senckenbergianum (Frankfurt) einen Atlas von 14 Tafeln mit fossilen Zähnen und Knochen von Georgensgmünd

---

[1]) O. M. Reis, Zusammenfassung über die im Ries südl. von Nördlingen auftretenden Süßwasserkalke und ihre Entstehung. (Jahresber. u. Mittlgn. des Oberrhein. geol. Ver. XIV, 1925, S. 176—190.)

[2]) Die Characeen (Armleuchter-Gewächse) sind Röhren-Algen, die noch jetzt leben; sie überziehen den Boden der Gewässer in derart dichten Rasen, daß sie ihn allmählich erhöhen und trockenlegen können.

[3]) *Cladophorites* ist eine Faden-Alge mit bes. langen Fäden; sie ist am Boden festgewachsen und bildet im Wasser langgestreckte flutende Rasen.

heraus. In den Jahren 1845 bis 1850 wurde beim Bau der dortigen Eisenbahnstrecke von neuem der Kalk in großer Menge als Baumaterial gebrochen, wobei wiederum zahlreiche fossile Knochen zu tage kamen. Unter den gefundenen Landsäugetieren kam *Palaeotherium (Anchitherium) aurelianense* und *Rhinoceros (Aceratherium) incisivum* am häufigsten vor, dann *Mastodon angustidens;* seltener waren *Dicroceras furcatus, Dinotherium bavaricum* und *Hyotherium Soemmeringi.* An Landschnecken sind zu nennen (nach SANDBERGER): *Helix sylvana, coarctata; Glandina inflata; Omphalosagda alveus; Patula supracostata; Pupa subfusiformis.*

Diese mittelfränkischen Tertiärkalk-Vorkommen sind für die Erforschung der morphologischen Entwicklung der dortigen Gegend insoferne von Wert, als sie auf ein Zurückwittern des Albrandes (zwischen Treuchtlingen und Nürnberg) von 4 bis 10 km seit dem Obermiozän schließen lassen. Der Kalk der Sinter-Ablagerungen kann nämlich nur von Quellbächen abgelagert worden sein, die aus dem Weißen Jura kamen. Da sich derartige Kalkmassen nur in nächster Nähe der Quellgebiete ablagern, muß der Jurarand damals noch an die Talniederungen herangereicht haben, in denen jetzt die *Sylvana*-Kalke liegen.[1])

II. Die tertiären Ablagerungen zwischen Donauwörth und Ulm.

In der Umgebung von Ulm trifft man auf verhältnismäßig engem Raum alle tertiären Ablagerungen an, die im außeralpinen Bayern vorkommen, weshalb dieses Gebiet für die Kenntnis des südbayerischen und oberschwäbischen Tertiärs von hohem Wert ist.

Eine kürzlich erschienene Abhandlung von A. Moos[2]) enthält nicht nur eine Revision der bisherigen Forschungen, sondern klärt auch die durch die bisherigen Arbeiten noch ungelösten Fragen. Besonders unklar war noch das Verhältnis des Grimmelfinger Graupensandes und der darüber liegenden Kirchberger Schichten zu den übrigen Tertiär-Ablagerungen. Sie konnten nicht im Schichtensystem untergebracht werden. Man hatte sie als Fazies des untermiozänen Muschelsandsteins (Giengener Meeresmolasse) gedeutet oder nahm — abgesehen von tektonischen Erklärungsversuchen — Erosion durch Meeresströmungen an, als die Diskordanz an ihrer Sohle gefunden worden war. Erst Moos erkannte, daß der in die älteren Tertiär-Schichten rinnenartig eingesenkte Graupensand einer Festlandsperiode mit starker Erosion und Schuttauffüllung entspreche, worauf eine erneute Meeres-Überflutung die Kirchberger Schichten über die fluviatilen Anschwemmungen breitete. Daraus folgt, daß die Senkung und Schuttauffüllung von Oberschwaben und Südbayern kein ununterbrochener Vorgang war, sondern im Mittelmiozän lange unterbrochen wurde.

Für das Gebiet ergibt sich somit folgende Einteilung des Tertiärs:

---

[1]) GG. WAGNER, Aus der Geschichte der Altmühl (Fränkische Heimat-Schriften Nr. 2) S. 46. Nürnberg 1923. — GG. WAGNER, Über das Zurückweichen der Stufenränder in Schwaben und Franken (Jahresber. und Mitteilungen des Oberrhein. geol. Vereins XIII, 1924 S. 170—175). — L. KRUMBECK, Über neue und bekannte Tertiärvorkommen in Mittelfranken (Centralblatt für Mineralogie usw. Jahrg. 1924 Abt. B Nr. 1 S. 7—23, Nr. 2 S. 33—43).

[2]) A. Moos, Beiträge zur Geologie des Tertiärs im Gebiet zwischen Ulm und Donauwörth. Mit geol. Karte 1:200000. (Geognost. Jahreshefte Bd. 37, 1924, S. 167—252.)

Vergleich des südbayerischen Tertiärs mit demjenigen der Ulmer Gegend

nach A. Moos 1925.

Zeit	Stufe	Südbayern	Normale Ulmer Fazies	Graupensand-Rinne
Pliozän		Fluviatile Sand- und Quarzschotter-Ablagerung		
Ober-Miozän	Sarmatische Stufe	Obere Süßwassermolasse (Flinz) außerordentlich mächtig. Unten Flinz-Konglomerate mit zwischenliegendem Flinzletten	Flinz- und Pfoh-Sande größtenteils wieder verschwunden *Sylvana*-Kalk Ries-Schutt	
Mittel Miozän	Tortonische Stufe			
	Wiener Stufe (Vindobon)	Brackwasser-Schichten im Kaltenbach-Graben bei Miesbach sowie zwischen Vilshofen a. D. und Simbach a. Inn	Abtragung	Kirchberger-Schichten Grimmelfinger Graupensand in Erosionsfurche. Abtragung
Unter-Miozän	Bordeaux-Stufe (Burdigal)	Obere Meeresmolasse (Grobkörniger Muschelsandstein im Alpenvorland)	Giengener Meeresmolasse (hier wieder abgetragen) Diskordanz (Transgressions-Fläche)	
Ober-Oligozän	Aquitanische Stufe (Aquitan)	Untere Süßwasser-Molasse (obere und untere Bunte Molasse, Oberbayer. Pechkohlen-Formation)	Obere *Rugulosa*-Schichten (= Ulmer Schichten) Weitere Absenkung der Juraplatte am heutigen Donautal-Rand	
Mittel- und Unter-Oligozän		Untere Meeresmolasse	Untere *Rugulosa*-Schichten (=*Ramondi*-Schichten) Im Weißjura-Gebiet Spaltenfüllungen (Rammingen usw.)	
Eozän		Flysch und Nummuliten-Schichten	Spaltenfüllungen im Jura bei Mähringen und Bachhagel	

Das Oberoligozän.

Beginn der tertiären Überflutung. Aus Art und Verbreitung des Oberoligozäns in der Ulmer Gegend ergibt sich nach Moos folgendes: Nachdem das dortige Weißjura-Gebiet in der Kreidezeit und im Alttertiär hauptsächlich unter dem Einfluß der Roterde-Verwitterung gelegen war, erfolgte in der Aquitan-Zeit im Zusammenhang mit der alpinen Auffaltung eine Einsenkung Oberschwabens und Südbayerns. Sie reichte bis an den heutigen Jurarand nördlich der Donau, wo die Juraplatte gegen Süden absank, z. T. auch abbrach. Das absinkende Land wurde von Süßwasser überflutet; es entstanden flache Seen, an deren Grund sich Süßwasserkalk und Mergel anhäuften (Ulmer Schichten). Das Material hiezu kam hauptsächlich aus dem nicht überfluteten Teil des Jura. In den untersten Lagen der Seebildung trifft man verkitteten jurasischen Verwitterungsschutt, eingeschwemmte Bachgeschiebe aus Juragestein und Bohnerzkörner. Die weitere Senkung des Seegrundes ließ immer mehr das Relief der alten Jura-Oberfläche unter den bis zu 100 m anwachsenden Ulmer Schichten verschwinden. Flüsse brachten aus dem sich emporfaltenden Alpengebirge feinen Glimmersand und aus dem Juragebiet Roterde als feinste Trübe. Der reiche Pflanzenbestand der Uferzone lieferte teils die Humusstoffe, mit denen die Mergelschichten durchsetzt sind, teils die Pflanzenstengel zu den Pflanzenkalken. Die Kleintierwelt gab neben den Muschel- und Schneckenschalen den Stoff für die Faulschlamm-Mergel und -Kalke. So entstanden die

Ulmer Schichten (obere Hälfte der *Rugulosa*-Schichten). Die älteren *Rugulosa*-Schichten (mit *Helix Ramondi*) kommen erst weiter im SW., bei Ehingen a. D. vor. Die Ulmer Schichten nehmen einen rd. 10 km breiten Streifen auf dem Südrande der Albplatte von Ehingen an, über Ulm und Langenau bis Untermödlingen

(4 km nordöstlich von Gundelfingen) ein. Sie liegen diskordant auf dem unregelmäßig ausgefurchten und verkarsteten Weißjura-Untergrund.

Über dem Grundkonglomerat folgen Sande, Mergel und Mergeltone mit Kalkbänken. Letztere sind jeweils nur wenige Meter mächtig. Der Kalk ist körnig, zerklüftet und ebenso wie der Mergel bituminös. Beide sind reich an Land- und Süßwasserschnecken[1]): *Helix rugulosa*, *Galactochilus inflexus*, *Limnaea subovata*, *Omphalosagda subrugulosa*, *Planorbis cornu*. Säugetierreste kommen vor von *Aceratherium*, *Diceratherium* und *Caenotherium*. Die Pflanzenkalke (am Hochsträß bei Dietingen) zeigen Umkrustungen von Pflanzenstengeln und Hölzern durch bräunliche Kalksinterlagen. Die Mächtigkeit beträgt längs der Höhenfront Ulm—Talfingen—Elchingen etwa 80 m und keilt von da gegen NW. aus; östlich von Langenau beträgt sie nur noch 5 bis 11 m

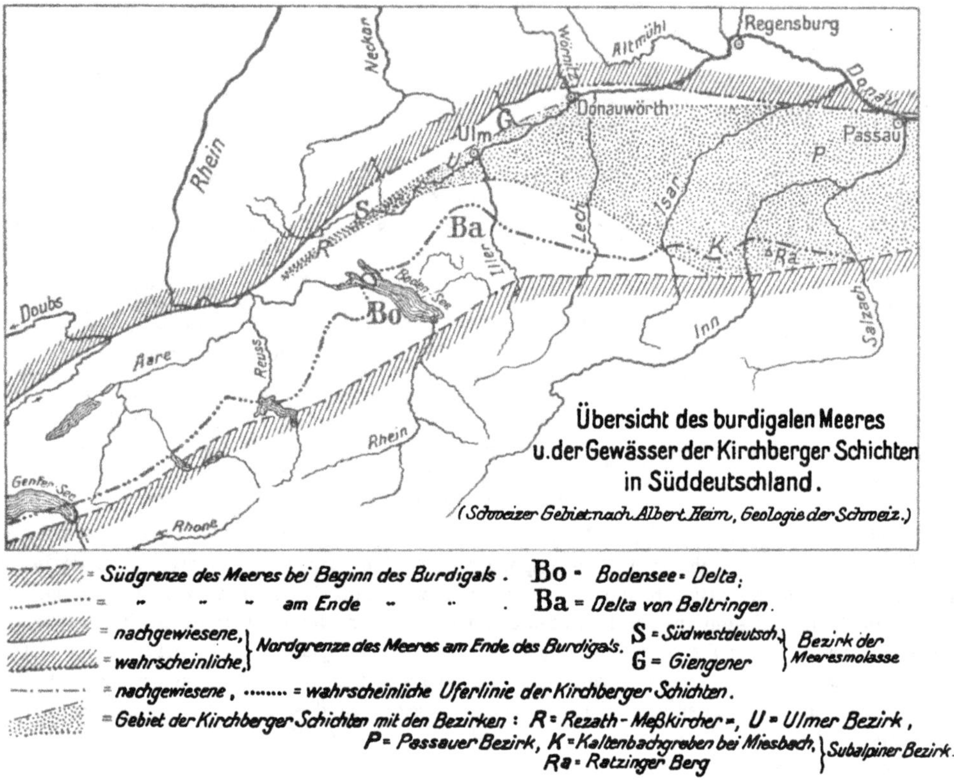

Abb. 16.

Verbreitung des burdigalen Meeres (Untermiocän)

nach A. Moos 1925.

[1]) Beschreibung der Fauna findet sich bei: W. Wenz, Die Thalfinger Schichten der schwäbischen *Rugulosa*-Kalke usw. (Jahresber. des Oberrhein. geol. Ver. Bd. VII, 1918, S. 6—29). „Thalfinger Schichten" (= Ulmer Schichten) nennt Wenz die äußerste Randfazies der oberen *Rugulosa*-Schichten, die im pflanzenbedeckten Vorland des Süßwassersees entstand, wo einzelne Wasserläufe das feine Verwitterungsmaterial aus dem Jura zusammen mit den Mollusken und Säugetierresten in kleinere, zeitweilig austrocknende Seen einschwemmten. Weiter südwärts, am Seestrand und in der Uferzone entstanden gleichzeitig die Öpfinger Schichten und im eigentlichen Süßwassersee die unteren Süßwassersande.

Das Miozän.

Zu Beginn der Miozänzeit (Burdigal) veranlaßte eine Erdkrustenbewegung, die mit der Alpenfaltung im Zusammenhang stand, einen Meereseinbruch aus SW. Das Meer, das in der Aquitan-Zeit nur eine schmale Rinne in der Schweiz am Nordrande der Alpen erfüllt hatte, drang in den sinkenden Landstrich ein, überflutete das Schweizer Mittelland, die schwäbisch-oberbayerische Hochebene und Oberösterreich bis in die Gegend von Wien. Das Becken vertiefte sich allmählich weiter gegen Norden zu, während es im Süden durch den Schutt (Delta-Aufschüttungen), den die Alpenflüsse aus dem jungen Gebirge herausbrachten, zugefüllt wurde und verlandete. Der letzte Rest des Molassemeeres war ein schmaler Arm längs der heutigen Donau-Niederung (vgl. Kartenskizze S. 100).

Der untermiozäne Meeressand (= burdigale Meeresmolasse). Das genannte burdigale (untermiozäne) Meer hat für uns dadurch besonderes Interesse, daß seine nördliche Küste sowohl zwischen Ulm und Donauwörth wie weiter im Osten bei Passau in ganz auffallender Weise erhalten ist. Unmittelbar auf Jurakalk liegen grobkörnige Sandsteine mit massenhaft eingebackenen Schalen und Steinkernen von dickschaligen Ostreen (Austern), Pectiniden, Cardien, Turritellen und Balanen, ferner mit Haifischzähnen sowie mit Strandgeröllen aus Weißjura ε und ζ. Die Juraoberfläche ist als fossiler Meeresboden von Bohrmuscheln durchlöchert. Zahllose keulenförmige kleine und große, bis 7 cm tiefe Bohrlöcher sind erfüllt mit glaukonitischem Meeressand voll Foraminiferen.

Die fossile Meeresküste ist außerdem noch durch eine etwa 70 m hohe Klifflinie (Steilküste bemerkenswert, die von Temmenhausen (14 km nordwestlich von Ulm) im NO-Richtung über Weidenstetten, Altheim, Heldenfingen und Staufen bis Dischingen deutlich im Gelände hervortritt, indem die spätere Denudation die ihr einst vorgelagerte 70 m mächtige Decke von Meeressand und *Sylvana*-Schichten entfernt und so den alten Meeresboden mit seinen Uferböschungen wieder herauspräpariert hat.

Reste der alten Meeresküste mit den zerfressenen Weißjurakalken sind zwischen Giengen und Donauwörth aufgeschlossen: bei Staufen—Altenberg (nordöstlich von Giengen), bei Dischingen, bei Burgmagerbein (4 km nördlich von Bissingen); das östlichste Vorkommen fand J. Schröder[1]) bei Ebermergen a. Wörnitz (4 km südlich von Harburg).

Östlich von Giengen bis über Donauwörth hinaus ist die Küstenlinie mit dem Meeressand und den darüber liegenden *Sylvana*-Schichten auf weite Strecken verschüttet durch die aus dem Ries herausgeschleuderten Schuttmassen (Weißjura-Gries und Bunte Bresche).[2]) Östlich von Donauwörth scheint die Küstenlinie nach OSO. umzubiegen, um erst wieder in der Gegend von Vilshofen a. Donau und Passau zu erscheinen (vgl. Abteilung III Seite 45).

Der Meeressand ist grüngelb, Hauptbestandteil sind eckige Quarzkörnchen, daneben Feldspat- und Glaukonitkörnchen. Ton- und Kalkgehalt sind verhältnis-

---

[1]) Joachim Schröder, Ausflug nach Kleinsorheim und Harburg (Jahresber. und Mittlgn. des Oberrhein. geol. Vereines, Bd. XIV, 1925).

[2]) Das mit Riesschutt überdeckte Juragebiet zwischen dem Egau-Tal (nördlich von Dillingen) und der Wörnitz nennt bereits R. v. Kern-Kernried (Die Donau-Korrektion, Dillingen 1874) sehr treffend „Rieshalden".

In letzter Zeit fanden diese Rieshalden eine eingehende Beschreibung durch August Moos, Die Trümmerhöhen im südlichen Vorries und ihre Bedeutung für das Ries-Problem. (Jahresber. und Mittlgn. des Oberrhein. geol. Ver. Bd. XIV, 1925 S. 99—147). Ebendort (S. 148—175) bespricht auch W. Kranz das Problem der Rieshalden in der Umgebung von Giengen a. Brenz.

mäßig hoch. Durch Kalk verkittete Lagen ragen in den Aufschlüssen gesimsartig aus den lockeren Lagen hervor. Die feineren Sande sind reich an Glimmerschüppchen. Der Fossilgehalt ist am reichsten an der Küstenlinie, die Feinsande sind fossilarm. Die wichtigsten Fossilien sind: *Ostrea crassissima, edulis, giengensis; Aequipecten, Arca Fichteli, Balanus pictus*, ferner Zähne und Wirbel von Fischen *(Oxyrhina, Lamna* und *Chrysophrys)*.

Mächtigkeit und Ausdehnung. Der Meeressand ist kaum noch irgendwo in seiner ursprünglichen Mächtigkeit, die 70 m betragen haben dürfte, erhalten, da er nach seiner Trockenlegung im Mittelmiozän zum Teil wieder abgetragen wurde. Heutige Mächtigkeit bei Langenau 20 m, zwischen Brenz und Wörnitz 40—50 m. Das Liegende ist östlich der Brenz der ungestörte Weißjura, meist ζ, seltener ε; nur bei Untermödlingen (nördlich von Dillingen) sind es die Ulmer Schichten. Über dem Meeressand liegen hier Mergel und Kalke der *Sylvana*-Schichten sowie die erwähnten Massen von Riesschutt.

Die nördliche Grenze ist durch die beschriebene Strandlinie gegeben; gegen S. überschreitet der Meeressand die Donauniederung (Ulm-Niederstotzigen-Donauwörth) nicht mehr, da er weiter südlich durch die sogleich zu nennende mittelmiozäne Abtragung entfernt wurde.

Grimmelfinger Graupensand und Kirchberger Schichten (Mittel-Miozän) füllen (nach A. Moos) eine verhältnismäßig schmale Erosionsfurche in den bisher besprochenen älteren Tertiärschichten aus, die sich vom Bodenseegebiet (bzw. vom Hegau) über Ulm bis Dillingen verfolgen läßt (vgl. Profil Abb. 21 S. 121).

Daraus ist zu entnehmen, daß nach Ablagerung der Meeresmolasse der Meeresboden emporgepreßt wurde und eine Trockenlegung des Landes erfolgte. An der heutigen Donaulinie blieb als letzter Rest des Meeres zunächst noch ein schmaler Meeresarm. Nach seiner Trockenlegung tiefte sich in seinen Boden ein mächtiger Fluß ein, dessen Erosionsfurche von Schaffhausen über Zwiefalten, Ehingen und Grimmelfingen bei Ulm bis in die Dillinger Gegend nachzuweisen ist (vgl. die Kartenskizze Seite 100). Der Fluß kam somit aus den Schweizer Alpen über das Bodenseegebiet und mündete in der Passauer Gegend in das Schliermeer. Als die Erosionsphase beendet war, wurde die Talfurche mit fluviatilen Sanden und Quarzschottern (Grimmelfinger Graupensand) erfüllt, die teils der umgebenden Meeresmolasse entstammten, größeren Teils jedoch den alpinen Nagelfluhen und Quarzschottern entnommen worden waren. Dann kam von Osten her die neue Meeresüberflutung, welche die Kirchberger Schichten mit ihrer Cardien-reichen Brackwasserfauna ablagerte. Der Flußlauf mündete nun schon in der Ulmer Gegend in einen brackischen Meeresarm, der in Oberbayern bereits eine Breite von 80 km hatte und in der Passauer Gegend den ganzen Raum zwischen Bayerischem Wald und den Alpen ausfüllte. Von dort zog er sich über Ober- und Nieder-Österreich bis ins Wiener alpine Becken, wo die *Oncophora*- und Grunder Schichten abgelagert wurden. Die Dauer der brackischen Ablagerung war gering. Es wurde wohl bald der Zusammenhang mit dem Meer im inneralpinen Wiener Becken unterbrochen und so süßte sich das Nebenmeer völlig aus, wie dies mit allen Übergängen bei Unter- und Oberkirchberg, bei Günzburg und am Hochsträß bei Ulm zu beobachten ist. Die Paludinen-Sande, die Cardien- und Dreissensien-Schichten gehen in Fischmergeltone und Hydrobien-Schichten über, die in schwach gesalzenem Wasser abgesetzt wurden. Darüber folgen die Bythinien-Schichten mit einer Fauna von Süßwassermuscheln und -Schnecken und schließlich liegen obenauf die eingeschwemmten Landschnecken des *Sylvana*-Horizontes.

Gesteinsbeschaffenheit. Der Grimmelfinger Graupensand fällt als kalkfreie Ablagerung mitten zwischen kalkreichen Schichten auf. Er besteht aus Quarzschottern, Kiesen und Sanden von Haselnußgröße bis zu feinem Glimmersand. Bestandteile: meist weißer Quarz, seltener sind graue, braune und schwarze Hornsteine, Feldspatstückchen und Glimmerschieferbröckchen. Die grobkörnigen Schichten der Ablagerung gleichen auffallend den obermiozänen, also jüngeren, oberbayerischen Quarzschottern der Gegend zwischen Ingolstadt, München und Landshut. Der rd. 80 km lange Graupensandstreifen ist nirgends über 6 km breit, die Mächtigkeit beträgt 15 bis 25 m in der Rinnenmitte und läuft gegen die seitlichen Ränder hin aus.

Die **Kirchberger Schichten** sind benannt nach den Orten Ober- und Unterkirchberg bei Ulm.[1]) Sie entsprechen den brackischen Schichten (= *Oncophora*-Schichten, Mittleres Vindobon) im südöstlichen Niederbayern und in Österreich. Es sind vorwiegend graue Mergeltone, zum Teil bituminös, daneben helle Mergelkalke, Sande und Sandsteine; Mächtigkeit rund 30 m. Sie sind am schönsten am Illerufer bei Kirchberg zu sehen, stellenweise auch am untersten Teil des Steilrandes der Donauniederung bei Leipheim, Günzburg und Offingen. Einteilung von oben nach unten nach W. Kranz.[2])

	Hangendes:	**Flinzsand** (= Pfohsand, Zapfensand).
Tortonische Stufe	2,50 m	***Sylvana*-Schicht,** dunkler, glimmeriger Tonmergel, unten mit Steinmergel-Bänken. *Helix sylvana, Limnaeus dilatatus, Planorbis cornu, Ancylus depertitus, Unio.* Knochen von Krokodilen und Säugetieren.
	5—8 m	**Bythinien-Schicht,** Ton- und Mergelschichten mit hellen Kalkbänken. Schneckenfauna wie vorher, dazu: *Bythinia gracilis, B. ovata,* viele *Bythinia*-Deckel.
Vindebon-Stufe = Kirchberger Schichten	2,50 m	**Hydrobien-Schicht,** Tonmergel mit hellen Mergelkalkbänken. *Hydrobia semiconvexa, Unio Eseri.*
	1,50—3 m	**Fisch-Schiefer,** schiefriger Tonmergel mit Steinmergel- und Kalkstein-Einlagerungen. Stellenweise gut erhaltene Skelette von Brackwasserfischen, besonders von Heringen.
		Dreissensien- und Cardien-Schicht, fossilreiche tonig-sandige Schichten *(Dreissensia amygdaloides, Dr. claviformis, Cardium sociale, C. solitarium;* Fische, Insekten, Blatt-Abdrücke). Eingelagert ist stellenweise fossilleerer Flußsand, bis 10 m mächtig.
	5—7 m	**Paludinen-Sand,** feiner Glimmersand mit *Paludina varicosa, Oncophora Partschi, Unio Escheri.*
		Paludinen-Sandstein, feinkörniger Kalksandstein mit Knochen von Krokodilen, großen Schildkröten und Säugetieren *(Aceratherium, Anchitherium, Dicrocerus, Felis)*; nur bei Iller-Niederwasser zugänglich.
	Liegendes:	**Graupensand.**

***Sylvana*-Schichten.** Die typischen *Sylvana*-Kalke kommen nur nördlich der Donau vor, während südlich davon die Hunderte von Metern mächtige *Sylvana*-Stufe der schwäbisch-oberbayerischen Hochebene (Obere Süßwassermolasse, Flinz) nur aus glimmerreichen Mergeln und Mergelsanden mit Quarzgeröllen besteht Die *Sylvana*-Kalke wurden im Weißjura-Gebiet in einzelnen isolierten Becken zusammen mit grünlichem Kalkmergel abgelagert. Es sind helle, poröse, körnige Süßwasserkalke, etwa 30 m mächtig, mit Land- und Süßwasserschnecken *(Helix*

[1]) Zufälligerweise liegt auch 2 km nördlich von Simbach am Inn ein Dorf Kirchberg im gleichen geologischen Niveau (brackischer *Oncophora*-Sand = Kirchberger Schicht); es hat in seiner Umgebung gute fossilreiche Aufschlüsse.

[2]) Walter Kranz, Stratigraphie und Alter der Ablagerungen bei Unter- und Oberkirchberg s. von Ulm (Centralblatt für Mineralogie usw. 1904 S. 533 ff.)

sylvana, giengensis, incrassata; Limnaeus dilatatus, Planorbis cornu). Die Schneckenschalen darin haben rezentes Aussehen, sind wenig verändert und nur gebleicht, im Gegensatz zu den ähnlich aussehenden *Rugulosa*-Kalken, wo die Schalen in festen Kalzit umgewandelt sind.

Möglicherweise gehören diese *Sylvana*-Kalke noch der tortonischen Stufe (oberes Mittelmiozän) an, die an der Sohle der schwäbisch-oberbayerischen Süßwassermolasse (Flinz) liegen dürfte. Während das Juragebiet im Obermiozän Festland war, senkte sich der Boden südlich der Donau noch andauernd, so daß fortwährend glimmerige Flinzmassen zur Ablagerung kommen konnten, die nunmehr den tiefen Senkungsraum erfüllen (Sarmatische Stufe).

Pliozäne Quarzschotter. Als letztes tertiäres Sediment liegen in der Ulmer Gegend noch faustgroße Quarzschotter über den älteren Tertiär-Schichten, die vorwiegend aus alpinen Gesteinen bestehen und ihre Größe und weite Verbreitung den tektonischen Vorgängen verdanken, die im Altpliozän (Pontische Stufe) in den Alpen die letzte Gebirgserhebung veranlaßt hatten.

III. Das Tertiär südlich der Donau.

Südlich der Donau liegt die weite Tertiär- und Diluvial-Landschaft mit ihren großen Talweitungen. Ihr Fundament ist überall tertiäre Molasse: Flinzletten und Flinzsand. Der südliche Teil ist durch die mächtigen diluvialen Schuttmassen (Moränen und Schotterfelder) bedeckt. Der nordwestliche Teil, mit dem wir uns hier zu beschäftigen haben, trägt eine ebene jedoch vielfach zerschnittene Schotterdecke mit dickem Verwitterungslehm (älterer Deckenschotter Pencks). Ostwärts davon, d. h. östlich der Linie Mering—Augsburg—Neuburg a. D., tritt das Tertiär weithin frei zutage in der tertiären Hügellandschaft. In den größeren Flußtälern, die südwärts bis über den Moränenrand zurückgreifen, liegen breite jungdiluviale Schotterfelder (Niederterrassen). Das Donautal ist mit breiten Schotter-

Stufe	Mächtigkeit	Schicht
Dil.		Diluvial-Lehm und älterer Diluvial-Schotter (mehrere Meter) bilden das Plateau von Reisensburg—Günzburg.
Sarmat.	3 m	**Oberer Pflanzenmergel,** bunter Letten mit Blatt-Abdrücken u. Fisch-Resten.
	12 m	**Flinzsand** (Pfohsand), eisenschüssig, mit Pflanzen-Abdrücken der Öninger Flora.
Tortonische Stufe	0.12—0,25 m	***Sylvana*-Schicht,** eisenschüssiges Konglomerat aus Lehm, Sand und Kalk mit Land- und Süßwasserschnecken (*Helix sylvana, Planorbis cornu, Limnaeus dilatatus, Bythinia ovata, B gracilis)* und mit Knochenresten von *Mastodon, Dorcatherium, Palaeomeryx.*
	10—14 m	**Bythinien-Schicht,** tonig-mergelige Sandschichten mit den gleichen Schnecken, außerdem mit vielen *Bythinia*-Deckeln, *Hydrobia semiconvexa* und Unionen, sowie mit Knochen mittelmiozäner Arten vom Hirsch, Rhinoceros, Mastodon, Schwein, Tapir und Krokodil. Blatt-Abdrücke häufig, besonders von *Cinnamomum.* (Auch bei Landstrost aufgeschlossen.)
Vindobon. (Kirchb. Sch.)	Liegendes:	**Hydrobien- und Fisch-Schichten,** harter Mergel und Steinmergel mit *Hydrobia semiconvexa,* sowie schiefrig-sandige Mergel mit *Bythinia, Neritina, Melanopsis* und mit Fisch-Resten (am untersten Teil der Hänge, z. B. an der Günz-Mündung).

Tertiär-Profil der Gegend von Günzburg (nach W. Kranz).

rändern umsäumt; an seine Südseite schließen sich drei große Ebenen an, die zum Teil mit Moorgründen bedeckt sind (zwischen Ulm und Rain, Neuburg und Abensberg, Regensburg und Osterhofen).

Die Unterlage der Flinz-Schichten am südlichen Donau-Talrand.

Ähnlich wie im Süden von Ulm (Kirchberg) kommen am Donau-Talrand bei Leipheim, Günzburg, Reisensburg und Landstrost noch die brackischen Mittelmiozän-Schichten unter dem obermiozänen Flinz heraus; ihre tieferen Lagen sind vom Donau-Alluvium bedeckt (vgl. Profil S. 121). W. Kranz hat eingehend das Reisensburger Profil beschrieben (Seite 103 Anm. 2). Eine Zusammenfassung seiner Aufstellung ergibt vorstehende Tabelle auf S. 104.

Die obermiozäne Süßwassermolasse.

Dem in kleineren Süßwasserbecken abgelagerten *Sylvana*-Kalk nördlich der Donau entspricht der gelbgrünliche, feinkörnige, glimmerreiche Flinz südlich der Donau. Während im Obermiozän in jenem nördlichen Gebiet Festland lag, war der Süden andauernd ein großer Senkungsraum, der mit feinzerriebenen alpinen Schuttmassen erfüllt wurde, die stellenweise bis 500 m mächtig sein mögen.

Bereits an den Steilgehängen am südlichen Donautalrand (Leipheim—Günzburg—Offingen) liegen diese obermiozänen sandig-mergeligen Flinzschichten über den brackischen Kirchberger Schichten. Von hier bis an den Voralpenrand (Kempten—Tölz) besteht der Boden des 80 bis 150 km breiten Gebietes aus diesen einförmigen Flinzschichten, soweit er nicht durch diluviale und alluviale Schuttmassen verdeckt ist.

Erst nahe am Alpenrand kommt die Unterlage, die Obere Meeresmolasse, wieder zutage; sie ist z. B. am Isarufer unterhalb von Tölz, zwischen Rimselrain und Hechenberg, aufgeschlossen. Hier liegen über der mittelmiozänen Meeresmolasse (fossilhaltiger grauer Sandstein) zunächst Konglomeratbänke mit Geröll-Eindrücken (Grenzzone), darüber beginnt dann der gelbgrüne Flinzletten.[1])

Das ganze hügelige und flache Land nördlich davon besteht — soweit es nicht glaziale Schuttmassen trägt — aus grünlich-grauen glimmerreichen Sanden und Mergeln. Sie liegen auch im Untergrunde der Moränengebiete sowie der diluvialen und alluvialen Schotterfelder. Zuweilen kommen im Flinz Geröll- und Konglomeratlagen vor, manchmal (z. B. im Illergebiet) sind einzelne Flinzsand-Lagen zu Bänken verfestigt oder lokal zu zapfenartigen Gebilden verkittet.

Die Quarzgerölle entstammen den härtesten Alpengesteinen; die Hauptmasse sind weiße Quarze aus den Quarzgängen und Linsen der kristallinen Schiefer und des Flysches; viel seltener sind bunte und dunkle Quarzgesteine: rote Werfener Sandsteine, Verrucano, Hornblendeschiefer, Diorit, roter Felsitporphyr und schwarzer Augitporphyr.

Die ganze Ablagerung ist arm an Fossilien; am meisten noch liefern hie und da die lockeren Sande, besonders aber die im Flinzletten eingelagerten Sandlinsen, Funde von *Helix sylvana*, *Melania Escheri*, *Unio flabellatus*, sowie Reste von Schildkröten; gelegentlich wurden darin auch Reste von Säugetieren[2]) gefunden (Zähne von *Mastodon angustidens* und Knochen von *Dinotherium bavaricum*).

---

[1]) C. W. v. Gümbel und L. v. Ammon, Das Isarprofil durch die Molasseschichten nördlich von Tölz (Geogn. Jahresh. X, 1897 S. 1—23).

[2]) Eine Übersicht über die Säugetierfauna des bayerisch-schwäbischen Flinzes gibt M. Schlosser, Beiträge zur Kenntnis der Säugetierreste aus den süddeutschen Bohnerzen (Geol. und pal. Abhdlgn. von Koken V, 3, Jena 1902, S. 135).

IV. Vulkanische Bildungen.

Das Nördlinger Ries.

Von Dr. MATTHEUS SCHUSTER.

Der ansehnliche Kessel des Rieses, der NW. von Donauwörth in den Zug des schwäbisch-fränkischen Juras eingesenkt ist, gehört zu den eigenartigsten Bildungen Deutschlands, ja Europas. Bei einem Durchmesser von über 20 km und einem Flächeninhalt von rund 380 qkm tritt die annähernd kreisförmige Durchbrechung des Juras durch ihn auf einer geologischen Karte auffällig in Erscheinung. Schon vor über 100 Jahren erkannte der erste bayerische Geologe MATTHIAS FLURL (1805) die vulkanische Natur des Rieses. — Gleicher Entstehung sind das im SW. benachbarte Becken von Steinheim, die Uracher zahlreichen Schlotdurchbrüche und die Basalt- und Phonolithberge im Hegau, im Norden von Bodensee, außerhalb unseres Gebietes.

Die besonderen Umstände seiner zur Obermiozänzeit erfolgten Bildung und die verwirrenden geologischen Verhältnisse des Kessels und seiner engeren und weiteren Umgebung (des „Vorrieses") rechtfertigen eine eigene kurze Darstellung.

Ganz auffällig, offenbar gesetzmäßig, nimmt vom Hegau bis zum Ries die Ausspeiung von Lavagesteinen ab und macht der Explosion von Gasen und Dämpfen Platz, die in der Aussprengung des Rieskessels das gewaltigste Maß erreichte und sich hier erschöpfte.[1])

Der Kessel des Rieses wird umgeben von einem durchschnittlich 5—10 km breiten, aber ausgelappten wahren Riesenschuttfeld von Gesteinstrümmern des Keupers, Juras und des kristallinischen Grundgebirges (Gneise, Granite und verwandte Gesteine). Die Größe der Trümmer geht vom Riesenhaften bis zur Staubfeinheit. Oft liegen sie in rotem oder schwarzem Ton eingebettet („Bunte Riesbresche"). In diesem Durcheinander von Gesteinstrümmern treten besonders am West- und Nordaußenrand des Rieses noch größere zusammenhängende Schollen auf, die auf einem fremden Schichtensockel aufruhen und auf diesem emporgeschoben oder hinaufgeworfen erscheinen.[2])

Das Grundgebirge, dessen Trümmer im ganzen Vorries zerstreut sind, taucht im Rieskessel vor allem an dessen südöstlichen, südlichen und westlichen Rande in größerer Verbreitung inselartig aus der jüngeren Bedeckung heraus, zusammen mit unnormal an- oder überlagernden Jura- und Keuperschichten und bekrönt von jungmiozänen Süßwasserkalken. Es findet sich hierbei 300—500 m aus seiner normalen Tiefenlage in die Höhe des Marmor- oder plumpen Felsenkalks des oberen weißen Juras heraufgerückt.

Das von H. THÜRACH gezeichnete Geologische Übersichtskärtchen des Rieskessels auf S. 107 gewährt, obzwar aus älterer Zeit stammend, einen im wesentlichen noch heute gültigen Überblick über die geologischen Verhältnisse.

---

[1]) Erst weiter im Norden, 18 km östlich von Bamberg, bei Oberleinleiter (Abt. VI), tritt im Juraverlauf wieder ein langgestreckter Basaltgang auf, ein Ausläufer des Gebietes zahlreicher vulkanischer Durchbrüche in dem Landstrich von der Rhön über das Grabfeld zum Fichtelgebirge (Abt. V).

[2]) Auf der geologischen Karte (Blatt IV) sind diese Schollen mit dem Zeichen der vulkanischen Überschiebung versehen.

GEOLOGISCHE ÜBERSICHTS-KARTE DES RIESKESSELS.

Maafsstab: 1: 250000 1 ½ 0 1 2 3 4 5 6 7 8 9 10 Kilometer.

g	v	k	l	d
Urgebirgs Gesteine.	*Vulkanischer Tuff.*	*Keuper.*	*Lias.*	*Dogger.*
m	**t**	**q**	**tf**	**a**
Malm (Jura).	*Tertiärschichten.*	*Quartär (Sand, Geröll und Löfs).*	*Torf.*	*Recente Bildungen.*

Entw. u. gez. von *H. Thürach.*

Die ursprüngliche Annahme eines das Ries — unter den jüngeren Bedeckungsgebilden — ganz ausfüllenden Grundgebirgspfropfens hat seit der von Dr. L. Reuter zielbewußt geleiteten Tiefbohrung am Marienberg bei Nördlingen (1911) einen starken Stoß erlitten. Denn nach dem Bohrergebnisse ruht das scheinbar in die Tiefe setzende Dioritgestein[1]), aus dem der Sockel des Hügels besteht, als ein Klotz auf dem Burgsandstein des Keupers, der wahrscheinlich auch nur eine Fremdscholle darstellt.

So können auch die anderen Grundgebirgserhebungen im Ries lediglich wurzellose Schollen in der Kesselausfüllung des Rieses sein, ähnlich wie es die vereinzelten großen verstürzten Juraschollen im Ries sind (Hünheim, Balgheim).[2])

Das Innere des Rieskessels bilden heute obermiozäne Kalk- und Tonabsätze mit eingeschalteten, schwefelkiesreichen Braunkohlenflözen, die vergebliche Abbauversuche hervorriefen; sie sind westlich der den Kessel durchziehenden Wörnitz mit diluvialem Lehm bedeckt, östlich davon von Sand (stellenweise mächtigen Dünensand überlagert).[3]) Aus ihnen ragen, wie Inseln aus dem Wasser, einzelne Schollenberge heraus. Sie sind in der Regel (Wallersteiner Schloßberg, Hügel zwischen Nördlingen und Ederheim, Spitzberg, Allersberg, Wenneberg u. a.) von Sinterkalkablagerungen bedeckt, die obermiozänen Alters sind und eine Unzahl Schnecken und Reste von Vögeln, kleinen Säugern u. a. m. einschließen. Das grobporige Gefüge dieser Kalke deutet auf ihre Entstehung unter Mitwirkung von Kohlensäure hin und man darf sie wohl als Absätze heißer oder doch warmer kalkreicher Quellen auffassen, die im Anschluß an die Riesbildung an dessen Rändern und an den Schollenbergen in die Höhe drangen. (Siehe auch S. 96).

So steht der Geologe Schritt und Tritt vor Rätseln. Noch immer ist die Frage im Vordergrund des Interesses: Wie ist der Rieskessel entstanden?

Es scheint, daß die Lösung der Mechanik der Kesselbildung in der Annahme einer vulkanischen Heraussprengung liegt. Der von Eduard Suess (1903) zuerst geäußerte Gedanke einer Wasserdampfexplosion im Ries wurde 1908 von dem damaligen Pionierhauptmann und jetzigen württ. Landesgeologen Dr. W. Kranz[4]) geschickt aufgenommen und bis heute lebhaft verfochten.

[1]) Die chemische Zusammensetzung dieses Diorit-Gesteins ist nach Dr. ing. Karl F. Schuster: Kieselsäure 55,77 %, Titansäure 1,61, Tonerde 17,30, Eisenoxyd 2,35, Eisenoxydul 1,98, Manganoxydul (Spur), Kalk 6,37, Magnesia 1,16, Wasser (105°) 1,37, Wasser (über 105°) 4,33, Kohlensäure 1,40, Kali 3,74, Natron 2,61, Summe: 99,99 %.

[2]) Den großen Gesteinsschollen im Ries und Vorries wurde auf der geologischen Karte — nicht ganz richtig — die Buchstabenbezeichnung für anstehendes Gestein gegeben.

[3]) Diese merkwürdige Zweiteilung der diluvialen Bedeckung des Rieses durch die Wörnitz fand bisher noch keine Erklärung. Ich bin der Überzeugung, daß das Sandfeld ein altes Talbett der Wörnitz darstellt, die ehedem am Ostrand des Rieskessels — von Oettingen über Wemding zum Durchbruch bei Großsorheim floß — und in ihrem Drängen nach Westen den mitgeführten Sand auf ihrem alten Talbett hinterließ. Heute noch erinnern die großen Alluvionen der Nebenbäche der Wörnitz südöstlich von Oettingen und westlich von Wemding an deren altes Bett. (Vgl. die Karte). Bei weiterem Andrängen der Wörnitz gegen Westen zu, das unserem Auge nicht wahrnehmbar ist, wird der fruchtbare Lehmbereich zwischen Wörnitz und Nördlingen in das Sandfeld des Wörnitz-Ostufers verwandelt werden. — Der Vorgang erinnert durchaus an die Bildung des großen Sandfeldes am Ostufer des Mains zwischen Schweinfurt und Marktbreit, dessen Entstehung zu einem Teil auf den nach Westen drängenden Main zur Jungdiluvialzeit zurückzuführen ist. Vgl. M. Schuster, Abt. VI und „Aufbau und Geschichte der Landschaft um den mittleren Main", Zeitschrift Fränkische Heimat, Nürnberg, 1925 (Sonderabdruck: Heft 2 der Veröffentl. der Ges f. bay. Landeskunde, München). Eine genaue Untersuchung der Erscheinung im Rieskessel wäre eine dankbare Aufgabe für angehende Geologen oder Geographen.

[4]) W. Kranz, Der geologische Aufbau und Werdegang des Rieses, im „Rieser Heimatbuch", München, Beck, 1922. Eine gedrängte, gemeinverständliche Darstellung mit zahlreichen Schriftenangaben für Geologen.

Die KRANZ'sche Sprengtheorie trat an Stelle der Annahme eines alten Riesgletschers (DEFFNER 1870 und KOKEN, 1900), eines Riesvulkans (GÜMBEL, 1870), eines Riesberges mit einem Lakkolithkern[1]) (BRANCO und FRAAS, 1900), desgleichen, vereinigt mit einer großen Kontaktexplosion (BRANCO, 1903). Nach KRANZ ist das Ries das Ergebnis einer großen Wasserdampfexplosion beim Auftreffen von großen Tiefen- und Oberfächenwassermengen auf einen Lavaschmelzfluß in der (geringen) Grundgebirgstiefe. Die Explosion hatte die Wirkung einer überladenen Mine und schuf vor allem im Osten, Westen und Süden ein großes Trümmerfeld, während sie sich nach Norden zu auch in Überschiebungen großer Gesteinsschollen auf das Vorland äußerte.

Um die weiter hinten zu besprechenden vulkanischen Tuffvorkommen in der Umgebung des Rieses zu erklären, die ohne Zweifel mit dem Riesereignis zusammenhängen, benötigte bisher KRANZ — im Ries sowohl wie beim benachbarten ähnlichen Steinheimer Becken — einen zweiten tieferen Lavaherd, aus dem die Tuffe sich ableiten. Diese offenbare Schwäche in der Theorie von KRANZ suchen R. LOEFFLER und M. SCHUSTER dadurch zu umgehen, daß sie — unabhängig voneinander und zu gleicher Zeit — als treibende Kraft des Sprengschlages hochgespannte Gase annehmen, die beim Aufstieg eines basischen Schmelzflusses im Grundgebirge durch dessen teilweise Einschmelzung in großer Menge frei wurden.[2]) LOEFFLER[3]) und SCHUSTER berechnen die ausgesprengten Massen zu 50—80 Raumkilometer, SCHUSTER gibt — bei einer Einschmelzung einer Grundgebirgsschale von nur 20 m Dicke — die Menge der im überkritischen Zustande befindlichen Gase zu 24 Raumkilometern an, welche die dünne Wand zwischen dem gasbeladenen Schmelzfluß und der Jurahochfläche an der Stelle des Rieses durchschlugen.

Dieser Vorstellung hat sich für das Ries in neuester Zeit auch W. KRANZ[4]) angeschlossen. Die aus der Einschmelzungszone und aus dem tieferen basischen Magma stammenden, über dem Grundgebirge angesammelten Gase geben ihm den S p r e n g h e r d ab für die Riesaussprengung. — Für das benachbarte vulkanische Steinheimer Becken aber nimmt W. KRANZ auch jetzt noch zwei Explosionen an, von einem höheren und einem tieferen Magmaherd stammend. Die erste obere im Grund- und Karstwasserhorizonte von Weißjura β/δ schuf das Becken, eine zweite untere im Lias (α? ε?) erzeugte den Klosterberg-Steinhirt inmitten des Kessels (a. a. O. S. 96). — Näheres hierüber in den neuen Begleitworten zu Blatt Heidenheim 1 : 50000, mit geologischer Spezialkarte des Steinheimer Beckens 1 : 25000.

Die Vorstellung des großartigen Ereignisses mag die Abb. 18 auf nächster Seite erleichtern, welche in vier Zuständen die Riesentstehung halbschematisch zur Darstellung bringt.

Wieder eines der Rätsel des Rieses: Es fehlen jegliche Anzeichen eines mit der Explosion emporgedrungenen Schmelzflusses, wie das z. B. in den zur gleichen Obermiozänzeit erfolgten großartigen Basaltausbrüchen der Hohen Rhön (Abt. VI) der Fall war.

Die einzigen Anzeichen der Mitwirkung eines magmatischen Schmelzflusses[5]) bei der vulkanischen Entstehung des Rieses sind die kleinen und größeren Vor-

[1]) Lakkolith, lakkos, gr. = Loch, lithos = Stein, ein die Schichtgesteine über sich schildförmig aufwölbender Eruptivgesteinskörper.

[2]) M. SCHUSTER, Neues zum Problem des Rieses, Mitteilungen des Oberrheinischen Geologischen Vereins, 1924/25. S. 280—291.

[3]) R. LOEFFLER, Beiträge zur Riesentstehungshypothese, ebenda (S. 26—83) und „Das Ries, eine geologische Studie". Zeitschrift „Aus der Heimat." 37. Jahrgang, 1924. Stuttgart.

[4]) W. KRANZ, Zum Problem des Rieses und des Steinheimer Beckens. Mitt. d. Oberrh. Geol. Ver. 1924/25. S. 84—98. (Erst 1926 veröffentlicht.)

[5]) Auf der Höhe des granitischen Wennebergs bei Allerheim im Ries setzt ein dunkles Ganggestein auf, der sog. „Wennebergit". Es wurde lange Zeit als jungvulkanisches, mit der Riesbildung zusammenhängendes Gestein angesehen. Nach Untersuchungen von R. LÖFFLER ist es ein altes, zum Grundgebirge gehöriges Spaltungsgestein (sog. Minette). — M. SCHUSTER, Das dunkle

kommen von glasreichem, vulkanischem Tuff sogen. Riestraß, bayerischer Traß oder Suevit,[1]) Erzeugnisse zahlreicher im Anschluß an die Rieskesselbildung erfolgter Explosionen.

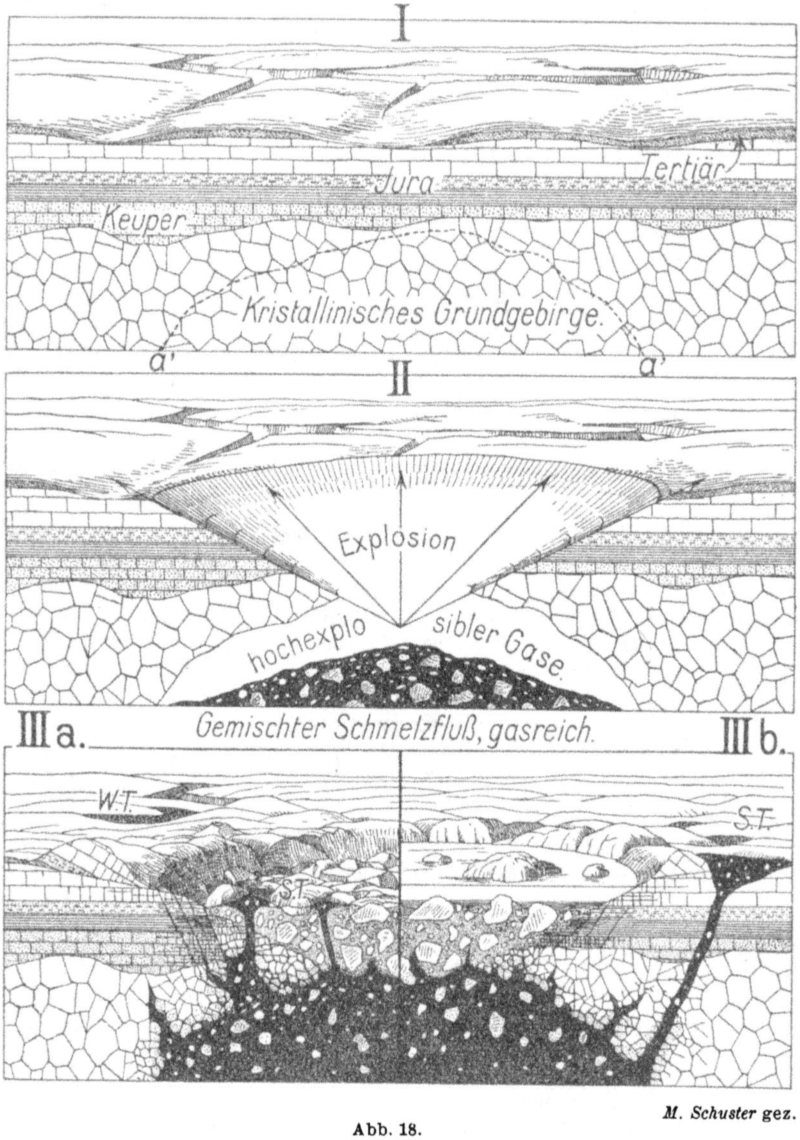

Abb. 18.

Halbschematische Darstellung des Explosionsvorganges bei der Bildung des Rieskessels
nach MTTH. SCHUSTER.
(Erklärung S. 111).

Ganggestein („Wennebergit") im Granit des Wennebergs im Ries. Geognostische Jahreshefte, XVIII. Jahrg. 1905. — R. LÖFFLER, Die Zusammensetzung des Grundgebirges im Ries, Dissertation, Tübingen, 1912.

[1]) Nach suevia, lat. = Schwaben. Von A. SAUER geprägter Name (Begleitworte z. d. geogn. Spezialkarte von Württemberg, Atlasblatt Bopfingen. Von C. DEFFNER und E. FRAAS, Stuttgart, 1919, S. 15).

Erklärung der Abbildungen.

Bild I.

Landschaft vor der Explosion. Das Grundgebirge wird von Sandsteinkeuper, Jura und tertiären Absätzen überlagert. Im Hintergrund in den oberen Jura eingeschnittener Fluß mit Zuflüssen. a' a' = der später vom Riesmagma und den aus der Einschmelzung des Grundgebirges freigewordenen Gasen ausgefüllte Raum im letzteren.

Bild II.

Augenblick der Explosion. Magma und seine „Gashaube" sind so weit in die Höhe gedrungen (unter ständiger Einschmelzung des Grundgebirges), daß der Widerstand der Gesteinsdecke über ihnen überwunden werden konnte. — Schollen von noch nicht „verdautem" Grundgebirge im Magma.

Bild IIIa.

Zustand nach der Explosion. Der Rieskessel ist erfüllt mit einem Trümmerwerk sowohl des herausgeschleuderten, nicht mehr zum Einschmelzen gekommenen Grundgebirges, als auch des überlagernden Deckgebirges. Das träge nachsteigende Magma hat nunmehr den von den Gasen eingenommenen Raum ausgefüllt. Verhältnismäßig geringe vulkanische Äußerungen durch Tuffausschleuderungen auf Klüften und Sprüngen oder durch das locker aufeinander liegende Trümmerwerk der Gesteinsschollen. — Den eigentlichen Tuffausbruchstellen, den Schlottrassen (S. T.) stehen die Ausfüllungen von Vertiefungen vor allem in dem Schollenfeld des Vorrieses (Wannentrasse, W. T.) gegenüber. Am linken Rand des Kessels Überschiebung von Braun- und Weißjura auf letzteren.

Bild IIIb.

Ausfüllung des Rieskessels und seiner Umgebung durch Wasser zum Riessee. Beim Sinken des Wasserspiegels Heraustreten großer Schollen von Jura-Kalken und Grundgebirgsgesteinen als Inseln. Seeabsätze am Grund des Kessels.

Während das Vorkommen des Riestrasses innerhalb des Rieses vorzugsweise auf den Kirchberg über Schmähingen beschränkt ist, ist sein Hauptverbreitungsgebiet die südliche und östliche Riesumrandung, das sogen. Vorries. Er bildet besonders große Flächen im oberen Kesseltal S. von Nördlingen (Amerdingen, Aufhausen, S. von Bollstadt, Unterringingen), dann in der Gegend S. von Mauren bei Harburg und bei Otting O. von Wemding.

Der Riestraß ist ein oft lückig-poröses, breschiges, im ganzen graues Gestein, mit eingesprengten Fladen und Trümmern von dunklem, zum Teil schaumigem vulkanischen Glasfetzen, von Grundgebirgsbruchstücken, hellen Sandsteinstücken, selten oligozänen bis miozänen Süßwasserablagerungen, Jurakalkbrocken und verschiedenfarbigen Schiefer- und Tonteilen — alles von sehr wechselnder Größe und Menge in einer sich rauh anfühlenden tuffig-porösen Grundmasse. Diese Trümmergemengteile sind durch vulkanisches Glas verkittet.

Wegen der geringen Härte ragen die Tuffvorkommen gewöhnlich nicht über das Gelände hervor; Ausnahmen bilden der Tuff beim Orte Zipplingen vor dem Westrand des Rieses, das Gestein SW. von Polsingen, besonders aber das umstrittene felsige Gestein über der Kirche von Amerbach bei Wemding. Dieses neigt infolge seines Glasreichtums äußerlich mehr zu einem Schmelzfluß als zu einem Tuff unserer gewohnten Vorstellung, darf aber nach neueren Untersuchungen doch nicht als eigentliches Lavagestein angesprochen werden.

Die Tuffvorkommen können nicht, wie früher man geneigt war, anzunehmen, auf den großen „Riesvulkan" zurückgeführt werden, sondern sie sind Erzeugnisse von zahlreichen Sprengschlägen meist geringen Umfanges, die im Gefolge der Riesexplosion an wunden Stellen um das Ries eintraten.

Nach M. Schuster kann man folgende Vorkommen des Suevits unterscheiden (vgl. auch die Abb. 18 und 19): 1. enge, schlotartige Durchbrüche nach Art der Uracher Schlotausfüllungen (Schlottrasse), reich an sehr grobem in den Schlot zurückgestürzten Trümmermaterial und an Glasbomben (z. B. Bruch O. von Fronhofen im Kesseltal, Bruch S. von Bollstadt, im südlichen, Heerhof im westlichen Vorries, Altenbürg südwestlich von Nördlingen, Zipplingen, Polsingen,

Amerbach und v. a. m.); 2. größere, schon erwähnte Tuffansammlungen im südlichen Vorries, bei Mauren und bei Otting, O. von Wemding (Wannentraß), feinerbreschige Ausfüllungen von Geländevertiefungen durch das aus der Luft niederfallende und von weither kommende Aschen- und Trümmermaterial. — Der Wannentraß von Otting wurde mehrfach bis auf seine fremde Gesteinsunterlage, bis 15 m mächtig, durchbohrt.[1])

Die Unterscheidung zwischen echtem, an Ort und Stelle ausgeblasenem vulkanischem Tuff und Wannentraß ist oft nicht leicht. Wannentraßvorkommen können nachträglich wieder von Schlottrassen durchschlagen worden sein oder es kann sich blockiges und glasreiches Material durch Gehängerutschungen oder Verschwemmungen nachträglich im Wannentraß anhäufen, vielleicht wieder von Tuffteilen aus der Luft zugedeckt. Es sind daher günstige Umstände notwendig, um einwandfrei einen Wannentraß — denn nur dessen Vorkommen im Vorries ist bisher noch nicht völlig überzeugend nachgewiesen worden — festzustellen.

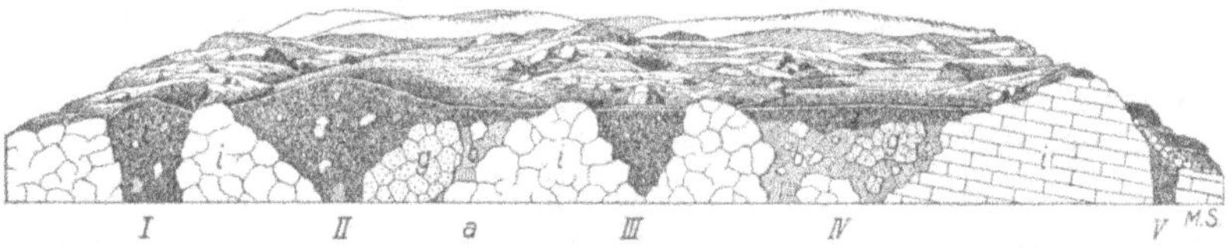

Abb. 19.

Darstellung der verschiedenen Arten von Vorkommen vulkanischer Tuffe im Ries und Vorries.

t = vulkanischer Tuff (Traß); i = teils geschichteter, teils zertrümmerter Jura-Kalk; g = Grundgebirgsschollen; b = Bunte Ries-Bresche.

I. = Schlottraß. An Ort und Stelle gebildet durch den Rückfall des ausgeschleuderten Materials in den Schlot. Große Schollen als Einschlüsse führend („Schlotbresche" in der vulkanischen Rhön). Große senkrechte, geringe wagrechte Verbreitung.

II. = Schlottraß, großen Schollen von Grundgebirge und bunter Ries-Bresche angelagert. Nach dem Hintergrund zu in Wannentraß übergehend = Tuffausfüllungen von Geländevertiefungen (II a).

III. = Pseudo-Schlottraß, Ausfüllung einer rundlichen Vertiefung in Jura-Kalkmassen.

IV. = Wannentraß, weit ausgedehnt, frei von großen Schollen fremder Gesteine, wenig mächtig, auf bunter Ries-Bresche auflagernd (Typus Otting).

V. = Schlottraß, durch Gehängeschutt verdeckt, der Verwitterung entzogen, durch Zufall aufgeschlossen (Typus Fronhofen).

Erst in der jüngsten Zeit gelang es nun M. Schuster zusammen mit R. Loeffler und L. Schäfle bei einer gemeinsamen Forschungsfahrt nächst der Aumühle bei Oettingen unzweifelhaften Wannentraß nachzuweisen. Zwei Süßwasserkalk-Absätze (aus Traßtrümmerteilchen, durch Kalk verkittet, bestehend) im Abstand von ein paar Meter übereinander, zerlegen ein feinkörniges Wannentraß-Vorkommen in drei Wannentraßabteilungen. Die untere Traßlage wird von einem glasreichen blockigen Schlottraß durchbrochen, das untere kalkig-breschige Bänkchen setzt auch über den abgetragenen Schlottraß hinweg.[2])

Die Suevitbildungen sind jünger als das Schollenfeld, in dem sie auftreten, jünger auch als das Ries selbst, denn die Schlottrasse können große Schollen von vergriestem, d. h. feinstzertrümmerten und durch Kalk wieder zusammengebackenen Jurakalk und von „bunter Riesbresche" einschließen, jenem Gemenge aller möglichen Gesteinsbrocken des Untergrunds und der Riesumgebung, das weit um das Ries und in ihm verbreitet ist (z. B. Altenbürg, Bollstadt und Fronhofen).

---

[1]) K. Straub, Der Trachyttuff des bayer. Rieses als Baustein, (München, 1907).

[2]) Näheres hierüber in dem 1928 erscheinenden „Geologischen Führer durch das Ries" von R. Loeffler, M. Schuster und L. Schäfle, Berlin (Gebr. Borntraeger).

Zeit der Ries-Katastrophe und Verbreitung des Ries-Schuttes.

Von Dr. Lothar Reuter.

Die Ries-Explosion hat sich zwischen den Ablagerungszeiten der tortonischen Stufe (älteres Obermiozän) und der sarmatischen Stufe (jüngeres Obermiozän) ereignet, also während des mittleren Obermiozäns,[1] somit in einer Zeit, in der das Gebiet südlich der Donau noch von einem seichten Süßwassersee bedeckt war.

Als sich nach der Explosion der Boden wieder beruhigt hatte, füllte sich der ausgesprengte Kessel mit Wasser, das zum größten Teil die Bäche der Umgebung zuführten; auch Thermalquellen im Ries mögen einen gewissen Teil hiezu geliefert haben. Die Wärme dieser Quellen und des Bodens verursachte eine reiche Kalkausscheidung aus dem zugeführten kalkhaltigen Jurawasser. So entstanden die Kalktuffe und Sprudelkalke, die in weiter Ausdehnung die Höhen im Ries und seiner Umrandung bedecken (vgl. S. 96 „Der Tertiärkalk im Ries").

Die Schuttfelder im Vorries. Bereits bei den älteren geologischen Kartierungen waren in der Umgebung des südlichen Rieses, d. h. im Vorries, Schollen aufgefallen, die aus Granit und Keupergrus bestehen. Man deutete sie gelegentlich als altes anstehendes Gebirge, dessen Inselberge noch vom Jurameer bespült worden waren,[2] ähnlich wie man auch weiter im Osten den Keilberg bei Regensburg fälschlicherweise als ein Riff der vermeintlich uralten Uferlinie des böhmischen Festlandes angesehen hat.

Erst als in den Jahren 1900 bis 1905 die großen Aufschlüsse beim Bahnbau der Linie Donauwörth—Treuchtlingen geschaffen wurden, konnte der sichere Nachweis erbracht werden, daß es sich hier nicht um anstehendes älteres Grundgebirge handelt, sondern um wurzellose Massen, die auf der verhältnismäßig ungestörten Weißjura-Hochfläche liegen und auf die Rieskatastrophe zurückzuführen sind.[3]

Man erkannte ferner, daß auch die mächtigen Massen von Brekzienkalk, die aus völlig zersplittertem und vergriestem Weißjura-Gestein bestehen, ebensolche ortsfremde Gesteinsmassen sind. Welch weite Ausdehnung sie auf der Jurafläche zwischen Ries und Donau, von Heidenheim a. Brenz an und ostwärts weit über Donauwörth hinaus haben, zeigt die geologische Karte (1 : 200000) von Moos.[4]

Die Weißjura-Riffe nördlich vom Ries. In der Umgebung des Hesselberges fand die vor annähernd 50 Jahren durchgeführte amtliche geologische Kartierung mehrere kleine Weißjura-Schollen, die meist als kleine Kuppen über das Gelände emporragen. Ihre Unterlage ist teils Lias, teils Dogger, die Zwischen-

[1] Edwin Hennig, Geologie von Württemberg (Berlin 1923, S 299).

[2] H. Thürach, Beiträge zur Kenntnis des Keupers in Süddeutschland (Geogn. Jahreshefte XIII, 1900 S. 43).

[3] L. v. Ammon, Die Bahnaufschlüsse bei Fünfstetten am Ries u s.w. (Geogn. Jahresh. XIII, 1903 S. 145—184) und: Die Scheuerfläche von Weilheim in Schwaben; Ein Beitrag zur Riesgeologie (Geogn. Jahresh. XVIII, 1905 S. 153—176).

[4] August Moos. Beiträge zur Geologie des Tertiärs im Gebiet zwischen Ulm und Donauwörth (Geogn. Jahresh. XXXVII, 1924).

schichten fehlen. Man konnte sich damals deren abnorme Lage nicht erklären. W. KRANZ[1]) erkannte in ihnen Auswurfsmassen vom Ries. Sie liegen:

1. am Nordhang des Hohenbuckes, 500 m südöstlich von Lentersheim,
2. auf dem Eiselsberg, 3 km nördlich von Wassertrüdingen,
3. auf dem Türtelberg, 2 km südöstlich von Geilsheim,
4. am Keller, 500 m östlich von Auhausen,
5. und 6. auf dem Rosenbuck und Mehlberg bei Dornstadt.

In letzter Zeit wurden ähnliche ortsfremde Schollen nördlich von Bopfingen von A. BENTZ[2]) genauer untersucht und kartiert. Er fand dort neun solche Schollen, von denen die größte, die „Sigart-Scholle", eine Fläche von 1,3 qkm einnimmt. Sie liegt als vergriestes Weißjura-Riff auf dem von tektonischen Sprüngen durchsetzten Braunjura-Untergrund. Man darf annehmen, daß sie zusammen mit den übrigen Schollen aus dem Ries herausgesprengt und über den 200 m hohen Ipf geschleudert wurde. Bei ihrem Aufprall wurde das Juravorland etwa so wie eine Glastafel zerbrochen.

Die bisherige Ausführung beschäftigte sich mit den Auswurfsmassen in der näheren Umgebung des Rieses. Es liegt nun die Frage nahe, wie weit die Auswurfsmassen verbreitet seien.

Als nördlichste nachweisbare Vorkommen haben die erwähnten Riffe am Hesselberg und bei Baldern zu gelten. Das was allenfalls weiter nord- und nordwestwärts niederfiel, mußte der Abtragung und Auflösung anheimfallen, namentlich im Keupersandgebiet, wo der Kalk von den weichen Wässern restlos gelöst werden konnte.

Südlich der Donau haben jedoch günstigere geologische Verhältnisse die Ries-Sprengstücke besser erhalten. Dort liegt auf den Hochflächen zwischen den Talfurchen der ältere diluviale Deckenschotter und bedeckt die alte pliozäne Landfläche. In diesem Deckenschotter-Gebiet zwischen Donautal und Augsburg hatte bereits A. PENCK[3]) bei seinen geologischen Kartierungsarbeiten in den 80er Jahren an mehreren Plätzen Weißjurablöcke bis zu 0,5 m Durchmesser gefunden. Ihre eckig-kantige Gestalt sowie die weite Entfernung vom Jura sprach gegen den Transport durch Wasser, weshalb man an Herschleudern durch die Ries-Explosion denken konnte. Dagegen sprach aber die Art des Auftretens über dem eigentlichen Sylvana-Horizont, während die Ries-Explosion in diese Zeit (mittleres Miozän) fällt. Um diese Frage zu klären, hat später L. REUTER[4]) das Deckenschotter-Gebiet zwischen Iller und Paar auf solche Jurablöcke hin durchsucht. Er fand, daß erratische Weißjura-Gesteine weite Verbreitung in dem ausgedehnten Gebiet zwischen Ulm, Augsburg und Neuburg a. D. haben. Das Gestein ist meist Weißjura ε; die häufigste Größe beträgt 20 bis 40 cm mit einem Gewicht von 10 bis 25 kg; vereinzelt kommen aber auch Blöcke bis zu 10 Ztr. Gewicht vor. Sie liegen nie tiefer als in der erwähnten Grenzschicht zwischen Tertiär und Diluvium, sind jedoch zum Teil von hier durch spätere Umlagerung auch in jüngere Terrassen gelangt. Die verhältnismäßig hohe Lage erklärt REUTER damit, daß nach der Miozän-Zeit der südbayerische Boden allmählich über den früheren Seespiegel gehoben worden war und die Pliozän-Zeit in großem Maßstab an der flächenhaften Abtragung des junggehobenen Landes gearbeitet hatte. Dabei waren auch die obermiozänen Schichten entfernt worden, in welche die Blöcke nach ihrem Versinken im Molassemeer eingebettet worden waren. Der feine Tertiärsand war weggeschwemmt worden, nur die harten schweren Jurablöcke waren liegen geblieben zusammen mit anderen Gesteinen (miozäne Sandsteinblöcke, fossiles Holz). Dieses Blockfeld fand die Günz-Eiszeit vor und überschüttete es mit ihrer Gerölldecke, wodurch der pliozäne Landboden als fossile Landfläche erhalten blieb.

---

[1]) W. KRANZ, Einige ortsfremde Massen im nördl. Vorries (Centralbl. f. Miner. 1923 Nr. 9 S. 281).

[2]) ALFRED BENTZ, Über Dogger und Tektonik der Bopfinger Gegend (Jahresber. u. Mittlgn. des Oberrhein. geol. Vereins. XIII, 1924 S. 1—45).

[3]) ALBRECHT PENCK und EDUARD BRÜCKNER, Die Alpen im Eiszeitalter. (Leipzig 1909, S. 50.)

[4]) Literatur-Angabe siehe S. 119, Fußnote.

Das Quartär.[1])

Diluvium und Alluvium in Mittelfranken.

Während südlich der Donau weite Landflächen noch zur Diluvial- und Alluvial-Zeit mit mächtigen Schutt- und Gerölldecken von den Alpen her überschüttet wurden, erhielt das fränkische Jura- und Keupergebiet nach der Tertiärzeit keine weiteren Ablagerungen mehr, soferne man vom Verwitterungsschutt und den Fluß-Alluvionen absieht. Hier arbeiteten Verwitterung und Abtragung an der Zerstörung der tertiären und mesozoischen Schichten, schufen das Relief der Oberfläche und ließen die Verwitterungsböden entstehen, die nun allenthalben die anstehenden Formationen bedecken, der Vegetation die Existenz ermöglichen und die Wirtschaftlichkeit des Bodens bedingen.

Diese Böden sind teils bodenständige Verwitterungsböden, teils verfrachtete Verwitterungsmassen (Wanderböden). Erstere entstanden an Ort und Stelle durch natürliche Zerstörung der anstehenden Schichten, durch Umlagerung und Zersetzung der Verwitterungsprodukte. Je nach Art der verwitterten Gesteine waren die Endprodukte: Tonböden, Lehmböden oder lose Sandmassen.

Die Wanderböden bestehen aus Verwitterungsprodukten, die durch Wasser oder Wind verfrachtet wurden (Alluvium, Dünensand, Löß). So ist z. B. das Senkungsgebiet der Altmühl-Niederung zwischen Ornbau, Gunzenhausen und Treuchtlingen viele Meter tief mit grauem, tonigen Alluvialschlick erfüllt. Aeolisch verwehter Löß liegt auf den Lettenkeuper-Flächen im W. und NW. des Keuper-Gebietes (vgl. Abt. VI), ebenso auf der südlichen Abdachung des Frankenjuras.

Die Böden der Jurahochfläche sind aus den einst hier vorhandenen Gesteinsdecken entstanden, d. h. teils aus quarzitisch-tonigen Gesteinen des Tertiärs und der Kreide-Formation, teils aus kalkigen, dolomitischen und mergeligen Gesteinen der Jura-Formation.

Die Klüfte im verkarsteten Jurakalk und Dolomit sind meist mit Roterde (Bohnerz-Ton) erfüllt; sie geht nach oben in Braunerde über. Die dünneren Bodendecken über der Kalkunterlage bestehen aus tiefschwarzer humoser, krümeliger Erde, die mit weißen Kalkstückchen vermengt ist, sogen. Fleinzboden.[2]) Die mächtigeren Bodendecken bestehen aus braunem Lehm; ihm ist Sand in wechselnder Menge beigemengt. Die Unebenheiten in der Umgebung der Dolomitriffe sind mit Dolomitgrus und gelbem Dolomitsand erfüllt. Große Flächen der Jurahochfläche sind auch von mehr oder minder ausgebleichten Quarzsandböden bedeckt, den Rückständen ehemals vorhandener Kreide- und Tertiärschichten.

Nach E. Kraus[3]) herrschte in Süddeutschland während des Tertiärs und namentlich während der Interglazialzeiten eine Art Mittelmeer-Klima, ausgezeichnet durch milde Winter und hohe Bodentemperaturen im Sommer, begleitet von Niederschlägen von 800 bis 1700 mm und austrocknenden Winden. Dies veranlaßte eine Hydrat-Verwitterung der kalkreichen Böden. Dabei entstanden Roterden, welche die Kalkflächen des Jura- und Muschelkalk-Gebietes, in Südbayern auch die diluvialen Schotterböden überzogen. Die nachfolgende Klima-Verschlechterung brachte das Braunerde-Klima, das seitdem vorherrscht. Nun begann die Umwandlung der Roterden zu Braunerden, indem die hydratische Verwitterung durch tonige (silikatische) Verwitterung abgelöst wurde; dabei gingen die roten Farben in braune über. Die unter den braunen Erden noch

---

[1]) Auf der geologischen Karte mit d = Diluvium und a = Alluvium bezeichnet.

[2]) Jacob Höfle, Bodenbildungen auf Frankendolomit und Albüberdeckung in der Umgebung von Kipfenberg. (Mittlg. der Geograph. Ges. in München, Bd. XIII, Heft 1, München 1918.)

[3]) Ernst Kraus, Der Blutlehm auf der süddeutschen Niederterrasse als Rest des postglazialen Klima-Optimums. (Geogn. Jahresh. XXXIV, 1921.)

vorhandenen Roterden sind Reste, die noch nicht ganz aufgezehrt sind. So bedeckt nun Braunerde weithin die Jurahochfläche; sie ist fruchtbares Ackerland und weist den Siedlungen ihren Platz an zwischen den mit Quarzsand und Dolomitsand überschütteten, wenig ertragsreichen Juraflächen. [1])

Der diluviale Schotter im Altmühl-Tal unterhalb Dollnstein. Der Unterlauf der Altmühl von Dollnstein ab ist das pliozäne und altdiluviale Donau-Tal, das von Rennertshofen über Dollnstein und Eichstätt nach Kelheim und Regensburg durch den Frankenjura führte. Damals mündete die Altmühl bei Dollnstein in die Donau.[2]) Abgesehen von morphologischen Gründen, die sich aus der großen Breite und den großen Talschlingen der „Altmühl-Donau" (zwischen Dollnstein und Kelheim) ergeben, haben die im Altmühl-Tal vorhandenen alpinen Schotter den Beweis dafür geliefert, daß hier während der Eiszeiten ein mit alpinen Diluvialschottern beladener Strom durchfloß. Später, gegen Ende der Diluvialzeit, haben tektonische Krustenbewegungen (Hebung des Juras und Absenkung des südlichen Vorlandes zwischen Neuburg, Ingolstadt und Neustadt) die Donau endgültig nach Süden abgelenkt.

Die erwähnten Diluvial-Schotter liegen teils als Restschotter[3]) auf erhaltenen alten Terrassenstücken (z. B. bei Dollnstein, Rebdorf, Landershofen und Walting) etwa 50 m über der heutigen Altmühl und entsprechen dem diluvialen Deckenschotter; teils liegen sie unter dem mächtigen jurasischen Talschutt in größerer Tiefe. Letztere Schotter weist Gg. Wagner der Riß-Eiszeit zu.

Bei Eichstätt liegt nach J. Schwertschlager unter der Talsohle zunächst Weißjura-Schutt bis 12,30 m Tiefe, darunter folgt bis 17 m alpines Diluvial-Geröll (Donau-Schotter der Riß-Eiszeit), die Unterlage ist Weißjura δ. Der mächtige alluviale Talschutt häufte sich an, weil die von den Hängen abwitternden Schuttmassen nicht mehr talabwärts getragen werden konnten, als das Stromtal nach Ablenkuug der Donau wasserarm geworden war.

Die Diluvialsand-Flächen im Jura-Vorland und das mittelfränkische Nadelwald-Gebiet.

Im Diluvium hatte unser Gebiet während der Eiszeiten, also wiederholt lange Zeiträume hindurch, Steppencharakter. Das trockene Steppenklima hatte die Vegetationsdecke zerstört und das Land in wüstenartiges Trockengebiet verwandelt.[4]) Der freigelegte Boden ermöglichte tiefgehende Verwitterung der zu Tag tretenden Gesteinsdecken. Da die Landfläche im Keupergebiet hauptsächlich aus Sandsteinschichten bestand, wurden große Massen von lockerem Sand geschaffen, die durch die Westwinde erfaßt und gegen die Juraränder hin getragen wurden. Die Sanddünen verschütteten dabei das damals bereits von zahlreichen Tälern durchzogene Juravorland (zwischen Gunzenhausen, Nürnberg und Bamberg).

---

[1]) Über die agronomischen Verhältnisse der Albüberdeckung im Gebiete nördlich von Ingolstadt berichtet: Josef Kiendl, Die Flurbereinigung und ihre Beziehungen zur Geologie und Bodenkunde. Mit geol. Übersichtskarte (1 : 10000) der Umgebung von Eitensheim. In.-Diss. der Techn. Hochschule München 1921.

[2]) Joseph Schwertschlager, Altmühltal und Altmühlgebirge. (Eichstätt 1905.) — Georg Wagner, Aus der Geschichte der Altmühl (Fränkische Heimat-Schriften Nr. 2. Nürnberg, Lorenz Spindler 1923).

[3]) Unter „Restschottern" versteht man Schottermassen, die nach langem Transport und unter langanhaltender Verwitterung alle zerstörbaren und löslichen Gesteinsarten verloren haben, wobei gewöhnlich nur noch die härtesten Gesteine, also hauptsächlich Quarzgesteine, übrig geblieben sind.

[4]) W. Soergel, Lösse, Eiszeiten und paläolithische Kulturen. (Jena Gustav Fischer 1919. S. 12, 16.)

Stellenweise, z. B. im östlichen Teile des Lorenzer Waldes, tragen diese Sanddecken noch lange Dünenzüge bis 10 m Höhe. Wie mächtig die Sanddecken sein können, zeigt die Lage der Ursprungsquelle, die der Stadt Nürnberg 100 Sekundenliter Quellwasser liefert. Sie kommt zwischen Altdorf und Leinburg aus einem mit Diluvialsand verschütteten Lias-Tälchen, dessen Boden 30 m unter der Sandoberfläche liegt. Die scharfgeschnittenen Terrassenkanten der Sandfelder am Rednitz- und Pegnitztal sowie an ihren Seitentälern lassen erkennen, wie hier die Flüsse gegen die vordrängenden Sandmassen ankämpfen mußten, um ihre Täler behaupten zu können; wahrscheinlich waren auch sie zeitweise ganz verschüttet.

Die lockeren Sandmassen bestehen aus verhältnismäßig grobkörnigem Sand, aus dem die feineren Bestandteile ausgeblasen sind. Als Einlagerungen kommen hin und wieder Kieselhölzer aus dem Keuper vor, im Bereiche des Burgsandsteins auch auffallend viele quarzitische Kantengeschiebe von Nuß- bis Faustgröße.

Nach W. Graf zu Leiningen[1]) haben diese Kantengerölle als Leitfossilien für Steppenzeiten zu gelten, in denen der Sand auf nacktem Boden, kaum aufgehalten durch Vegetation, der vollen Gewalt des Windes zugänglich war. Dabei blieben die aus dem Boden auswitternden größeren Gesteinsstücke liegen und wurden durch den darüber wegtreibenden Sand poliert, ihre Bruchkanten wurden zu dachförmigen Giebeln zugeschliffen. Das Gesteinsmaterial ist Gangquarz, Hornstein und Kieselschiefer aus dem Keuper, sowie Eisenkiesel aus dem Doggersandstein. Selbst große Stücke verkieselter Sandsteine sind derart zugeschliffen und geglättet, namentlich im Bereich der Blasensandstein-Flächen.

Die nährstoffarmen Diluvialsand-Böden, die überdies durch Bleichsand- und Ortsteinbildung noch weiter verarmt sind, boten von jeher der Vegetation nur geringe Entwicklungs-Möglichkeit. W. Graf zu Leiningen nimmt an,[2]) daß möglicherweise diese fränkischen Sandflächen zur Diluvialzeit unter der Einwirkung des nahen Inlandeises zuerst von einer Bodendecke überzogen waren, die subarktischen Vegetations-Charakter trug; auf sie folgte mit zunehmender Temperatur die Heide, welche stellenweise Ortsteinbildung hervorrief. So wäre hier der Ortstein schon vor der Besiedlung mit Wald dagewesen. In der Folge konnte sich auf den weiten Sandflächen nur die bescheidene Kiefer ansiedeln. Nur wo aus dem Sandboden Letten-Inseln herausragten, gab es Bestände von Fichten, Tannen und Buchen und in den feuchteren Niederungen Auenwälder mit Erlen und Eichen. Bis in die Jetztzeit hat dieses Sandgebiet seinen Charakter als „fränkisches Nadelwald-Gebiet" erhalten; die Kiefer herrscht darin weit vor.

Im östlichen Teile des Keuper-Gebietes (Bamberg—Nürnberg—Weißenburg) greifen die mit Dünen besetzten Sandfelder vielfach auf Lias und *Opalinus*-Ton über, ein Beweis dafür, daß vorherrschend Westwinde am Sandtransport tätig waren. Im westlich anstoßenden Jura-Vorland (Gunzenhausen—Dinkelsbühl—Ellwangen—Gmünd) bildet die Rät-Liasplatte eine höhere Landstufe, die im großen und ganzen von Sandverwehungen verschont blieb, weshalb hier das Lias-Vorland von jeher seine fruchtbaren Verwitterungsböden darbieten konnte. Die nordwärts ihm vorgelagerten Keuperflächen tragen arme Sandböden und sind von versumpften Niederungen durchzogen, denn die Flüsse darin haben nur wenig Gefäll. Noch vor 150 Jahren galt die Umgebung von Dinkelsbühl als das Land, das ebensoviele Weiher wie Tage im Jahre hat.

Die dürre, von Flugsand und Dünen überzogene fränkische Sandfläche mit ihrem fast geschlossenen Waldgürtel war Jahrtausende hindurch Völkerscheide. Die menschlichen Niederlassungen mieden sie und zogen die Lehm- und Lößböden vor. So wurden die fruchtbaren Flächen des Lettenkeupers und die kräftigeren, kulturfähigen Laubholzböden des Jura-Gebietes zum ältesten Siedlungland.[3])

---

[1]) Wilhelm Graf zu Leiningen, Über Kantengerölle aus der Umgegend von Nürnberg. (Mitteilgn. der Geogr. Ges. in München, Bd. III, Heft 2. 1908)

[2]) Wilhelm Graf zu Leiningen, Bleichsand und Ortstein. Eine bodenkundliche Monographie (Abhandlgn. der Naturhist. Ges. zu Nürnberg, Bd. XIX, Heft 1. Nürnberg 1911).

[3]) Elisabeth Weber, Die Besiedlung der Fränkischen Alb im Spiegel der Ortsnamen. (Mittlgn. u. Jahresber. der Geograph. Ges. in Nürnberg. IV, 1925/1926.)

Als die Römer ums Jahr 150 ihre Reichsgrenze von der Donau-Niederung nach Norden vor schoben, erkannten sie die Wichtigkeit dieser Naturgrenze. Sie errichteten ihren rätischen Limes auf der annähernd 100 km langen Strecke von Gmünd bis Ellingen bei Weißenburg im wesentlichen auf der Rät-Lias-Steilkante. Auf diese Weise bekamen sie das uralte Siedlungsland mit in ihre rätische Provinz; vor ihrem Limes lag als weitausgedehntes, undurchdringliches Glacis die *„terra silvis horrida, paludibus foeda“* (Tacitus, Germania V), d. h. das Land voll schrecklicher Wälder und abscheulicher Sümpfe.[1]) Erst die Zeit der großen Rodungen, die mit der Regierung Karls des Grossen begann und bis ins 13. Jahrhundert dauerte, brachte die einigermaßen besiedelungsfähigen Flächen unter Kultur und ließ an den durch hervorragende Verkehrslage begünstigten Stellen bedeutende Städte entstehen (Bamberg, Forchheim, Erlangen, Nürnberg, Schwabach, Weißenburg u. a.). Im übrigen breiten sich noch jetzt im Sandgebiet von Bamberg bis Dinkelsbühl meilenweite Föhrenforste aus, unter denen der Sebalder und Lorenzer Wald bei Nürnberg, die Forste um Wendelstein, Roth und Pleinfeld, sowie die Heiden zwischen Altmühl und Wörnitz die größten sind.[2])

Diluvium und Alluvium südlich der Donau.

Die südbayerische Tertiär- und Diluvial-Landschaft ist das Werk der Diluvial-Zeit. Aus der Pliozän-Zeit sind in unserem Gebiet Ablagerungen nicht bekannt. Es war eine Zeit der Abtragung und beginnender Talbildung. Die obermiozäne Senkung Südbayerns hatte ihren Abschluß gefunden; das Süßwasserbecken war mit Süßwassermolasse (Flinz) vollgefüllt; eine leichte Hebung hatte begonnen, die in der Folge den trockengelegten Boden um annähernd 100 m hob. Damit war der lockere Boden der Zerstörung durch Wasser und Wind freigegeben. Die alpinen Flüsse gruben sich ihre Täler ein. Das aus ihren Talfurchen abgeschwemmte Material wurde von den Flüssen weggetragen, der Flinzsand und Schlick weit fort, die Quarzgerölle weniger weit. Sie blieben in den Erosionsfurchen auf ober- und niederbayerischem Boden liegen, wo sie nun das obere Quarzkieslager bilden, das besonders in der Holledau sowie zwischen Landshut und Passau weite Verbreitung hat. Es bedeckt nun als widerstandsfähigere Decke hauptsächlich die Hügel, da seitdem die Erosion das weiche Sand- und Mergelland seitlich davon noch tiefer gelegt hat.

Die nun folgende Eiszeit überschüttete große Teile dieser pliozänen Landfläche mit ihren Schottermassen. So ist nun das Gebiet südlich der Donau teils Tertiär-, teils Diluvial-Landschaft. Soweit es dem hier zu besprechenden Gebiet angehört, läßt es sich in folgende drei Landformen teilen:

1. Deckenschotter-Gebiet (Tafelland),
2. Tertiär-Hügelland,
3. Niederungen (Flußtäler und Moorgebiete).

Das Deckenschotter-Gebiet und Tertiär-Hügelland.

Das Deckenschotter-Gebiet erstreckt sich als Hochfläche von Laupheim a. württ. Roth über Ulm Donau-abwärts bis Neuburg; im Süden endet es am Moränen-

---

[1]) Robert Gradmann, Der obergermanisch-rätische Limes und das fränkische Nadelholzgebiet. (Petermanns Geograph. Mitteilungen Bd. 45, Heft 3, Gotha 1899.)

[2]) Karl Troll, Die natürlichen Landschaften des rechtsrheinischen Bayerns. (Geograph. Anzeiger, Jahrg. 1926, Heft 1 und 2.)

gebiet von Biessenhofen—Günzach—Wagegg. Der „ältere Deckenschotter PENCKS", der seine Oberfläche bildet, ist das Schotterfeld der Günz-Eiszeit. Er überschüttete zu Beginn des Diluviums die damalige Niederung und konservierte damit einen Teil der pliozänen Landfläche von Schwaben und Oberbayern. Das Deckenschotterfeld ist jetzt noch im wesentlichen in seiner weiten Ausdehnung erhalten, obwohl sich darin die alpinen Flüsse Iller und Lech breite Täler eingegraben und die Nebenflüsse mit ihren Seitenbächen und verästelten Quelltälchen die ausgedehnte Platte sehr zerlappt haben.

Allgemeines Profil des Deckenschotters zwischen Iller und Lech von oben nach unten.
Nach L. REUTER.[1])

5 bis 6 m Lehm, der vielfach von Ziegeleien abgebaut wird;
6 bis 8 m älterer Deckenschotter und zwar
 3 bis 4 m stark ausgelaugter und zersetzter Schotter, verlehmt, ohne Kalkgerölle;
 bis zu 1 m: auffallend dunkle Zersetzungszone im Schotter mit Anreicherung von Eisen- und Manganoxyden;
 2 bis 4 m heller, frisch aussehender Schotter mit scharfem Sand, Kalkgerölle häufig;
Grenzschicht zwischen Deckenschotter und Tertiär;
Liegendes: obermiozäner Flinzsand, seltener Flinzletten.

Dieses Profil zeigt zunächst, daß die oberen Lagen des Schotters in der langen Zeit, worin sie der lösenden Wirkung des Bodenwassers ausgesetzt waren, nahezu ihren ganzen Kalkgehalt verloren haben. Fluviatile Umlagerungen solcher zersetzter Schotter bestehen nur noch aus den härtesten Quarzgesteinen.

Besonderes Interesse bietet die Grenzschicht gegen den Flinzsand. Es ist die pliozäne Landoberfläche, die unter dem Schutz des Deckenschotters bis auf unsere Zeit erhalten blieb. Welche Bedeutung sie für das Ries-Problem hat, ist S 114 erwähnt. Als die Günz-Eiszeit das Alpenvorland mit ihren Geröllmassen überflutete, fand sie in dem weiten Gebiet zwischen Augsburg, Ulm und Neuburg eine tiefliegende Verebnung vor, aus der Wasser und Wind die losen Sandmassen bis hinab auf den jeweiligen Grundwasserspiegel entfernt hatten, während gleichzeitig die Landfläche langsam gehoben worden war. Erst weiter im Osten, vom heutigen Paargebiet ostwärts, ragte das weniger abgetragene Tertiär-Hügelland empor, das infolge seiner mehr mergeligen und kiesigen Beschaffenheit der Deflation mehr Widerstand geleistet hatte Hier im Deckenschotter - Gebiet dagegen mag die Denudation einen etwa 50 m mächtigen Schichtenstoß entfernt haben. Der feine Tertiär-Sand war weggeschwemmt und weggeblasen worden, die größeren und schwereren Jura-Blöcke, welche die Ries-Explosion zur mittleren Obermiozän-Zeit in den wasserdurchtränkten Sand und Schlick geworfen hatte, waren zusammen mit den ebenfalls aus dem Tertiär ausgewitterten Sandsteinen und Kieselhölzern an Ort und Stelle liegen geblieben und bedeckten die damalige Landoberfläche als Blockfeld

Diese tiefliegende Verebnung zwischen Ulm und Augsburg wurde vom fluviatilen Geröll der Günz-Eiszeit überschüttet und dadurch vor weiterer Abtragung bewahrt. Nun begann die Umkehrung des Landschaftsbildes. Denn die Abtragung arbeitete seitdem an den ungeschützten Tertiärflächen und trug sie auf ihre heutige tiefe Lage ab. Dies ist das Tertiär-Hügelland, in dem — wie sich PENCK treffend ausdrückt — jetzt tief ist, was zur Günz-Eiszeit hoch gelegen war. (A. PENCK-E BRÜCKNER, Die Alpen im Eiszeitalter, Leipzig 1909, S. 52)

[1]) L. REUTER, Die Verbreitung jurasischer Kalkblöcke aus dem Ries im südbayerischen Diluvial-Gebiet. Beitrag zur Lösung des Ries-Problems (Jahresber. d. Oberrhein. geol. Vereins XIV, 1925, Riesheft).

Die Donau-Niederung.

Die geologische Geschichte der Donau-Niederung, in welcher jetzt der Strom in weiten, schön gewundenen Kurven talabwärts zieht, reicht von der Tertiärzeit bis in die jüngste Epoche, ja zum Teil in die historische Zeit.

Der Tafeljura, der sie nördlich begrenzt, war während der alpinen Gebirgsbildung der feste Wall, an dem sich die nach Norden drückenden Massen stauten. Das Molasse-Gebiet zwischen Alpen und Jura wurde verbogen, die meiste Zeit hindurch nach unten, wobei es unter den Meeresspiegel geriet und überflutet wurde; zu Beginn des Mittelmiozäns und seit Ende des Obermiozäns wurde die Landfläche dagegen emporgepreßt. Bei diesen Hebungen wurde das Molassemeer vom Gebirgsrande weg nach Norden verschoben. Das vor den Alpen liegende Festland verbreiterte sich mehr und mehr; die sandige Küstenebene rückte immer weiter nach Norden vor, bis vom Molassemeer schließlich nur noch die wasserbedeckte Donau-Niederung übrig blieb.

Die von A. Moos erforschte Graupensand-Rinne zwischen Ehingen, Ulm und Dillingen (vgl. S. 102) ist die Ablagerung einer mittelmiozänen Vorgängerin der heutigen Donau. Die folgende Senkung begrub sie jedoch nochmals unter den Kirchberger Schichten und der obermiozänen Molasse. Erst die Landhebung am Ende des Miozäns führte zur bleibenden Ausbildung der Donau-Niederung. Der Strom furchte sich in der lockeren weichen Molasse nach und nach den heutigen breiten Talboden aus. Nur dort, wo er vorgeschobene Weißjura-Riegel durchbrechen mußte (Neuburg, Vohburg, Weltenburg), blieb das Tal eng und schluchtenartig.

Die folgende Ausführung soll sich nur mit der breiten Talniederung in der Tertiär-Landschaft befassen und zwar mit der Entstehung des heutigen Landschaftsbildes.

Erst menschliche zielbewußte Arbeit hat das Bild der jetzigen Donau-Niederung geschaffen, die der Strom in festen Ufern zwischen geordneten Auenwäldern durchfließt. Die Steilhänge an den Talrändern sind zur Ruhe gekommen oder, wo noch Rutsch- und Abbruch zu befürchten war, befestigt worden. So ist bereits nahezu vergessen, daß fast das ganze 19. Jahrhundert nötig war, um durch rastlose Kultivierungs-Arbeiten und Flußbauten dem ehemals uferlosen Strom ein festes Bett anzuweisen, worin er nunmehr unschädlich das Land durchfließt.

Über den früheren Zustand der Donau und der Donau-Niederung geben nur noch die alten amtlichen Berichte Nachricht, mit denen die Korrektions-Projekte und die Geldanforderungen zu ihrer Ausführung begründet wurden [1])

Oberhalb Ulm hatte der Fluß von jeher geringe Breite, wenig Gefäll, einen ruhigen Lauf und bewachsene unbeschädigte Ufer. Erst mit Einmündung der Iller wurde er zu dem verheerenden Element, gegen das die Talbewohner bis in die jüngste Vergangenheit anzukämpfen hatten. Hier erhält die Donau die 2½fache Breite (80 m) und mehr Gefäll; hier begann die Geschiebeführung und der willkürliche, unberechenbare Lauf in niederen, stark angebrochenen Ufern.

Die Grenzen der Überflutung erstreckten sich unterhalb Ulm noch vor 100 Jahren bei den fast alljährlichen Hochwässern nahezu über die ganze Talniederung: von Unterelchingen südwärts bis Nersingen; von Gundelfingen über Petersworth bis Offingen; von der Hochterrasse bei Lauingen und Dillingen bis Aislingen. Von hier ab überfluteten sie bis in die Donauwörther Gegend den stundenbreiten Talboden mit allen seinen Einöden (Schwaigen). Unterhalb Neuburg reichte die Überschwemmung von Bergheim südwärts bis Grünau, von Gerolfingen bis Hagau, von Ingolstadt bis Zuchering. Die Städte Lauingen, Dillingen und Höchstädt hatten fast alljährlich das Hochwasser im Ort, in Donauwörth reichte es gelegentlich bis zum Rathaus (z. B. im März 1845).

---

[1]) R. v. Kern-Kernried (Bauamtmann in Dillingen), Die Korrektion der Donau im Reg.-Bez. Schwaben und Neuburg. Als Manuskript gedruckt. Dillingen 1874.

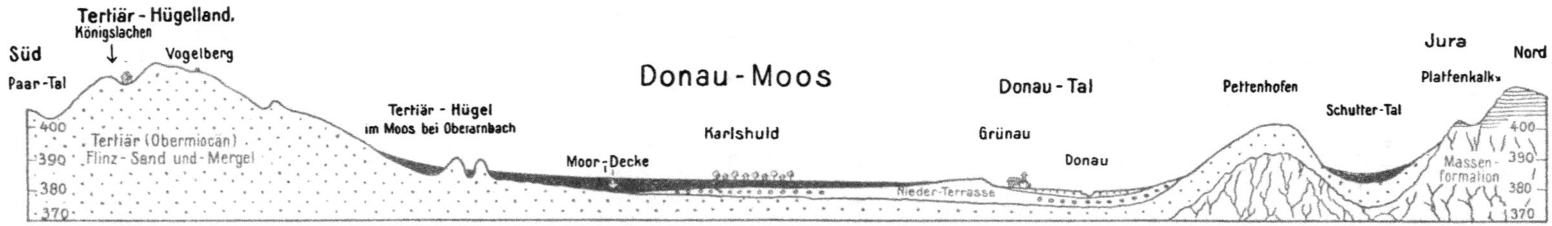

Abb. 20.

Profil durch das Donau-Moos bei Neuburg (nach J. A. Hensele, Donaumoos-Studien. München 1902). Zu Seite 124.

Längen 1:125000; 50fach überhöht.

Mächtigkeit und Unterlage der Moordecke sind hier durch zahlreiche Bohrungen nachgewiesen. Bemerkenswert ist, daß sich die Niederterrasse unter der Moordecke weit gegen Süden hin verfolgen ließ, woraus sich die Seite 124 gegebene Erklärung der Moor-Entstehung ergibt.

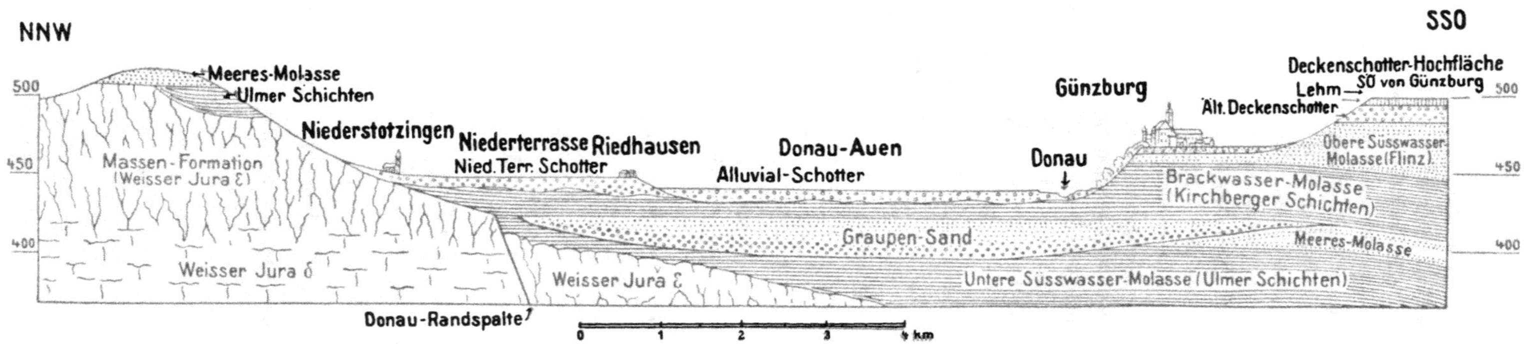

Abb. 21.

Profil durch das Donau-Tal bei Günzburg (nach Angaben von A. Moos). Zu Seite 102.

Längen 1:100000; 20fach überhöht.

Das Profil soll veranschaulichen:

1. den Donaurand-Abbruch nach Ablagerung der Meeresmolasse;
2. die Erosionsfurche in der abgesunkenen Scholle, die mit Grimmelfinger Graupensand erfüllt ist;
3. die Grenzschicht zwischen dem obermiozänen Flinzsand und dem darüber liegenden Deckenschotter; in ihr liegen die Seite 114 erwähnten Jurablöcke, welche die Ries-Explosion hieher geworfen hat.

Ursache dieser Verheerungen war die ausgedehnte Ebene, die im weichen Flinzboden liegt und nur lockeres Sand- und Kies-Alluvium trägt. Sie bot dem verwilderten Strom, der bald wasserarm war, bald mit reißenden Fluten daherkam, keine festen Ufer. So konnte er sich bei jedem Hochwasser neue Rinnsale in der weiten Ebene auswühlen. Das zu geringe Talgefälle begünstigte in hochwasserfreier Zeit die Entstehung von Flußschlingen (Mäander-Bildung). An den Außenseiten der Windungen erfolgten stets neue Uferabbrüche; an ihrer Innenseite wurde der abgerissene Boden wieder angelegt. Das nächste Hochwasser brach dann auch noch die trennenden Landzungen durch. So entstanden weite, vom Flußlauf verlassene Rinnen, versumpfte Altwasser und Kolke, abgetrennte Inseln und Wöhrde (Wörthe), neue unzugängliche Anschüttungen und Auen, die wegen der steten Gefahr des Wiederabrisses nicht in Kultur genommen werden konnten und daher wertlos waren. In den engen Flußschlingen veranlaßten Kiesbänke und angeschwemmte Bäume leicht Stauungen und bei den niederen Ufern rasch Wasseraustritte und Überflutungen, im Winter Eisstöße und weithin reichende Überschwemmungen.

Nach älteren Aufschreibungen nahm früher die Donau in der Dillinger Gegend ihren Weg 5 km weiter südlich und floß über Aislingen und Binswangen. Ganze Orte auf der Nieder- und Hochterrasse, wie Gundremmingen, Münster und Marxheim, kamen wiederholt in die Gefahr, ein Raub des Stromes zu werden, auch der untere Teil von Günzburg war stark bedroht. Noch 1871 mußte das auf der Deckenschotterkante bei Offingen stehende Schloß Landstrost abgetragen werden, da es infolge früherer Uferabrisse unterspült war und einzustürzen drohte.

Erst als 1806 die vielen kleinen politischen Landgebiete zum Staate Bayern vereint waren und die Landesgrenzen in der Donau-Niederung aufgehoben waren, konnte man damit beginnen, den wilden uferlosen Strom durch Regulierung in feste Bahn zu zwingen. Man begann mit dem Durchstich der großen Flußschlingen zwischen Lauingen und Dillingen. Der nach achtjähriger Arbeit erzielte Erfolg (der sog. Karolinen-Kanal) ermunterte zur Fortsetzung des großen Kulturwerkes. So wurde im Lauf von drei Generationen mit großen Anstrengungen und Kosten das lange Unternehmen beendet (ums Jahr 1880).

Die Regulierung der einmündenden Alpenflüsse begann später: der Unterlauf der Iller, von Ferthofen bis zur Mündung, wurde 1859 bis 1893 festgelegt; die Lech-Regulierung von Meitingen bis zur Mündung erfolgte 1868 bis 1924.

Die Beschränkung der Donau auf eine einzige Rinne hat den Fluß veranlaßt, seine Sohle tiefer zu legen. So ist nun an mehreren Stellen der Alluvialschotter durchnagt und die Flußrinne unmittelbar in den Flinz eingeschnitten, z. B. bei Günzburg. Auch die Seitenflüsse (Iller, Günz, Lech) haben sich entsprechend eingetieft und daher streckenweise den tertiären Untergrund bloßgelegt.

Die Moor-Gebiete.

In unser Gebiet fallen nicht nur die großen Donau-Möser, sondern auch noch große Teile von den Mooren der südbayerischen Schotterfläche. Da diese Moorflächen annähernd 500 qkm des bayerischen Bodens bedecken, mögen sie hier Erwähnung finden.[1])

Das Dachauer und Erdinger Moos.[2])

Es sind die zwei größten Moore der südbayerischen Schotterfläche (184 bezw. 123 qkm). Charakteristisch für beide Moore ist ihre Lage im Tertiärsand-Gebiet, am nördlichen Ende des Münchener Schotterfeldes. Ihre Entstehung läßt sich folgendermaßen erklären: Die diluvialen Schmelzwässer schwemmten den Südrand des sandigen Tertiär-Hügellandes ab, wobei einerseits der Steilrand

[1]) A. Baumann, Die Moore und die Moorkultur in Bayern; Die Moore der Münchener Schotterfläche und die Moore der Donau-Zone (Forstlich-naturwiss. Zeitschr., München 1894).

[2]) S. Ruoff, Das Dachauer Moor, eine pflanzengeographisch-landschaftliche Studie (Bericht der Bayer. Botan. Gesellsch. Bd. XVII, München 1922, S. 142—200). — H. Paul, Das Dachauer Moor (In: Erläutergn. z. Geol. Karte von Bayern 1:25000, Blätter Dachau u. Pasing 1922, S. 51—60).

der Tertiär-Höhen zwischen Maisach, Dachau und Freising entstand, anderseits eine weite Denudationsfläche im Flinzboden. Diese abgespülte Fläche wurde mit fluviatilem Diluvial-Schotter überschüttet und damit die Münchener Schotterfläche geschaffen, die sich südwärts bis an die Endmoränen des Isar- und Inngletschers erstreckt. Im Süden hat der Schotter eine Mächtigkeit von über 50 m, gegen Norden verschwächt er sich mehr und mehr, um in den genannten Moorgebieten zu enden. Die stark durchlässige Schotterfläche nimmt reichlich die atmosphärischen Niederschläge auf; ihr Wasser sammelt sich an der Schottersohle zu bedeutenden Grundwasserströmungen, die, dem Flinzgefälle folgend, nordwärts fließen. Dort, wo am Nordrande die Schotterdecke zu dünn wird, um die mehrere Meter hohe Grundwasserströmung noch in sich aufzunehmen, tritt das Grundwasser aus der Kiesoberfläche heraus und überflutet sie. Damit ist das Wachstum für die Wasser- und Moorvegetation gegeben.

In den Mooren und an ihren Rändern entspringen zahlreiche große Quellen aus dem Schotter, die sich zu wasserreichen Bächen vereinigen und durch die Moorflächen der Isar zufließen. Das Kartenbild zeigt den auffälligen Gegensatz zwischen den gewässerleeren, trockenen Schotterflächen im Süden und den nordwärts anschließenden gewässerreichen Moosgebieten.

Der Entstehung nach sind diese Moore „Quellmoore", der Vegetation nach „Nieder- oder Grünlandsmoore", da sich trotz stellenweiser Übergänge zu Hochmooren die grüne Vegetation im großen und ganzen erhalten hat.

Die Moortiefe beträgt im Mittel 1—2 m, seltener 3—4 m. Schachtelhalme, Riedgräser, Binsen und Simsen machen mit einigen Moosen den Hauptbestandteil der Vegetation der nassen Stellen an den Quellen und an den Bachrändern aus, während die weiter ausgedehnteren, trockenen Flächen hauptsächlich Bestände von Besenried tragen.

Als geologische Eigenart dieser Moore ist der Alm zu nennen. Er ist reiner weißer Kalk ($CaCO_3$) eine Art Quellsinter, der sich in der Umgebung der Moorquellen anhäuft. Anfangs eine breiige Masse, wird der Alm im feuchten Moor erdig-pulverig; außerhalb vom feuchten Moor wird er durch die Luft ausgetrocknet und erhärtet zu Kalktuff. Die Mächtigkeit der Alm-Einlagerungen zwischen den Torfschichten beträgt meist nur wenige Zentimeter; die unbedeckten Lagen an den Moorrändern sind zuweilen mehrere Meter mächtig.

Die Talmoore der Donau und ihrer Zuflüsse.

Im nördlichen Teil des Tertiärhügellandes tragen die breiten Talniederungen vielfach versumpfte Flächen, so im Donau-Tal von Ulm abwärts bis Abensberg (Ried-Gebiete). In einigen dieser Sumpf-Gebiete hat sich die Moorsubstanz derart angehäuft, daß richtige Moorgründe entstanden sind, z. B. nördlich von Günzburg, sowie zwischen Neuburg und Neustadt a. D. Außerdem liegen fast in allen Flußtälern, die von Süden her zur Donau kommen, Moorbildungen.

Alle diese Niederungen liegen im Tertiärsand, meist schiebt sich noch Niederterrassen-Schotter dazwischen. Sie sind ähnlich wie die Münchener Ebene zur Diluvialzeit infolge Abtragung des lockeren Tertiärsandes durch Wasser und Wind entstanden. Ihre Versumpfung und Vermoorung erklärt A. Baumann folgendermaßen: Den Talboden bedeckt durchlässiger Niederterrassen-Schotter. Auf ihn warf der Fluß längs seines Laufes später noch weiteres Geröll (Alluvial-Schutt) und erhöhte damit sein Bett. Dadurch war der Wasserabfluß aus den Niederungen seitlich vom erhöhten Flußbett erschwert oder verhindert. Der erhöhte Grundwasserstand überflutete die Niederterrassen-Flächen und leitete damit ihre Versumpfung und Vermoorung ein.

Heute haben diese Niederungen nicht mehr das versumpfte Aussehen, denn mehrfache Flußregulierungen in historischer Zeit, namentlich die Korrektion des Donaulaufes (1861—1867) haben das Tieferlegen und Einschneiden der Flüsse in den (unter der Niederterrasse liegenden) Flinz veranlaßt, so daß seitdem der Grundwasserstau verschwunden ist.

Das Donaumoos zwischen Neuburg, Pöttmes und Ingolstadt.

Etwas schwieriger ist hier die Entstehungs-Ursache aufzufinden, denn das Donaumoos ist kein Talmoor, es bedeckt vielmehr eine seitwärts von den großen Flußtälern (Donau, Paar und Lech) gelegene Niederung, die bei Pöttmes ohne südlichen Talanschluß endet. Sie umfaßt rund 350 qkm, wovon 139 qkm eine Moordecke tragen.

A. Penck erklärt das Donaumoos mit einer Senkung größeren Umfanges, durch die es gegenüber seiner südwestlichen Umgebung um mehr als 100 m abgesunken sei.[1]) Nach G. Wagner sind die riesigen Moorebenen, deren Untergrund noch tiefer liegt als die Donau, junge Senkungsfelder. Zwischen Pöttmes, Neuburg, Ingolstadt und Neustadt hätte ein Absinken in größtem Maße stattgefunden.[2])

Hiezu ist zu bemerken, daß ein tektonischer Abbruch tatsächlich östlich der Linie Pöttmes—Neuburg—Bergheim—Nassenfels vorhanden zu sein scheint; er dürfte aber wahrscheinlich vordiluvial sein, so daß er noch mit obermiozäner Molasse ausgefüllt wurde und die Entstehung des Donaumooses nicht veranlaßt hat. Die tieferen Moorgründe (4 bis 5 m) liegen nach der (von der Landesstelle für Moorwirtschaft herausgegebenen) Bodenkarte des Donaumooses an dessen Südrande, die tiefsten Stellen (bis zu 7 m) in dessen Südwestecke bei Pöttmes. Da in diesen Gebieten die Mooroberfläche 5 bezw. 10 m über dem Donau-Wasserspiegel liegt, befinden sich überall die Sohlen der Torflagen noch über dem Donau-Wasserspiegel. Trotzdem ist eine, wenn auch geringe junge Senkung des Gebietes wahrscheinlich, wie sich aus nachfolgender Beurteilung ergibt.

Die genannten Erklärungen berücksichtigen noch nicht die ausgedehnten Moor-Untersuchungen, welche die Bayer. Landesanstalt für Moorwirtschaft (Moorkultur-Anstalt) in den 90er Jahren ausgeführt hat.[3]) Sie bestanden neben wirtschaftlichen und botanischen Studien aus mehreren tausend Flachbohrungen, die Mächtigkeit und Untergrund des Moores feststellten. Die Ergebnisse gestatten die Entstehung dieser ausgedehnten Tieflandfläche inmitten des Tertiärhügellandes zu erklären, ohne daß hiezu größere tektonische Vorgänge nötig wären. Das von J. A. Hensele gezeichnete Gesamtprofil durch das Donaumoos (Abb. 20) zeigt, daß der Untergrund im südlichen Teil des Donaumooses aus Tertiär (Flinzsand, Sandsteinplatten und Flinzmergel), im nördlichen Teil aus Niederterrassen-Schotter besteht. Im Süden sind die größten Moortiefen (bis zu 7 m); gegen Nord läuft das Moor auf der Niederterrasse aus. Bemerkenswert ist ferner, daß die Tertiäroberfläche unter dem Moor im Süden wechselvoller ist als im Norden und teils aus Flinzsand, teils aus Flinzmergel besteht, sowie daß einzelne Tertiärhügel inselartig aus der Moorfläche herausragen.

Wandert man den umgebenden Rändern des Tertiärhügellandes entlang, so trifft man wiederholt auf Sandgruben im anstehenden Tertiär. Hier kann man beobachten, wie der Wind ständig an den Sandwänden arbeitet und die feineren Lagen ausbläst, bis die Mergellagen gesimsartig hervortreten, daß diese schließlich durch Unterhöhlung ihren Halt verlieren und abbrechen, worauf das Abblasen der frischen Steilwand von Neuem beginnt. So mag während der vegetationsarmen Diluvialzeit die ganze verbreiterte Niederung ausgeblasen worden sein. Die Deflation ging hinab bis auf den damaligen Grundwasserspiegel, soferne nicht durchgehende Flinzmergellagen, Quarzkiesbänke oder Sandsteinplatten dies verhinderten. Schließlich war eine Verebnung entstanden, die nur von den kleinen, zur Donau fließenden Bächen durchfurcht war.[4])

Eine schwache spätdiluviale Bodensenkung, die viel geringer war, als Penck und Wagner annehmen, legte hierauf das ganze Donau-Gebiet zwischen Neuburg und Vohburg um einige Meter (etwa 10 m) tiefer. So konnte nun die Donau ihr Bett und ihre nächste Umgebung aufschottern, wobei die breite Geröllbarre (nach Baumann und Hensele) entstand, die im Untergrund des nördlichen Moorteiles liegt. Dadurch wurde der Grundwasserstand in der Deflationsfläche

[1]) Penck-Brückner, Die Alpen im Eiszeitalter, 1909, S. 53.

[2]) Gg. Wagner, Aus der Geschichte der Altmühl (Nürnberg 1923, S. 101 und 108).

[3]) J. A. Hensele, Donaumoos-Studien; Arbeiten der K. B. Moorkultur-Anstalt, München 1902.

[4]) A. Penck sagt von der nächsten Umgebung des Donaumooses: Hier herrschen miozäne Sande, die so leicht beweglich sind, daß sie mehrfach zu Dünen zusammengeweht worden sind (Alpen im Eiszeitalter, S. 53).

erhöht, teils durch Einsickern von Donauwasser, teils durch Aufstau der das Moos durchziehenden Bäche, womit die Versumpfung und Vermoorung begann.

So ist das Donaumoos seiner Entstehung nach ein „Stau-Moor"; hinsichtlich seines Vegetationscharakters ein „Nieder- oder Wiesenmoor" und zwar eines der größten von Deutschland. Es hat bessere Bodenbeschaffenheit als die Münchener Moore. Seine ursprüngliche Gestalt hat es verloren, da es weitgehend entwässert und zum größten Teil bereits einmal abgetorft ist. Doch ist bekannt, daß bereits vor seiner Kultivierung (Beginn 1790) Torfmoose und Hochmoorgewächse fehlten. Die Vegetation war ähnlich wie bei den erst später in Kultur genommenen Dachauer und Erdinger Mooren. An Bäumen kamen auf dem Moorboden Birken, Erlen und Weiden vor; die Sand- und Kiesinseln trugen Bestände von Fichten, Föhren, Eichen und Buchen.

Seit der Entwässerung sind darin sechs neue Kolonisten-Gemeinden entstanden. Sie hatten im ersten Jahrhundert ihres Bestehens mit viel Mißgeschick zu kämpfen: zu geringer Flächenbesitz der Kolonisten, häufige Fröste und Armut des Bodens an Nährstoffen. Um 1880 begann man damit, die entwässerten Moorflächen mit Kunstdünger zu verbessern, was einen raschen und bedeutenden Aufschwung der wirtschaftlichen Lage brachte.

Über den tieferen Untergrund des Donaumooses und seine Wasserführung ist man durch eine ganze Reihe von Brunnenbohrungen unterrichtet, welche die Firma A. Bauer in Schrobenhausen gebohrt hat. Da das Grundwasser der oberen Schotter- und Sandschicht durch Huminsäuren verunreinigt ist, mußte man in die tertiäre Molasse hinabbohren, um hier grobkörnigeren wasserführenden Flinzsand zu erschließen. Das gelang in verschiedenen Tiefen zwischen 40 und 120 m. Das erschlossene Wasser läuft meist frei aus den Brunnenrohren aus, in Mengen von wenigen Minutenlitern bis zu $2^1/_2$ Sekundenlitern. Dies läßt eine unregelmäßige Verbreitung und Mächtigkeit, ja linsenförmige Einlagerung der grobsandigeren Massen im feinsandigen und tonigen Flinz erkennen.

III. Tektonik.

Das hier besprochene Gebiet liegt an der nördlichen Außenseite des alpinen Kettengebirges, es gehört zu dessen Vorland. Die Donaulinie trennt dieses Vorland in die Fränkische Tafel und das Südbayerische Molasse-Gebiet.

Letzteres ist eine Vortiefe der Alpen oder eine sog. Tiefenrinne, d. h. ein unvermittelt vor dem alpinen Kettengebirge liegender Landstreifen, der zur Kreide- und Tertiärzeit unter dem Gewichte der sich von Süden heranwälzenden Gebirgsfalten in die Tiefe gedrückt wurde. Dabei brach er von der Fränkischen Tafel ab,[1]) im Süden wurde er von der alpinen Schubmasse überrollt und unter ihr begraben.[2]) Die entstandene Vortiefe wurde durch mächtige kretazische und tertiäre Schuttmassen (Molasse) ausgefüllt.

Die nach Norden andrängenden alpinen Massen stauten sich an der variskischen Urgebirgsmasse (Vindelizisches Gebirge), die in nicht allzugroßer Tiefe unter dem Jura des Donau-Gebietes liegen dürfte. Doch schwankte auch dieses Widerlager, am meisten da, wo variskische Grundgebirgsschollen (Schwarzwald, Bayerischer Wald) durch den Zusammenstau aufgewölbt und über ihre sedimentäre Umgebung herausgepreßt wurden.

Am wenigsten Veränderung erfuhr die starre Fränkische Tafel. Sie wurde verhältnismäßig wenig in die Höhe gehoben. Doch genügte dies, um sie der Erosion zugänglich zu machen, die durch ihre abschwemmende und ausfurchende Tätigkeit die Landformen schuf, die wir jetzt in dem reifen Tafelgebirge (im Jura- und Trias-Gebiet) vor uns sehen. Tektonische Brüche kommen darin nur in geringem Ausmaße vor. K. G. Schmidt,[3]) der in letzter Zeit eine Fläche von 250 qkm

[1]) Die Bruchlinie verläuft zwischen Ulm—Regensburg—Vilshofen am nördlichen Rande der Donau-Niederung und wird deshalb „Donau-Abbruch" genannt.

[2]) Leopold Kober, Der Bau der Erde (Berlin 1921; Abschnitt IV Gebirgsbildung).

[3]) K. G. Schmidt, Geologie von Neumarkt i. Obpf. (Ber. d. Naturforsch. Ges. zu Freiburg i. Br. 1926, Bd. XXVI, 1).

im Neumarkter Jura-Gebiet und Jura-Vorland untersucht hat, fand darin nur Verbiegungen und Sprunghöhen von durchschnittlich 10 bis 20 m Ausmaß. Erst im südlichen Teile des Juras häufen sich naturgemäß die Brüche, da hier die fränkische Scholle beim Abbrechen der südbayerischen Molassemulde (Donau-Abbruch) besonders in Mitleidenschaft gezogen wurde.

Das gewaltigste tektonische Ereignis, das je auf der fränkisch-schwäbischen Scholle stattfand, war die Ries-Explosion. Auch sie dürfte mit der alpinen Gebirgsbildung in Zusammenhang stehen, indem in der Obermiozän-Zeit die Erdkruste tiefgehende Risse bekam, durch welche die im verkarsteten Jura angesammelten Grundwässer in die Region des heißen Magmas hinabstürzten und die folgenschwere Wasserdampf-Explosion verursachten, welche eine Fläche von annähernd 400 qkm aus der mesozoischen Decke heraussprengte und ihre Trümmer auf die Umgebung, vorwiegend auf die südliche warf (vgl. S. 114).

Nach der Ansicht von M. Schuster (S. 110) wurde die Rieskatastrophe durch eine Explosion von Wasserstoff und Kohlendioxyd hervorgerufen, die im Grundgebirge in großen Mengen eingeschlossen, frei wurden und auf den Rissen der Erdkruste empordrangen.

IV. Morphologie und Morphogenie.

Die Morphologie befaßt sich mit Entstehung der Landformen (Morphogenie) und der sich daraus ergebenden Landschaftskunde (Morphologie im engeren Sinn).

Die Geschichte unseres Gebietes in den einzelnen geologischen Zeitabschnitten wurde bereits in den vorangehenden Abschnitten besprochen. Ebenso wurden bei Darstellung der einzelnen Schichten jeweils die sich daran knüpfenden morphologischen Eigenschaften und damit die Beziehungen zum Landschaftsbild erwähnt. So bedarf es daher hier nur noch einer Zusammenfassung:

Während der Trias- und Jurazeit war Franken eine sinkende Landmasse, die teils als Festland unter Wüstenklima stand und von buntem festländischen Verwitterungsschutt aufgefüllt wurde, teils von Meeren bedeckt war, an deren Boden sich mächtige Sedimente von grauem Ton und hellem Kalk und Dolomit anhäuften.

Die Geschichte als Festland beginnt erst mit der endgültigen Hebung über den Meeresspiegel am Ende der Jurazeit. Damals wurde das nördlich von der heutigen Donau liegende Land gehoben, während das Gebiet südlich davon noch weiterhin Meeresboden blieb und unter den Meeren der Kreide- und Tertiärzeit begraben lag. Erst am Ende des Obermiocäns wurde auch Südbayern Festland. Die Landhebung hatte im Norden, in Mitteldeutschland, begonnen und war nach und nach auch nach Süden vorgedrungen.

Das ganze weitausgedehnte fränkische Gebiet war somit einst von all den Keuper- und Jura-Schichten bedeckt, die weiter vorne besprochen wurden. Ihre Zerstörung und Abtragung begann mit der Hebung über den Meeresspiegel. Seitdem arbeiten die zerstörenden Vorgänge unaufhörlich an der Abtragung der Landfläche. Sie haben mächtige Gesteinsdecken entfernt, die z. B. im fränkischen Keuper-Gebiet viele Hunderte von Metern umfaßten.

Die Art und Weise, wie sich aus einer jungen, dem Meere entstiegenen Landfläche nach und nach die Landformen entwickeln, die wir heute vor uns haben, schildert anschaulich W. Davis.[1]) Seine Erklärung der Landformen ist eine geordnete Betrachtung der Urform und Struktur der gehobenen Masse, der Erosions-Vorgänge, die sie zerschnitten haben, sowie des erreichten Stadiums der Abtragung.

[1]) W. M. Davis und G. Braun, Grundzüge der Physiogeographie, Kapitel X, Die Flüsse und Täler (Leipzig und Berlin 1911; 2. Auflage 1915).

Je nach dem bisher erreichten Stadium unterscheidet DAVIS junge, reife und alte Landformen. Bei den jungen Formen beherrscht das Relief der Urform noch das Landschaftsbild; harte und weiche Schichten sind noch ohne Einfluß auf die Gestalt. In reifen Landformen bestehen die hohen Formen aus widerstandsfähigen Gesteinen, die weicheren Massen sind bereits zu niedrigen Formen abgetragen. Bei den alten Landformen ist nahezu die ganze Landmasse eingeebnet, der Unterschied zwischen weichen und harten Gesteinen nahezu verwischt (vgl. Abb. 22).

Die Kraft, welche die Abtragung der Landmasse in unserem Gebiet bewirkte, ist in erster Linie das fließende Wasser; in geringerem Maße haben auch mitgewirkt die äolische Abtragung sowie die chemische (lösende) Erosion in den Kalkgebirgen (Muschelkalk, Weißer Jura).

Unser fränkisches Trias- und Jura-Gebiet zeigt reife Landformen. Es gehörte ursprünglich ganz dem Strom-System der Donau an; erst als im älteren Tertiär der Rheintalgraben eingebrochen war[1]) und seitdem die zu ihm hingelenkten Flüsse (Main und Neckar) ihre Quellbäche mehr und mehr ins alte Donau-Gebiet zurückschieben und ihm dabei einen Zufluß nach dem andern entreißen, gehört ein großer Teil Frankens zum Rhein-Gebiet. Somit herrschen in Franken ältere und jüngere Landformen: die spätreifen Formen des Donau-Gebietes und die frühreifen des Rhein-Gebietes.

Wie sehr diese Verschiedenheit des Stadiums die Einsicht in den geologischen Aufbau beherrscht, d. h. erschwert oder erleichtert, wurde bei Besprechung des Lias (S. 50) erwähnt. Die alten abgetragenen Flächen im Juravorland mit ihren mächtigen Schutt- und Verwitterungsdecken bieten fast keine Aufschlüsse in den Lias-Schichten, während im Gegensatz hiezu die zahllosen Aufschlüsse im westlich anstoßenden Neckargebiet schon vor vielen Jahrzehnten zur Erforschung und geologisch-paläontologischen Durcharbeitung der Schichten anregten.

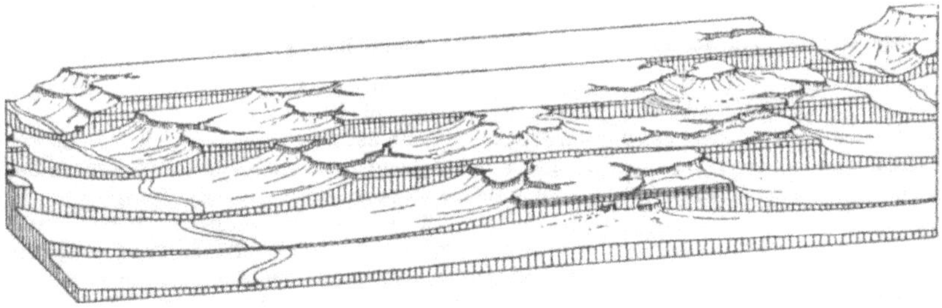

Abb 22.

Entwicklung der Schichtstufen-Landschaft (zu Seite 128).

(Von W. M. DAVIS, Die erklärende Beschreibung der Landformen. Leipzig, Verlag Teubner 1912.)

Die fünf zeitlich aufeinanderfolgenden Diagramme zeigen den Werdegang der Tafel-Landschaft von der jungen Landtafel an bis zur alten abgetragenen Ebene. Hier liegen, wie im fränkischen Keuper- und Jura-Gebiet, zwei harte Gesteinsbänke schichtweise zwischen den weicheren Mergel- und Tonschichten und ragen an den Rändern gesimsartig hervor. Die Verwitterung arbeitet unablässig an den Rändern und den Plateauflächen; die Regengüsse schwemmen das abgewitterte Material hinab. Die aus den festen Gesteinsbänken entspringenden Quellbäche nagen sich rückwärts in die Hochflächen ein und zerschneiden sie. So helfen diese zerstörenden Kräfte zusammen, eine Schichttafel nach der andern zu zerschneiden und abzutragen

Das fünfte (unterste) Diagramm zeigt als letzten Rest einen kleinen übrig gebliebenen Felsen. Dieser lässt sich beispielsweise mit dem Burgfelsen von Nürnberg vergleichen, der mitten aus der weiten Sandebene hervorragt. In ähnlicher Weise lassen sich auch die anderen Bestandteile der fränkischen Stufenlandschaft, ihre Hochflächen, Talwände, Stufenränder und Bergsporne in obiges Schema einordnen.

---

[1]) ALBRECHT PENCK, Talgeschichte der obersten Donau (Schriften des Ver. f. Gesch. des Bodensees und seiner Umgebung, Heft 28, 1899 S. 117—130). GEORG WAGNER, Rhein u. Donau. (Aus der Heimat, Monatsschrift des Deutsch. Lehrer-Ver. für Naturkunde. Bd. 36, 1923 Nr. 10 S. 89—101.)

Die Stufenlandschaft.

Das fränkische Trias- und Juragebiet ist ein Plateauland. Die Schichten liegen nahezu horizontal und bestehen aus einem Wechsel harter und weicher Gesteinslagen. Die einschneidende und abtragende Tätigkeit der Flüsse modelliert in solchen Landflächen allmählich Stufenlandschaften heraus. Hier kommt der Unterschied zwischen weichen und harten Gesteinsschichten am auffälligsten zum Ausdruck. An den Stufenrändern bilden die weicheren Schichten sanfte Böschungen, die härteren Gesteinsbänke Steilhänge und ihre harten, der Verwitterung trotzenden Oberflächen die Hochflächen.[1])

Im Westen des Gebietes ist die Muschelkalk-Oberfläche der Stufenbildner. Sie trägt die flache Lettenkeuper-Decke, die sich als weitausgedehnte Hochebene ostwärts bis ins Keuper-Gebiet erstreckt. Tiefe Erosionstäler mit steilen Talwänden durchziehen diese weite Fläche und teilen sie in einzelne Gäue (vgl. S. 13).

Im Keuper und Jura wiederholt sich in kurzen Zwischenräumen der Wechsel zwischen weichen und harten Gesteinslagen. Deshalb folgen hier an den Steilrändern der Frankenhöhe, des Steigerwaldes und am Jurasteilrand gewöhnlich je zwei Stufen übereinander, wie nachfolgende Skizzen zeigen.

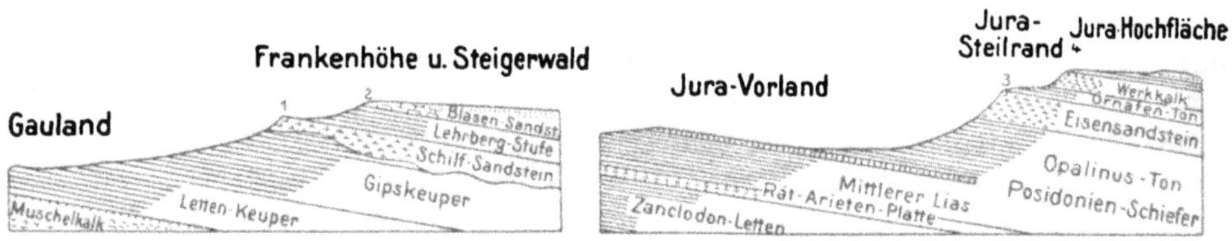

Abb. 23.

Die wichtigsten Stufenbildner des fränkischen Keuper- und Jura-Gebietes.

Im Gebiete der Frankenhöhe und des Steigerwaldes geben die unteren Sandstein-Stufen (Schilfsandstein, Blasensandstein) der Landschaft ihre charakteristischen Formen.

Im Jura-Gebiet fällt diese Rolle zu: der Kalksandstein-Bank über dem Eisensandstein (Braun β), der Oberfläche des Werkkalkes (Weiß α); weiter im Innern des Juragebirges ist noch die Oberfläche des Treuchtlinger Marmors (Weiß δ) als gelegentlicher Stufenbildner zu nennen.

Die genannten harten Gesteinsbänke bilden im wesentlichen die Bergkanten an den Stufenrändern sowie die Hochflächen. Ihnen entspringen zahllose Quellen, die durch rückschreitende Erosion die Hochflächen weitgehend zerschnitten und zerlappt haben, wodurch das mannigfaltige, doch morphologisch leicht zu erklärende Bild der fränkischen Landschaft entstanden ist.

Eine wichtige Landstufe im Jura-Vorland ist ferner die Rät-Lias-Platte. Ihre Bedeutung für das Landschaftsbild und für die Siedlung wurde bereits S. 57 geschildert.

Diese Stufen kehren immer wieder im Gebiet. Sie begleiten die Steilränder, ziehen sich um jeden Bergsporn und folgen den Taleinschnitten bis in jede einzelne Seitenschlucht hinein. Über ihre Entstehung und Entwicklung durch rückwärts einschneidende Erosion der Quellbäche unterrichtet anschaulich Abb. 22.

---

[1]) Robert Gradmann, Das Schichtstufenland. (Zeitschr. der Ges. für Erdkunde zu Berlin 1919 Nr. 3 und 4 S. 113—139.) Gradmann bespricht hier eingehend die Entstehung des schwäbisch-fränkischen Stufenlandes. Er leitet die Schichtstufenländer von Rumpfflächen ab, die weder Abrasionsflächen noch Peneplains zu sein brauchen und in beliebiger Höhe über dem Gleichgewichtsprofil der Flüsse entstehen können. Die Hebung der süddeutschen Rumpffläche im Tertiär veranlaßte tiefe Erosionstäler, die das Land in Firste auflösten. Nach Stillstand der Hebung wurde das Land unmittelbar abgetragen, die Firste abgestumpft und das Ganze allmählich zur Schichtstufen-Landschaft verflacht.

Die Flüsse und ihre Geschichte.

Die ältesten Flüsse in unserem Gebiet waren jedenfalls diejenigen, die von der jung gehobenen Landfläche dem Meere zuflossen. Da die Hebung der jurasischen Sedimenttafel im Norden (Mitteldeutschland) begann, das Meer sich aber vermutlich noch zur Kreidezeit in Südbayern erhielt, müssen diejenigen Flüsse die ältesten sein, die den Frankenjura von Nord nach Süd durchzogen. Sie sind längst nahezu verschwunden, nur einzelne Talstrecken haben sich erhalten, zum Teil als Trockentäler. Solche älteste Talstrecken sind: das Kocher-Brenz-Tal zwischen Oberkochen und Sontheim, das Wörnitz-Tal unterhalb Harburg[1]), das Wellheimer Trockental, das Altmühl-Tal unterhalb Dietfurt (bei Beilngries), ferner Laber-, Vils-, Naab- und Regen-Tal.

Die Anlage dieser Talstrecken dürfte in die ältere Kreidezeit zurückreichen. Die cenomane Meerestransgression überflutete nur vorübergehend das von ihnen durchzogene Juragebiet.

Die Donau kann erst nach Trockenlegung Südbayerns und Südschwabens entstanden sein, also im älteren Tertiär. Der südbayerische Tertiär-See war — teils durch Schuttauffüllung, teils durch Bodenhebung — von den Alpen weg immer weiter gegen Norden vorgeschoben worden, bis schließlich nur noch eine wassererfüllte Rinne am Fuße des Juragebirges und des Bayerischen Waldes übrig blieb, in der die Gebirgswässer nach Osten abflossen. Somit ist die Donau gewissermaßen der an den Jurafuß gedrängte Rest des südbayerischen Tertiär-Sees. A. Moos vermutet in der von ihm aufgefundenen mittelmiozänen Graupensandrinne bei Ulm (vgl. S. 102) den Uranfang der Donau. Sie übernahm ohne weiteres die älteren, von Norden her kommenden Flüsse (Brenz, Wörnitz, Altmühl, Naab, Regen).[2])

Im Mittel-Oligozän erfolgte der Einbruch des Rheintal-Grabens. Die eingebrochenen Erdschollen sanken bis unter den Meeresspiegel, so daß das Meer vom Pariser Becken her in den Graben eindringen und hier seine Sedimente absetzen konnte.[3]) Damit war den zunächst gelegenen Flüssen eine Vorflut gegeben, die um etwa 200 m tiefer lag als die Donau. Main und Neckar hatten sich bald dahin durchgefunden und konnten nun kräftig ihre Quellbäche nach rückwärts einschneiden, da sie mit großem Gefälle und entsprechender Erosionskraft ausgestattet waren. Sie lenkten die für sie erreichbaren Donau-Zuflüsse ganz oder zum Teil ab und eroberten damit ein Gebiet für den Rhein, das jetzt bis an die heutige Donau-Rhein-Wasserscheide reicht.

Die Altmühl ist derjenige Donau-Nebenfluß, der trotz dieser von drei Seiten her erfolgenden Angriffe noch bis heute eine verhältnismäßig große Fläche seines ursprünglichen Gebietes behauptet und damit der Donau treu geblieben ist. G. Wagner schildert in einer trefflichen Darstellung die Geschichte der Altmühl und der oberen Donau, auf die hier verwiesen sein möge.[4])

---

[1]) Georg Wagner, Zur Frage der Buchberg-Gerölle und zur Geschichte der Eger (Centralbl. für Mineralogie usw. 1926, Abtlg. B Nr. 10 S. 340—349).

[2]) Joseph Schwertschlager, Altmühltal und Altmühlgebirge. Eine topogr.-geol. Schilderung (Eichstätt 1905).

[3]) Paul Kessler, Die Entstehung von Schwarzwald und Vogesen Jahres-Bericht des Oberrhein. geol. Vereines IV, 1914, Heft 1.

[4]) Georg Wagner, Aus der Geschichte der Altmühl (Fränkische Heimatschriften Nr. 2, Nürnberg, Lorenz Spindler-Verlag, 1923). Außerdem ist zu empfehlen Georg Wagner, Berg und Tal im Triasland von Franken und Schwaben (Erdgeschichtl. u. landeskundl. Abhandlgn. aus Schwaben und Franken, Öhringen 1922).

V. Nutzbare Bodenschätze.

Die Natur hat dem fränkischen Trias- und Jura-Gebiet edle Erze und Mineralschätze versagt. Dafür hat sie seine Formationen reichlich mit Gesteinen und Bodenarten ausgestattet, die zunächst die Erbauung stattlicher Wohnsitze und fester Städte ermöglichten, die ferner das Rohmaterial lieferten um eine bodenständige Tonwaren-Industrie zu hoher Entwicklung zu bringen und die schließlich gewisse Handelszweige veranlaßten, wie die Treuchtlinger und Solnhofer Stein-Industrie.

An nutzbaren Gesteinen und Bodenarten sind zu nennen: Sand- und Kalksteine, Ton und Lehm, Geröll und Schotter. Sonstige Mineralien wie Eisenerze, Ölschiefer, Kohle und Torf kommen zwar vor, haben auch zeitweise gewisse Ausbeutung und Verwertung erfahren, haben aber jetzt nicht mehr große praktische Bedeutung.

Hier kann nur eine gedrängte Zusammenstellung der wichtigen Vorkommen folgen. Wegen Platzmangels mußte die ausführlichere Darstellung des Verfassers, die auch eine Kritik der Rohstoffe und kurze Besprechung der sich daran knüpfenden Industrien enthält, wegbleiben. Die hier beigesetzten Zahlen-Hinweise beziehen sich auf die Textseiten der Formations-Beschreibung.

Das Gebiet enthält:

I. Bausteine:

A. Sandsteine hauptsächlich im Keuper:
Lettenkeuper-Sandstein (Rothenburg) S. 21.
Schilfsandstein (Lichtenau bei Ansbach) S. 39 Fußnote.
Blasen-Sandstein (Frankenhöhe und Steigerwald) S 35, 36.
Burgsandstein (Umgebung von Nürnberg, besonders bei Wendelstein) S. 34.
Rät-Sandstein (Lauf-Altdorf) S. 27

Im Jura: Angulaten-Sandstein, Schw.-J. α (Wassertrüdingen) S. 53.
Eisensandstein des Doggers, Br.-J. β (Altdorf—Neumarkt—Weißenburg) S. 67.

B. Kalksteine. Im Muschelkalk: *Trigonodus*-Quaderkalk (Rothenburg) S. 12.

Im Jura: Arieten-Sandstein, Schw.-Jura α (Jura-Vorland) S. 53.
Monotis- und *Communis*-Kalk, Schw -J. ε (Jura-Vorland) S. 56.
Die dickeren Bänke von Weißjura β, γ und ζ S. 75, 84, 86, 90.
Treuchtlinger Marmor, W.-J. δ (Weißenburg, Treuchtlingen—Eichstätt) S. 78.
Frankendolomit und Massenkalk, W.-J. ε, S. 79, 80.
Quaderkalk von Abensberg, Offenstetten und Sandharlanden, W.-J. ζ, S. 84.

Im Tertiär: Süßwasserkalk (Ries, Treuchtlingen—Schwabach) S. 96—98.

II. Brennkalk: Der Quaderkalk des Hauptmuschelkalks, (Rothenburg) S. 12.
Die Steinmergel-Bänke im Bunten Keuper, S 37, 41.

Im Jura: Arieten-Kalksandstein, Schw.-J. α, S 53.
Monotis- und *Communis*-Kalk, Schw.-J. ε, S. 56.
Die geschichteten Kalkbänke von W.-J. β, γ und ζ, S. 75, 76, 86, 90.

Im Tertiär: Tertiärkalk (Ries, Treuchtlingen und Schwabach) S 96—98.

III. Pflastersteine: *Trigonodus*-Quaderkalk (Rothenburg) S. 12
Die dickeren Steinmergelbänke im Keuper: Lehrberg-Bank, S. 37.
Corbula-Bank. S. 41; *Zanclodon*- (= *Plateosaurus*) Konglomerat, S 31.
Die härteren Eisensandstein-Bänke (Kalksandstein), Br.-J. β, S. 67.
Treuchtlinger Marmor, W.-J. δ, S. 77.
Frankendolomit und Massenkalk, W.-J. ε S. 80.
Quarzit- und Sandsteinbänke der Kreideformation (Rennertshofen) S. 92.

IV. Sonstige Verwendung der Gesteine:

Ries-Traß[1]) (Suevit, als hydraulischer Zuschlag) S. 112.

Marmor: *Communis*-Platte, Schw.-J. ε (Altdorf—Neumarkt) S. 56.
Treuchtlinger Marmor, W.-J. δ (Treuchtlingen-Möhren) S. 78.

Lithographie-Steine, W.-J. ζ, (Solnhofen—Mörnsheim; Langenaltheim—Mühlheim), S. 86.

Bodenbeleg-Platten, die dickeren Zwischenlagen von Weißjura ζ, (Solnhofen—Eichstätt) S. 86.

Dachschiefer, die dünneren Platten von Weißjura ζ. (Pappenheim—Solnhofen—Eichstätt) S. 87.

Gipssteine zum Bauen, Brennen und Düngen: das Grundgips-Flöz am Fuß der Frankenhöhe und des Steigerwaldes, S. 42.

Alabaster in der Berggips-Schicht, S. 37.

Neuburger Weiß, Verwendung als Putzpulver und Farbengrundlage (Neuburg, Hütting, Wellheim) S. 85.

Straßenschotter: Die Quarzit-Bänkchen im Bunten Keuper, S. 36, 37, 42.
Die Hornsteine im Burgsandstein (Bechhofen, Wieseth), S. 33, 34.
Dolomit und Kalk der Massenformation, W.-J. ε, S. 79, 80.
Tertiärer Hornstein-Schotter im südlichen Jura, S. 92 Anm. 3, S. 104.
Obermiozänes Hauptkieslager und pliozäner Quarzschotter südlich der Donau S. 104.

Hornstein und Feuerstein. Von den vorkommenden Arten wurden von den prähistorischen Menschen mit Vorliebe die Kieselplatten von Weißjura ζ verwendet. S. 85 Anm. 1 vgl. auch S. 34 Anm. 1.

V. Ton für die Ziegelei und Töpferei:

A. Im Keuper; bes. die kalkfreien Lettenschiefer der höheren Keuperstufen.
Unterer Gipskeuper, Estherien-Schichten (Ansbach). S. 42.
Lehrberg-Letten (Langenzenn, Siegelsdorf, Neustadt a. A.), S. 38.
Blasensandstein-Letten (Schwabach, Zirndorf, Sieglitzhof bei Erlangen) S. 36.
Burgsandstein-Letten (Ottensoos bei Nürnberg), S. 34.
Zanclodon-Letten (Wassertrüdingen) S. 32.
Rät-Ton, die graue Ton-Fazies bei Nürnberg (Schnaittach-Altdorf) S. 27.

B. Im Jura: Costaten-Letten, Schw.-J. δ (Schnaittach, Ludersheim bei Altdorf) S. 54
Jurensis-Mergel, Schw.-J. ζ (Rasch und Berg bei Altdorf) S. 55.
Opalinus-Ton, Br.-J. α (Neumarkt i. Opf.) S. 62.

C. Im Tertiär. Der Ton der Albüberdeckung bes. für Töpferwaren geeignet.
Lößlehm im Ries, geeignet für Backsteine, wo er kalkfrei ist auch für Klinker geeignet.
Lehm, der durch Verwitterung und Abschwemmung entstanden ist.

VI. Eisenerze: Oolith-Flöze im Eisensandstein (Heidenheim), S. 64.
Bohnerze auf der Jura-Hochfläche, bes. zw. Anlauter- und Altmühl-Tal. S. 95,

VII. Brennstoffe: Es handelt sich nur um kleine Vorkommen im Lettenkeuper (S. 19, Fußnote) im Schilfsandstein und im Rät, die hin und wieder zu Ausbeutungs-Versuchen verleiten. Diese müssen jedoch bald nach den ersten Entdeckerfreuden erliegen, da die Vorräte kaum nennenswert sind. Die lignitischen Braunkohlen

[1]) MTTH. SCHUSTER, Der vulkanische Tuff des Rieses. (Jahresber. des Oberrhein. geol. Vereins N. F. Bd. XIV. 1925. S. 285.)

TH. SCHNELL, Der bayerische Traß und seine Entstehung. Ebenda. S. 222.

im Ries und auf der südlichen Jurahochfläche haben zu viel Schwefelkies und Wasser, als daß der Abbau lohnend wäre.[1])

VIII. Steinsalz: Im Untergrund des nördlichen Mittelfrankens liegt das Steinsalzflöz des Mittleren Muschelkalkes, das rund 15 m mächtig ist.[2]) Soweit es durch die staatlichen Bohrungen bei Burgbernheim und Windsheim bekannt geworden ist, zeichnet es sich durch reines kristallines Steinsalz aus, dem nur wenig Magnesia-Salze beigemengt sind (vgl. Abt. VI).

IX. Wasservorräte im Untergrund. Die sandig-kiesigen Anhäufungen und Alluvionen in den Niederungen sowie die durchlässigen Sand-, Kalk- und Dolomitflöze der Formationen sind reich an Grund- und Tiefenwässern. Ihre Abflüsse speisen die Quellen. Der Verfasser hat ausführlich diesen Gegenstand in einigen Abhandlungen behandelt,[3]) auf die hier verwiesen sei.

X. Mineralwässer. Die triasischen Schichten enthalten Gips- und Salzflöze. Die daraus entspringenden Wässer haben reichlich Mineralstoffe gelöst, namentlich Chloride, Sulfate und Karbonate von Calcium und Magnesium (z. B. Rothenburg, Windsheim, Dosana-Sprudel b. Fürth). Häufig sind auch eisenhaltige Wässer, namentlich im Bereich des Lias und *Opalinus*-Tons. Schwefelwasserstoff kommt namentlich im Ries (Wemding) und am Südrande der Jura-Formation vor (Abensberg, Gögging, Abbach). Schwefelhaftige Stahlwässer treten an einigen Stellen aus dem Posidonien-Schiefer (Lias ε, S. 57) aus. Die Wildbäder von Weißenburg und Neumarkt i. Opf. verwenden solche Quellen.

---

[1]) L. v. Ammon, Bayerische Braunkohlen und ihre Verwertung (München, Dr. C. Wolf & Sohn, 1911). — C. Deffner und O. Fraas, Begleitworte zur geogn. Karte von Württemberg, Atlasblätter, Bopfingen und Ellenberg (Stuttgart 1877).

[2]) H. Thürach, Über die mögliche Verbreitung von Steinsalzlagern im nördlichen Bayern. (Geogn. Jahreshefte XIII, 1900. München. S. 107—148). — O. M. Reis, Der mittlere und untere Muschelkalk im Bereich der Steinsalzbohrungen zwischen Burgbernheim und Schweinfurt (Geogn. Jahreshefte XIV, 1901. München, S. 23—127).

Georg Wagner, Das deutsche Salz. Aus der Heimat (Jahrgg. 39 Nr. 9, Stuttgart 1926).

[3]) L. Reuter, Das Bayerische Jura-Gebiet und die geologischen Grundlagen zu seiner Wasserversorgung (Thiems Internat. Zeitschr. für Wasserversorgung, Bd. III, Leipzig 1916).

L. Reuter, Die geologischen Grundlagen zur Wasserversorgung im Bayerischen Jura-Gebiet (Journal für Gasbeleuchtung und Wasserversorgung. München, Verlag Oldenbourg, Bd. LXIII, Nr. 29—32).

L. Reuter, Die Quell- und Grundwasser-Vorräte in den geologischen Formationen Nordbayerns (Der Wasserkursus, Plauen, Verlag Herzner-Krapsky, 1926).

Anhang.

Minerallagerstätten.

Von Dr. HEINRICH LAUBMANN.

Das Gebiet des Darstellungsbereiches wird geologisch fast ausnahmslos von geschichteten Formationen aufgebaut und zwar sind es nördlich der Donau die Sedimente des Keupers und des Jura, südlich dieser Grenze die tertiären Ablagerungen der bayerischen Hochebene. Nur ganz vereinzelt tauchen klippenartig im Rieskessel kleinere Partien des kristallinen Grundgebirges (Granit, ein Titanit-, Orthit- und Graphit-führender Gneis, Hornblendeschiefer usw) in scheinbar anstehenden Felsenmassen auf. Naturgemäß bietet dieses Schichtengebilde, so belangvoll es geologisch ist, mineralogisch recht wenig. Immerhin aber sind einige interessante Erscheinungen erwähnenswert.

Im Bereiche des Keupers wurden bei Wendelstein unfern Nürnberg auf kleineren tektonischen Spalten interessante **Schwerspatbildungen** beobachtet — es sind entweder blätterige Aggregate oder die bekannten tafelförmigen Kristalle des Minerales —, die teils unverändert geblieben, vielfach aber auch völlig verkieselt sind und dann als Pseudomorphosen von Quarz nach Schwerspat erscheinen. Wahrscheinlich ist der Prozeß der Bildung und Umbildung des Schwerspates auf thermale Tätigkeit zurückzuführen. Nester von blätterigem Schwerspat sind außerdem noch aus dem oberen Gipskeuper im Eisenbahneinschnitt bei Sachsen, östlich von Ansbach, bekannt und rhomboedrischer Kalkspat in Drusen des Lehrberger Steinmergels aus dem Eisenbahneinschnitt bei Lengenfeld, westlich von Ansbach.

Die aus dem unterfränkischen Keuper vielfach bekannten **„Steinsalzpseudomorphosen"** — Ausfüllungen der Würfelformen des Steinsalzes durch Sand — finden sich auch in unseren Keuperablagerungen, so besonders im Eisenbahneinschnitt westlich von Sachsen bei Ansbach und bei Weidenbach unfern Herrieden.

Zahlreiche Vorkommen von zum Teil kristallisiertem **Schwefelkies,** der bandartig in den Grenzschichten zwischen Rät und Lias des Hesselberges eingelagert ist, zeigen sich besonders bei Beyerberg und Dambach und haben dort zu wiederholten vergeblichen Abbauversuchen Veranlassung gegeben.

Im Jurakalk sind Drusenbildungen mit gut kristallisiertem **Kalkspat,** in den dolomitisierten Anteilen die sattelförmig gekrümmten Rhomboeder des **Bitterspates,** eine gewöhnliche Erscheinung und allenthalben anzutreffen, ebenso wie Konkretionen von **Hornsteinknollen,** die bankartig im Solnhofer Plattenkalk, im Frankendolomit der Eichstätter Alb, vereinzelt auch im Werkkalk der Hersbrucker Gegend, auftreten. In besonders schöner und groß ausgebildeter Form, vielfach mit schalig-konzentrischem Aufbau, sind sie als Haunstätter Kugeln aus dem Jura von Haunstätten bei Beilngries bekannt.

Die **Bohnerze** des Jura, wie sie bei Zöschingen, Heidenheim, Daiting und besonders in der Eichstätter Gegend am Grobschwart im Raitenbucher Forst, bei Pollenfeld, Wachenzell, Hirnstetten vorkommen, besitzen mehr bergwirtschaftliches Interesse. Sie wurden früher in Obereichstätt, Wasseralfingen und Königsbronn (Württbg.) verhüttet.

Pseudomorphosen von Limonit nach Schwefelkies, meist Oktaeder, Würfel oder eine Kombination beider Formen, finden sich im lehmigen Boden der Felder bei Judeneiden- und Kircheneidenfeld und Kittensee in der Umgebung von Velburg i. d. Oberpfalz. Sie waren ursprünglich Konkretionen des kristallisierten Schwefelkieses im Jurakalk, die dann unter dem Einflusse der Oberflächenverwitterung limonitisiert wurden.

Der als geologisches Phänomen so interessante Rieskessel zeigt insoferne auch mineralogisch bemerkenswerte Bildungen, als nach Abschluß der rein vulkanischen Tätigkeit als Absatz heißer Quellen größere Massen ganz porösen **Kalktuffes,** des sogenannten Gastuffkalkes, angehäuft wurden, die durch Brüche an der Marienhöhe bei Nördlingen, am Stoffelberg und Albuch, am Wallerstein, am Spitzberg, Goldberg, Wenneberg usw. und rings am Riesrande aufgeschlossen sind. Im Verlauf dieser thermalen Tätigkeit hat sich dann auch **Pittizit** (Arseneisensinter, in der Hauptsache ein wasserhaltiges Arseniat und Sulfat des Eisenoxydes) in braunen, olivfarbenen gelartigen Massen reichlich abgesetzt, so besonders in den Spalten dieser Kalkabsätze am Spitzberg. Bemerkenswert sind noch die häufigen Lößkindeln-ähnlichen **Kalkkonkretionen** im Lehm der Riesebene.

B. Der württembergische Anteil des Gebietes.[1])

Von Landesgeologen **Dr. Axel Schmidt,** Stuttgart.

I. Allgemeine Übersicht.

Die Westhälfte unseres Darstellungsgebietes umfaßt, abgesehen von dem kleinen badischen Anteil und dem hessischen Wimpfen im Nordwesten und dem zollerischen Anteil im Südwesten, ausschließlich württembergisches Gebiet und zwar mit Ausnahme des Schwarzwaldes und seines unmittelbaren Vorlandes, des Hecken- oder Schlehengäus, alle Teile des landschaftlich außerordentlich reich gegliederten schwäbisch-fränkischen Stufenlandes.

Unser Landstrich verdankt diese Gliederung aber nicht gebirgsbildenden Kräften, sondern lediglich der Erosionstätigkeit des fließenden Wassers. Ist doch unsere „schwäbische Alb", deren Entstehung zu erklären ist durch Zurückweichen eines nach Süden einfallenden, unten aus leichter zerstörbaren, oben aber aus wetterfesten Gesteinen bestehenden Schichtensystems ein „Musterbeispiel eines Denudationsgebirges".[2])

Nach Verlassen des stillen, waldbedeckten Odenwaldes betreten wir nach Südosten zu bei Gundelsheim das fruchtbare schwäbische „Unterland", die Heilbronner Gegend mit den Salinen Jagstfeld, Rappenau, Wimpfen und den Salzbergwerken von Heilbronn und Kochendorf. Weiter gegen Osten, dem Unterlauf von Jagst und Kocher entgegen, dehnt sich die „Hohenloher Ebene" aus, mit einem ganz ähnlichen Landschaftsbild als eine flachwellige, reich besiedelte Ebene, in welche die Flüsse sich ihre Betten stark eingetieft haben. Auch am Neckar aufwärts bis Ludwigsburg ändert sich das Landschaftsbild kaum; die Flanken der Täler des Neckars und seiner Zuflüsse: Murr, Bottwar, Rems, Enz und Zaber bedecken Rebgärten, die Hochfläche trägt Fruchtfelder und die Namen „Strohgäu" und „Langes Feld" weisen auf diese Hauptkornkammern des württembergischen Landes hin.

Nach Westen aber erheben sich Heuchel- und Stromberg, nach Osten die Löwensteiner Berge und der Murrhardter Wald und zeigen uns eine andere Landschaftsform, die des Keupers. Nach Norden schließen sich an diese die Waldenburger Berge, nach Südosten der Mainhardter Wald an, weiter die Ellwanger Berge, der Welzheimer Wald und Schurwald an und über der anders gearteten Filderplatte folgt der Schönbuch. Diese Keuperlandschaften, von schweigenden Wäldern bedeckt, von flinken Bächen zerfurcht, zeigen ein unruhiges Formenbild im einzelnen, das sich erst aus größerer Entfernung als eine in rascher Zerstörung begriffene Schichtstufenlandschaft zu erkennen gibt.

Ihre Waldeinsamkeit wird überall unterbrochen von einzelnen Feldflächen, deren äußerste Vorposten von unterem Jura (Lias) sich bei Wüstenroth einstellen, und die sich weiter südlich, in der Welzheimer Gegend, zu größeren Massen zusammenschließen („Frickenhofener Höhe").

---

[1]) Da diese Zeilen vor allem zum Gebrauch in Bayern gedacht sind, ist der württembergische Anteil des Gebietes, besonders der Abschnitt „Formationsbeschreibung", stark gekürzt dargestellt worden.

[2]) Em. Kayser, Lehrbuch der Geologie Bd. I, 5. Aufl., Stuttgart 1918, S. 874.

Das Vorland der Alb setzt damit ein. In ihm treten einzelne „Vulkanembryonen“ auf, jäh aufragende steile Kegel, im Landschaftsbilde dadurch als Fremdformen erkennbar.

Mit einem Schlag aber ändert sich das Landschaftsbild, sobald wir, nach Süden schreitend an den Albtrauf selbst gelangen. Einer unersteiglich steilen Mauer vergleichbar, in welche die nach Norden zum Neckar eilenden Flüsse und Bäche wohl manche Nische, manchen Talkessel eingenagt haben, am Talschluß aber noch völlig geschlossen, strebt ein sein Vorland um 200 und mehr Meter überragender Steilrand jäh und unvermittelt auf und richtet seine weiße Stirne nach Norden. Nur wenige Berge sind ihm vorgelagert: der Farrenberg, die Achalm, der Neuffen, die Teck, die beiden Kaiserberge: der Hohenstaufen und der Doppelgipfel des Hohenrechberges und schließlich der einsame Stuifen im Rehgebirge. Hinter dem ersten Steilrand, den weißen Kalkfelsen der „montes albi“ (= weiße Berge), die unserer Schwaben„alb“ zu ihrem Namen verholfen haben, liegt meist nochmals einige hundert Meter zurück eine zweite ähnliche Steilstufe. Vergl. S. 148.

Die nun folgende Albhochfläche senkt sich nach Süden allmählich zur Donauniederung; sie ist aber durchaus nicht einförmig. Hügel sind ihr aufgesetzt und flache Rinnen schließen sich zu meist nach Ostsüdost gerichteten Trockentalzügen aneinander. Auch die vielen vorhandenen Erdfälle und Dolinen zeigen uns ihre ausgedehnte, tief verkarstete Hochfläche, auf der das Wasser nicht oberflächlich abrinnt, sondern versickert und unterirdisch abfließt (Donauversickerung bei Immendingen und Fridingen!).

Der westlichen Albhochfläche fehlt ein gemeinsamer Name, um Münsingen (706 m) wird sie als „rauhe Alb“ bezeichnet, bei Donzdorf liegt das „kalte Feld“, an das sich gegen Heidenheim der „Aalbuch“ anschließt. Über der Brenz-Kocher-Furche bildet das nach Osten absinkende „Härtsfeld“ (um Neresheim) den landschaftlichen Übergang zum Ries.

Im Süden, gegen die Donauniederung zu, liegen dann auf der absinkenden Hochfläche flache Hügel und Wälle aus Tertiärbildungen, der „Teutschbuch“, das „Landgericht“, die „lutherischen Berge“ und das „Hochsträß“.

Südlich der Donau beginnt dann die unruhig-kuppige Diluviallandschaft mit weichgerundeten Hügeln, mit moor- und see-erfüllten Senken.

Abgesehen von den eben genannten Diluvialbildungen südlich der Donau, verdankt der übrige, weitaus größte Teil sein reizvoll wechselndes Landschaftsbild lediglich den Kräften der Abtragung (Denudation),[1]) die in wirksamer Weise von der Erosion (Ausnagung) durch fließende Gewässer unterstützt wird. Gebirgsbildende Kräfte haben auf die Ausgestaltung des Landschaftsbildes nicht eingewirkt; denn Verwerfungen oder Schichtenstörungen sind nach bisherigem Wissen nur untergeordnet beteiligt.

Das ganze württembergisch-fränkische Stufenland baut sich aus einzelnen wetterbeständigen, der Verwitterung lange und kräftig widerstehenden, das Land von Südwesten nach Nordosten durchziehenden Schichtstufen auf, die von weichen, wenig widerstandsfähigen Schichten unter- und überlagert werden. Die Denudation schafft durch Zerstörung der leicht verwitternden Schicht eine Geländekante, an deren Stirn die darüber liegende wetterbeständige Schicht einen Steilrand bildet; hinter ihm entsteht die nächste fast ebene, kaum merklich ansteigende Schichtstufe.

Widerstandsfähig sind in erster Linie Sandsteine und die Kalksteine, leicht zerstörbar die Mergel, Letten und tonigen Dolomite. Das fließende Wasser führt die zerstörten, verwitterten Massen ab und erhält dadurch das durch die Denudation geschaffene Landschaftsbild dauernd frisch. Freilich macht die Denudation nicht an den Steilrändern Halt, vielmehr wandern die Steilränder unseres

---

[1]) Denudation, denudare, lat. = entblößen; — Erosion, erodere, lat. = ausnagen.

Schichtstufenlandes langsam, aber unaufhaltsam südwärts, wenn auch nicht so schnell, daß es in einem oder in ein paar Menschenaltern erkennbar wird.

Unser heutiges Entwässerungsnetz ist nunmehr auf zwei Erosionsbasen[1]) in recht verschiedener Entfernung eingestellt, auf die des Rheins und der Donau, welch letztere ehemals die ganze Entwässerung der schwäbisch-fränkischen Stufenlandschaft beherrschte. Noch heute zeigt das Entwässerungsnetz unseres württembergischen Darstellungsbereiches viele ungewöhnliche Züge, die sich nur dadurch erklären lassen, daß in ein altes, donauwärts, also dem Schichtgefäll entsprechend gerichtetes, reich ausgestattetes Flußnetz der Neckar, ein Quellast des erst in verhältnismäßig junger Zeit entstandenen Rheines, als jugendlichkräftiger Räuber eingebrochen ist und sich gewaltige Gebiete angeeignet hat.

Aber nur in größter Nähe seiner heutigen, für unsere Gegend allein maßgebenden Erosionsbasis, seiner Mündung bei Mannheim, hat er das Flußnetz sich völlig zu eigen gemacht und fast jede Andeutung an die alte Entwässerung zur Donau verwischt. In größerer Entfernung davon lassen sich dagegen die Züge der einstigen Entwässerung vielfach noch mit voller Deutlichkeit ablesen. An den äußersten Grenzen seines jetzigen Einzugsgebietes spielt sich noch heute der gewaltige Kampf um die europäische Wasserscheide ab. Alle Zeugen eines solchen Streites: geköpfte Täler, Talstümpfe, finden wir besonders dort, wo Tauber, Wörnitz und Jagst entspringen. Das alte Entwässerungsnetz zur Donau zeigen uns Wörnitz und Altmühl und in gleicher Weise hat früher der Kocher den Albdurchbruch der Königsbronn-Heidenheimer Pforte als südlichen Weg zur Donau benutzt. In seinem Einzugsgebiet zeigt sich mehrfach noch die alte Abflußrichtung nach Südosten[2]) (Sulzbacher Lauter, Fichtenberger und Adelmannsfeldener Rot, Lein).

Die wahre Talsohle der heute nicht mehr als Durchgang zur Donau benutzten Königsbronn-Heidenheimer Pforte liegt nicht in der heutigen Höhe von rund 500 m, sondern, wie eine Bohrung bei Heidenheim gezeigt hat, mindestens 30 m tiefer; wir haben hier ein in seinem eigenen Schutt ersticktes Tal vor uns; denn in früheren Zeiten, als dieser Albdurchlaß noch ein beträchtliches Gebiet donauwärts zu entwässern hatte, konnten die dauernd talwärts wandernden Schuttmassen beseitigt und ausgeräumt werden, was jetzt nicht mehr möglich ist, da dem Tal eine dauernd in einer Richtung abfließende größere Wassermasse fehlt.

Das gleiche Schicksal wie dieser außer Dienst gestellte Albdurchlaß haben auch zwei andere Albdurchlässe gehabt: der eine davon liegt westlich von Ebingen. Der kleine zur Schmiecha ziehende Riedbach fließt hier von der europäischen Wasserscheide bei dem Wirtshaus „Zur Petersburg" (742 m) nach Süden zur Donau, die vom Lotterhof durch Pfeffingen und Margarethausen nach Süden fließende Eyach biegt im spitzen Winkel um und ist jetzt nach Nordwesten zum Neckar-Rhein abgelenkt. Ähnlich liegen auch die Verhältnisse bei der zweiten Talwasserscheide zwischen Burladingen und Hausen. Westwärts zieht die Killer-Starzel zum Neckar-Rhein, während die kleine Vehla zur Lauchert und Donau nach Südosten fließt. Die Talwasserscheide zwischen Killer und Vehla liegt hier 736 m über N N.

Diese beiden Albdurchlässe haben die Wasser des schwäbischen Stufenlandes westlich vom Strom- und Heuchelberg zur Donau abgeführt. Der viel größere östliche Anteil wurde durch die Königsbronn-Heidenheimer Pforte nach Süden entwässert.

Der heutige Verlauf der europäischen Wasserscheide im Bereich der Albhochfläche deckt sich infolge der Verkarstung und der damit in Zusammenhang

[1]) Erosionsbasis ist die Grenzfläche, unter welche die Erosion nicht mehr wirken kann.

[2]) Hierbei ist auch auf die wenig bekannte Tatsache hinzuweisen, daß die Jagst, die bei Crailsheim den verkarsteten Hauptmuschelkalk erreicht, in ihm sofort, beeinflußt durch die Verwerfung Crailsheim-Kirchberg (vgl. S. 155) an heute bereits vierzehn Stellen zwischen der Helden-Mühle (395 m) und Mistlau (350 m) Wasser verliert, das, wie Versuche zeigten, nach etwa 15 km langem, unterirdischen Lauf im „Neun"bronn bei Scheffach im Bühlertal (288 m), also rund 100 m tiefer, wieder zu Tag tritt.

stehenden unterirdischen Wasserbewegung mit der hydrographischen Wasserscheide möglicherweise oder sogar wahrscheinlich nicht. Die hydrographische Wasserscheide tritt vielfach, so zwischen Burladingen und Willmandingen, bei St. Johann unweit Urach, zwischen Weißenstein und Heubach, bei der Kapfenburg hart an den Albtrauf heran und verläßt ihn, bzw. steigt durch das Albvorland rasch in die Keuperlandschaft nördlich von Lauchheim herab.

Den geschilderten Landschaftsverhältnissen entsprechend haben wir im Norden im allgemeinen eine unruhige, reich von Tälern zerschnittene Hochfläche mit etwa 200—300 m über N.N., in die sich die Flüsse noch weiter eingetieft haben (Heilbronn 156 m, Neckar an der Landesgrenze unterhalb Gundelsheim 143 m). Die einzelnen Keuperterrassen (Schilfsandstein des Heuchelberges 310 m, Stubensandstein am Stromberg 406 m, östlich von Löwenstein 456 m) erheben sich zum äußersten Vorposten des Schwarzen Jura bei Wüstenrot auf 507 m. Nach Süden und Osten ändern sich diese Höhenverhältnisse kaum: Einkorn bei Hall 509 m, Korberkopf 455 m. Einzelne Höhen des Schwarzen Jura ragen indes über die 500 m-Höhenlinie heraus: Buocher Höhe 518 m, Hohentannenberg auf der Frickenhofer Höhe 565 m. Südlich der Rems stellen sich — infolge von tektonischen Störungen — als äußerste Vorposten der eigentlichen Albhochfläche die Kaiserberge (Hohenstaufen 684 m, Hohenrechberg-Burgberg 642 m, -Kirchberg 706 m, Stuifen 756 m) mit einer die Umgebung weit beherrschenden Höhe ein. Weiter westwärts, wo mehrere Verwerfungen die Schichten des Keupers und des Schwarzen Jura in einzelne Schollen zerbrechen, erscheint die Oberflächengestaltung nicht mehr so einheitlich. Die Liaskuppe des Kernen südlich Fellbach erhebt sich bis zu 510 m, die Waldburg auf Stubensandstein O. von Böblingen bis zu 526 m, der Bromberg (Rät = oberster Keuper) bis zu 583 m und bis 600 m die Vulkanberge bei Metzingen (Florian 522 m, Jusi 663 m, Limburg 598 m, Aichelberg 609 m).

Dies ändert sich aber sofort gegen Süden zu mit dem Überschreiten der Senke des Neckars und der unteren Fils. Denn unmittelbar südlich dieser (rund 300 m über NN.) Furche erhebt sich sogleich der Steilrand der Alb (Dreifürstenstein 854 m, Salmendinger Kapelle 887 m, Farrenberg 794 m, Roßberg bei Öschingen 869 m, die Achalm 707 m, der Schönberg 793 m, der Traifelberg gegenüber dem Liechtenstein 782 m, der Ursulaberg 788 m, der Olgafels 787 m, Hohenurach 690 m, Hohenneuffen 743 m, die Teck 775 m, der Rauber 780 m, Boßler 794 m, Kornberg 779 m, Fuchseck 762 m, Burren 693 m, Messelstein 749 m, Bernhardus 775 m, Rosenstein 699 m, Braunenberg bei Wasseralfingen 723 m, die Kapfenburg 621 m und der Ipf bei Nördlingen 668 m).

Von diesen Höhen am nordwestlichen Albtrauf fällt die Albhochfläche langsam zur Talfurche der Donau ab, die oberhalb Zwiefaltendorf (529 m) in das Gebiet unserer Darstellung eintritt und unterhalb Ulm mit dem Erreichen des Donauriedes (469 m) in eine völlig fremde Landschaft gelangt.

Den Tertiärhöhen nördlich und südlich der Donau fehlen, abgesehen vom Bussen (767 m), beherrschende Höhen; nur einzelne Gipfel reichen über die 700 m-Linie hinaus. Für die unruhige Diluviallandschaft südlich der Donau kann man Höhen von 500 bis 700 m annehmen.

Die Lagerungsverhältnisse sind nach den bisherigen Kenntnissen ziemlich einfach, die Schichten streichen WSW.—ONO. und fallen im allgemeinen flach nach Südosten ein. Nur im Norden haben wir in der Heilbronner Mulde und dem Vellberger Sattel eine wellenförmige Schichtenlagerung. Geringfügige Verwerfungen, meist NW.—SO. oder O.—W. streichend, finden wir vor allem um Stuttgart. Sie treten im Landschaftsbild nicht sehr hervor und bewirken meist ein treppenförmiges Absinken der Ostschollen.

An technisch nutzbaren, wenn auch nicht wirtschaftlich hochwertigen Gesteinen ist das dargestellte Gebiet nicht arm.

Das Baugewerbe nutzt die zahlreichen Sandsteinablagerungen des Buntsandsteins, des Keupers und des Unteren Jura und die Kalke des Muschelkalks und des Weißen Jura zu Hochbauzwecken aus. Die genannten Kalke geben auch den Rohstoff zur Zementherstellung. Gewisse Mergel des Lias dienen zur Gewinnung von Romanzement, die Eisenerze des Doggers werden bei Wasseralfingen und neuerdings auch wieder im Filstal gewonnen; die Ausnützung des Bitumens in den Posidinienschiefern des Lias scheint in die Wege geleitet. Besondere Bedeutung kommt den Steinsalzlagern der Gegend von Heilbronn-Kochendorf und früher Hall zu; Lößlehm liefert einen erwünschten Rohstoff für Ziegeleien und aus Kalktuffen werden vielerorts Hausteine gewonnen.

Die zahlreichen Mineralquellen unseres Gebietes stellen einen besonderen volkswirtschaftlichen Schatz dar. Vergl. S. 156.

Am Gesamtaufbau des Gebietes sind also beteiligt:

5. Alluvium
4. Diluvium
   - Eis- und zwischeneiszeitliche Bildungen,
   - Löß und Lößlehm,
3. Tertiär[1]
   - d) Pliozän: Dinotheriumsande, Bohnerze z. T., usw.,
   - c) Miozän: Obere Süßwassermolasse — Brackwassermolasse — Meeresmolasse,
   - b) Ober-Oligozän: Untere Süßwassermolasse,
   - a) Alt-Tertiär,
2. Jura
   - c) Weißer Jura (Malm),
   - b) Brauner Jura (Dogger),
   - a) Schwarzer Jura (Lias),
1. Trias
   - c) Keuper
     - Oberster Keuper oder Rät,
     - Eigentlicher Bunter Keuper,
     - Lettenkohle (Kohlenkeuper),
   - b) Muschelkalk
     - Oberer oder Hauptmuschelkalk,
     - Mittlerer Muschelkalk,
     - Unterer Muschelkalk (Wellenkalk),
   - a) Buntsandstein
     - Oberer Buntsandstein,
     - Mittlerer oder Hauptbuntsandstein.

Von vulkanischen Durchbruchsgesteinen spielen nur Basalte und Basalttuffe eine vergleichsweise bescheidene Rolle. Ältere Erguß- und Tiefengesteine beteiligen sich nur an der Zusammensetzung einiger Trümmergesteine (Konglomerate), treten aber selbständig im Darstellungsbereich nicht auf.

In dem hier gegebenen engen Rahmen wird nur auf die Trias- und Juragesteine — unter Hinweis auf örtliches Sonderschrifttum — eingegangen werden können. Das Tertiär — mit Ausnahme der vulkanischen Durchbruchsgesteine — und die diluvialen und alluvialen Bildungen jedoch werden an dieser Stelle nur gestreift, da sie in Abteilung II, in deren Darstellungsbereich sie in größeren Flächen auftreten, schon besprochen worden sind.

[1] Genauere Einteilung der Tertiärbildungen siehe in Abt. II und auf S. 151 dieses Bandes.

II. Formationsbeschreibung.

Mesozoische Bildungen.

Die Trias.

Über das Schicksal unseres Gebietes in den ältesten geologischen Zeiten sind wir infolge der auflagernden jüngeren Schichten nur mangelhaft unterrichtet. Es besteht aber wohl Grund zur Annahme (S. 5—8), daß das schon in den bisherigen drei Abteilungen erwähnte varistische Gebirge etwa mit dem heutigen Albverlauf gleich gerichtet, in der Tiefe unser Gebiet durchzieht, und daß dieses Gebirge wohl recht bunt aus verschiedenen Gneisen und granitischen Gesteinen zusammengesetzt gewesen ist.

Seit F. v. Alberti (1834)[1]) sind wir gewohnt, die Bildungen in Deutschland, die sich zwischen dem Rotliegenden, bzw. dem Zechstein, den obersten palaeozoischen Schichten und dem Jura abgelagert haben, als Trias zu bezeichnen und sie in Buntsandstein, Muschelkalk und Keuper einzuteilen. Auch wissen wir, daß im Gegensatze zu anderen Gebieten, z. B. den Alpen, wo wir in jenen fernliegenden Zeiten vorwiegend Meeresbildungen haben, es sich in Deutschland zumeist um Bildungen auf dem Festlande bzw. an den Küsten einer Binnensee handelt, die nur für kürzere Abschnitte der Muschelkalkzeit gegen NO., bezw. SW. hin mit dem offenen Weltozean wohl zusammenhing.

A. Der Buntsandstein.[2])

Vom Buntsandstein, den wir nach dem Vorgang von H. Eck in drei Abteilungen gliedern, erscheinen im Darstellungsbereich der Abteilung IV nur die beiden oberen Abschnitte; ist er doch nur auf die Gegend von Mosbach, Neckarelz, Zwingenberg und die kleine Scholle beschränkt, die im Kochertal zwischen Ingelfingen und Niedernhall infolge tektonischen Einflusses auftaucht. Während aber im Neckar- und Elztale noch Teile des mittleren Buntsandsteins im Talhang ausstreichen, tritt am Kocher nur noch seine obere Abteilung zutage: der Plattensandstein und über diesem die Röttone.

Die mittlere Abteilung des Buntsandsteins, der in unserem Gebiet besser den Namen Rotsandstein verdiente, beginnt und schließt ab mit zwei sehr bezeichnenden Geröllschichten, dem Eck'schen Konglomerat und dem Hauptkonglomerat. In ersterem finden wir neben wohlgerundeten Quarziten und dunklen Hornsteinen Gerölle von feldspatführenden, meist jungpalaeozoischen Tiefen- und Ergußgesteinen, die im Hauptkonglomerat ganz fehlen. Dazwischen liegen der Pseudomorphosensandstein, so benannt nach den zahlreichen Afterkristallen (Pseudomorphosen nach Kristallen hier aufgelöster Karbonate), und der Hauptbuntsandstein, eine einförmige Folge mittel- bis grobkörniger, roter Sandsteine mit vereinzelt sich einschiebenden Lettenbänken, Tongallen und im oberen Teil mit Kugelbildungen. Die Mächtigkeit der Konglomeratschichten beträgt im großen Durchschnitt je 40 m, die des Pseudomorphosen- und Hauptbuntsandsteins etwa je 120 m.

[1]) F. v. Alberti, Monographie des bunten Sandsteins, Muschelkalks u. Keupers (Trias). Stuttg. 1834.

[2]) Auf der geologischen Karte mit b bezeichnet.

Den Oberen Buntsandstein, rund 60 m mächtig, leiten die sogen. „Zwischenschichten" ein, rotbunte tonige Sandsteine mit Dolomitknollen, die aber nicht selten von Karneol verdrängt und zum Teil verkieselt sind. Darüber lagern die Plattensandsteine, rote, in Bänke und Platten spaltende, mittel- bis feinkörnige Sandsteine, die einen guten Werkstein liefern. Das Bindemittel ist tonig-eisenschüssig, wenn auch trotz des ausgesprochenen Rot der Eisengehalt selten über 1 % hinausgeht; auf den Schichtflächen finden sich flache Tongallen und zahlreiche Blättchen eines stark ausgebleichten Magnesiaeisenglimmers (Biotit), die wesentlich zur leichten technischen Verarbeitung beitragen. Nach oben zu schließt diese Schichtfolge ab mit dem fast weißen Chirotheriensandstein[1]) [Grenzquarzit in Unterfranken (Abt. VI)], dem mehrfach rote Schiefertone eingelagert sind. Das Bindemittel ist hier dolomitisch. — In allen diesen Sandsteinen kommt Schwerspat meist als Kluftausfüllung spärlich vor. — In Unterfranken zählt man den Plattensandstein zum Röt im allgemeinen.

Der Buntsandstein endigt oben mit den 20—25 m mächtigen Rötschichten, die aus rotbunten, mehr oder weniger sandigen Schiefertonen sich zusammensetzen. Festere Sandsteine sind spärlich entwickelt und anscheinend nicht höhenbeständig. In Unterfranken sind die Röttone das Röt im engeren Sinne.

Auf eine Änderung der Absatzverhältnisse deutet die von der badischen geologischen Landesaufnahme in den Karten ausgeschiedene „Myophorienbank" hin, in der uns Zweischaler des Unteren Muschelkalkes als erste Vorläufer des unmittelbar darauf vordringenden Meeres der Muschelkalkzeit begegnen (vgl. unten).

Die immer noch strittige Frage, ob der Buntsandstein als Wüstenbildung oder als Absatz einer Flachsee aufzufassen ist, läßt sich vielleicht durch die Annahme seiner Bildung auf einer Flachküste unter einem subtropischen Klima lösen, die allmählich von Nordosten nach Südwesten, bzw. Westsüdwesten fortschreitend, über ältere Absätze übergreift. Diese in unserem Darstellungsbereich zwar nicht zutage tretenden Erscheinungen werden durch das Verhalten der einzelnen Schichten in dem westwärts liegenden Schwarzwald wahrscheinlich gemacht.

Den Rötschichten entquillt — auch an norddeutsche Verhältnisse erinnernd, wo dem Röt an mehreren Stellen Steinsalzlager eingeschaltet sind — die Mergentheimer Mineralquelle des Karlsbades und die von Hoheneck bei Ludwigsburg.

B. Der Muschelkalk.[2])

Der Muschelkalk ist mit seinen drei Abteilungen, dem Unteren oder dem Wellenkalk, dem Mittleren oder dem Anhydritgebirge, und dem Oberen oder dem Hauptmuschelkalk in dem Darstellungsbereich vertreten. Er ist als Absatz eines Binnenmeeres oder einer Binnensee aufzufassen, die, wie ihre artenarme, aber individuenreiche Fauna zeigt, nur zeitweilig mit dem offenen Weltozean der damaligen Zeiten in unmittelbarer Verbindung stand. Dieses Binnenmeer flutete aus Nordosten bis in unsere Gegenden herein; seine zeitweilig unterbrochene Verbindung mit dem offenen Ozean haben wir etwa in Oberschlesien und Südpolen, später wohl im SW. über Sardinien zu suchen. da auf diesen Wegen einzelne Vertreter der offenen Ozeanfauna auch zu uns gelangten.

---

[1]) Chirotherium, cheir, gr. = Hand, therion = Tier, Handtier, weil nur die handtellerähnlichen Fährtenabdrücke des Tieres bekannt sind.

[2]) Die geologische Karte bezeichnet ihn mit m.

1. Der Untere Muschelkalk oder Wellenkalk.

Dieser tritt im Westen um Mosbach herum, weiter im Kocher-, Jagst- und Taubertale auf, zeigt aber in allen Vorkommen eine ziemlich weitgehende Übereinstimmung seiner Ausbildungsart.

Die beim Buntsandstein angedeuteten Verhältnisse einer von Nordosten nach Südwesten vorschreitenden Transgression setzte sich in besonders klarer Weise im Wellenkalk fort. Die Entstehung dieser Schichtfolge, von MARTIN SCHMIDT[1]) am Schwarzwaldrande eingehend bearbeitet, ist neuerdings von P. VOLLRATH mit sehr beachtenswerten Ergebnissen untersucht worden. Er unterscheidet eine Meininger, Mosbacher und Freudenstadter Ausbildung, deren fazielle und Altersunterschiede aus der nachstehenden, seiner vorläufigen Mitteilung[2]) entnommenen Tabelle zu ersehen sind.

Freudenstadt	Mosbach	Meiningen
Orbicularis-Schichten	*Orbicularis*-Schichten	*Orbicularis*-Schichten
	Schaumkalke	Schaumkalke
Spiriferina Bank	*Spiriferina*-Bank	*Pentacrinus*-Bank
Horizont der *Terebratula vulgaris*		Terebratelkalke
Hauptlager der *Terebratula Ecki* und der *Beneckeia Buchi*		
Liegende Dolomite α und β	Konglomeratbank α und β	Oolithbank α und β
Rötmergel	Mosbacher Grenzschichten	Unterster Wellenkalk
	Rötmergel	Gelber Grenzkalk
		Rötmergel
	Myophorien-Bank	Myophorienschichten

[1]) M SCHMIDT, Das Wellengebirge der Gegend von Freudenstadt. Mitt. d. geol. Abteil d. württ stat. Landesamtes, Nr. 3, Stuttgart 1907.

[2]) P. VOLLRATH, Das Meer zur Wellengebirgszeit zwischen Schwarzwald und Thüringer Wald. Naturw. Wochenschr., N. F. Bd. 21, S. 257—263. Außerdem: Derselbe, Beiträge zur Stratigraphie und Palaeogeographie des fränkischen Wellengebirges. Neues Jahrb. f Min. usw Beilageband L. Stuttgart 1923. — Weitere Ausführungen mit Abbildungen hierüber bringt M SCHUSTER in Abt. VI.

In unserem Bereiche sehen wir nach der VOLLRATH'schen Kartendarstellung nur die Mosbacher Ausbildung des Wellenkalkes, bei der „an der unteren Tauber die dolomitische Ausbildung nahe der unteren Grenze beginnt und nach Süden zu in immer höhere Horizonte steigt" (VOLLRATH, S. 258) in weiter Verbreitung, während die Freudenstadter Ausbildung auf die nähere Umgebung von Schwäbisch-Hall beschränkt bleibt. Beiden Ausbildungsarten gemeinsam ist die kalkige Entwicklung der obersten Teile der Schichtenfolge, die bei Mosbach, am Kocher, an der Jagst und Tauber weit nach unten herabreicht, während sie bei Hall einer dolomitischen Entwicklung Platz macht. Zu oberst liegen stets Kalkbänke mit *Myophoria orbicularis*, dann folgen die oolithischen, schaumig-porigen Schaumkalkbänke, unter denen kleinstgefaltete Kalkschiefer, die eigentlichen Wellenkalkschichten, liegen. Diese Ausbildung entspricht mit Ausnahme der hier fehlenden Terebratelbänke in ihren Grundzügen derjenigen in Unterfranken (Abt. VI). Im Westen unterlagern dann dolomitische Mergel diese Schichtenfolge, während nach Osten zu mehr oder weniger tonige Kalke folgen. Die Mächtigkeitswerte steigen von Westen (Mosbacher Gegend) von etwa 60 m bis auf rund 75 m.

2. Der Mittlere Muschelkalk oder das Anhydritgebirge.

Diese Schichtengruppe, volkswirtschaftlich wichtig durch ihre Schätze an Steinsalz, die teils bergmännisch, teils durch Salinenbetrieb gewonnen werden, und durch die mit dem Steinsalz verknüpften, weit verbreiteten Gipsvorkommen, zeigt, jenachdem Steinsalz und Gips noch vorhanden oder bereits ausgelaugt worden sind, eine wechselnde Mächtigkeit von 25—80 m. Im übrigen bezeugen gerade diese Mineralvorkommen, daß zur Zeit des Absatzes dieser Gesteine die Verbindung mit dem offenen Weltmeere unterbrochen war und das Meerwasser unter den damals herrschenden klimatischen Verhältnissen eindunsten und seinen Gehalt an schwefelsaurem Kalk (Anhydrit, Gips) und Chlornatrium (Steinsalz) niederschlagen mußte.

Die Schichtenfolge ist, abgesehen von diesen Ausfällungen, ziemlich einförmig aus tonigen Dolomiten, Zellenkalken und Mergeln aufgebaut, in denen meist dunkle Hornsteine, besonders nach oben zu, reichlich eingestreut sind. Versteinerungen werden zwar erwähnt, kommen aber nach den Untersuchungen HOHENSTEINS[1]) am Schwarzwaldrande nur spärlich und als Kümmerformen darin vor. Dies läßt sich auch nach den Entstehungsbedingungen erwarten; denn das organische Leben erstirbt im allgemeinen bei größerer Anreicherung des Salzgehaltes der Gewässer, wie wir es bei der Ausscheidung von Gips, bezw. Anhydrit und Steinsalz anzunehmen haben.

3. Der Obere oder Hauptmuschelkalk.

Mit dem Beginn des Hauptmuschelkalks öffnet sich von Südwesten her wieder ein neuer Verbindungsweg zum Weltmeere, auf dem eine ziemlich reiche Tierwelt die Binnensee des deutschen Muschelkalks besiedelt; sogar vereinzelte Vertreter des offenen Ozeans verirren sich hierher.

Der Hauptmuschelkalk unseres Gebiets ist in neuerer Zeit von GEORG WAGNER untersucht worden,[2]) auf dessen Ergebnissen die nachstehenden Ausführungen fußen. Nach ihm haben wir ähnlich wie im unteren Muschelkalk (S. 141) einzelne Faziesgebiete zu unterscheiden: Als Regel dient die Kochendorfer Fazies, weiter im Norden die Tonfazies des Beckeninneren, im Osten die Kalkfazies, dann die Fazies der Mainbausteine (Trigonoduskalke) und die Uffenheimer Fazies (die

[1]) HOHENSTEIN, Beiträge zur Kenntnis des mittleren Muschelkalks am östlichen Schwarzwaldrand. Geol. u. pal. Abhandl. N. F. 12. Heft. 2. Jena 1913.

[2]) G. WAGNER, Beiträge zur Stratigraphie und Bildungsgeschichte des oberen Hauptmuschelkalks und der unteren Lettenkohle in Franken. Geol. u. pal. Abh. N. F. Bd. 12, Heft 3, S. 275 bis 455. Jena 1913.

beiden letzteren Faziesbereiche werden in der Abt. VI, in deren Gebiet sie in hervorragendem Maße auftreten, besprochen werden). Gegen Süden und Westen tritt eine als Absatz aus Seichtwasser bisher gedeutete Fazies auf, mit einer nach Südwesten immer tiefer herabreichenden Dolomitisierung der oberen Schichten (z. B. um Ludwigsburg). — Im allgemeinen baut sich der etwa 80—90 m mächtige Hauptmuschelkalk aus folgenden Abteilungen auf: Zu unterst die etwa 35 m mächtigen Trochitenkalke, für die die Stielglieder der Seelilie *Encrinus liliiformis* neben den Muscheln ***Myophoria vulgaris*** und *Gervillia costata* bezeichnend sind Ihnen werden die darüber folgenden Schichten als Nodosuskalke gegenübergestellt. Der namengebende Ammonit *Ceratites nodosus* kommt jedoch darin meist nur unten reichlich vor, nach oben[1]) stellen sich *Ceratites intermedius, C. dorsoplanus* und *C. semipartitus* ein. Die Muscheln *Gervillia socialis, Pecten discites* und *laevigatus* und der Armfüßler *Spiriferina fragilis,* sind ebenfalls für diese Schichten bezeichnend. In den Nodosusschichten (in Bayerisch-Franken „Ceratitenschichten“ genannt) tritt hier wie dort mit großer Hartnäckigkeit die fast nur aus wohlerhaltenen, perlmutterglänzenden Schalen eines kleinen Armfüßlers, der *Terebratula vulgaris* var. *cycloides* bestehende sogen. Cycloides-Bank auf, welche die Nodosusschichten in eine untere (rund 15—20 m) und eine obere Abteilung teilt, (Obere Nodosus- und Semipartitus-Schichten). In diesem oberen Abschnitt treten örtlich große Absatzänderungen ein; hier ist auch, mehr oder weniger der Lettenkohlengrenze genähert, der Trigonoduskalk mit der Muschel *Trigonodus Sandbergeri* in der Taubergegend eingeschaltet, der mächtige, abbauwürdige Bänke bildet. Eine Bank voll großer Terebrateln in wohlerhaltenem Zustande, die Hauptterebratelbank, zieht sich in ihm mit großer Beständigkeit auf weite Strecken hindurch. Morphologisch bildet der Muschelkalk im Nordwesten unseres Darstellungsgebietes die erste Steilstufe des schwäbisch-fränkischen Schichtstufenlandes, da der Wellenkalk im Gegensatz zu Bayerisch-Franken hier nicht stufenbildend auftritt. Sie erhebt sich steil über dem flacher geböschten Anhydritgebirge und geht südwärts bis zum Kocher in weite Hochflächen über.

C. Der Keuper.[2])

Mit dem Beginn des Keupers ist die Herrschaft des deutschen Triasbinnenmeeres endgültig gebrochen. Denn schon die untere Abteilung dieser Schichtengruppe, die Lettenkohlenstufe, zeigt sich uns als Flachwasser- und Strandbildung: Süddeutschland beginnt vorübergehend Festland zu werden.

1. Der Untere Keuper oder die Lettenkohle (Lettenkeuper, Kohlenkeuper).

Die Lettenkohle bleibt, abgesehen von den kleinen Vorkommen am mittleren Neckar, an der Enz, Rems und Murr, auf den NW.-Teil unseres Gebietes beschränkt, ostwärts bis zur Linie Crailsheim-Rothenburg o. T. reichend. Sie lagert, oft von jüngeren Bildungen überdeckt, als meist dünner Schleier dem Hauptmuschelkalk auf. Ihre durchschnittliche Mächtigkeit beträgt rund 25 m. Ein Sandsteinhorizont, der vorwiegend in der Haller Gegend einen lebhaften Steinbruchbetrieb veranlaßt hat und der dem Werksandstein Unterfrankens entspricht (Abt. VI), teilt sie in eine untere und obere Abteilung.

Die untere Lettenkohle beginnt mit einer weit und breit auftretenden, phosphatreichen Knochen-, Zähne- und Fisch-Schuppenlage, dem sogen. Bonebed;[3]) in ihr herrschen Dolomite und vitriolreiche, schwarze Letten (Gaildorf) oder Mergel und dunkle Mergelschiefer vor. Die obere Lettenkohle ist durch Ocker- oder Flammendolomite gekennzeichnet, denen wiederum hell-

[1]) Zur Bestimmung dieser Muschelkalkversteinerungen sei auf das demnächst im Verlag von Ferdinand Rau in Öhringen erscheinende Tafelwerk von Prof. Dr. Martin Schmidt hingewiesen.

[2]) Auf der geologischen Karte ist der Untere Keuper mit uk bezeichnet, der Mittlere und Obere unter mk zusammengefaßt.

[3]) = (engl.) Knochenbett, Knochenschicht.

und dunkelgraue bis graugrüne, kaum aber rotgefärbte Letten und Mergelschiefer eingelagert sind. Den Abschluß bildet überall eine bezeichnende Zellenkalk- bezw. Zellendolomitbank, der sogen. Grenzdolomit Frankens (vergl. Abt. VI.) — Die spärlich vorkommenden Kohlenschmitzen entbehren jeder wirtschaftlichen Bedeutung.

2. Der Mittlere oder Bunte Keuper.[1])

Diese Abteilung macht ihrem Namen Keuper (= Köper, ein buntfarbiges grobes Gewebe im Thüringischen) alle Ehre. Wohl nie treffen wir ein so mannigfaches, rasch wechselndes Farbenspiel zwischen Weiß, Gelb, Grün, Rot, Violett, wie gerade in ihr. Im einzelnen scheidet heute die württembergische geologische Landesaufnahme in ihr fünf Stufen aus, den Gipskeuper unten, den Schilfsandstein, die bunten Mergel, den Stubensandstein in der Mitte und die Knollenmergel oben.

a) Der Gipskeuper.

W. Pfeiffer[2]) gibt vom Gipskeuper folgende Sonder-Gliederung:

C. Stufe der Estherienschichten (30 m).
- c) Obere bunte Estherienschichten (5 m).
- b) Graue Estherienschichten (12 m).
- a) Bunte Estherienschichten (17 m).

B. Stufe der Bleiglanzbank (25 m).
- b) Mittlerer Gipshorizont (25 m).
- a) Bleiglanzbank (0,01—0,5 m).

A. Stufe des Grenzdolomites (40 m).
- c) Dunkelrote Mergel (20 m).
- b) Grundgips (15—20 m).
- a) Grenzdolomit der Lettenkohle (0,5 m).

Abgesehen von der tonsteinartigen Bleiglanzbank, deren geringe Mächtigkeit und unbedeutender Gehalt an dem namengebenden Mineral die technische Ausbeutung ausschließt und den Gipsen, von denen nur der sogen. Grundgips, eine oft reine Einlagerung in Form von ausgedehnten Linsen, wirtschaftliche Bedeutung erlangt (vgl. S. 156), sind in dieser Abteilung neben einigen dünnen dolomitischen Steinmergelbänkchen im wesentlichen tonige, kalireiche und daher zur Bodenverbesserung der Weinberge viel benutzte Mergel („Leberboden" der Weingärtner) am Aufbau beteiligt. Die vorausgestellte Sonderteilung zeigt die rasch wechselnden Farben und den Aufbau im Einzelnen. Gesamtmächtigkeit rund 100 m.

b) Der Schilfsandstein.

Dieser Abschnitt zeigt im ganzen Keuper eine große Unbeständigkeit seiner Mächtigkeit. Gewöhnlich kaum 1—2 m dick und dann vielfach nur als sandiger, glimmerreicher Mergelschiefer ausgebildet, kann er zu bedeutender Mächtigkeit (bei Magstadt bis zu 40 m) anschwellen. In dieser Entwicklung ist er ein feinkörniger, sehr begehrter Werkstein, den sein schöner, gelb- bis grüngrauer, oft auch roter oder rotgetupfter Farbton, seine durch das feine Korn und das tonige Bindemittel gegebene leichte Bearbeitbarkeit zu einem sehr beliebten Baustein machen. — In der Heilbronn-Öhringer Gegend bildet der Schilfsandstein die erste Steilkante innerhalb der Keuperstufe.

c) Die bunten Mergel.

Dieser Abschnitt des Bunten Keupers wird in der Umgebung von Stuttgart auch als „Rote Wand" bezeichnet und dieser Name gibt seine Farbe treffend wieder. Denn rote Töne, von grellem Siegellack- bis zum düsteren Blut- bis Violettrot herrschen vor; grüne Farben, durch Reduktion der Eisenoxydverbindungen entstanden, treten zurück, wenn wir von den graugrünen Steinmergelbänken absehen, die, mehr als im Gipskeuper, besonders oben hier auftreten.

[1]) E. Silber, Der Keuper im nordöstlichen Württemberg. Öhringen 1922.

[2]) W. Pfeiffer, Über den Gipskeuper im nordöstlichen Württemberg. Stuttgart 1915.

Im Westen etwa 30 m mächtig, nehmen die roten Mergel nach Osten im allgemeinen zu und werden durch den sich einschaltenden Kieselsandsteinhorizont (= Blasensandstein oder Coburger Bausandstein, 20—30 m) in die unteren (12—28 m) und die oberen (rund 15 m) Mergel geschieden, von denen indes die letzteren nordöstlich der Bühler auskeilen. Petrographisch sind die bunten Mergel denen des Gipskeupers sehr ähnlich. Der Kieselsandstein, ein hart verkieseltes und daher (im Gegensatz zu seiner fränkischen Ausbildung) meist nur ungern benutztes, kaum bearbeitbares, fein- bis mittelkörniges, gelbliches Gestein, bildet im Nordosten unseres Gebietes vielerorts eine weitere Geländesteilkante unseres Stufenlandes.

d) Der Stubensandstein.

Der Stubensandstein (= Burgsandstein im Bayerischen), der grobkörnigste von allen Keupersandsteinen, bezog seine grobklastischen Bestandteile wohl in der Hauptsache von dem südlich gelegenen vindelizischen Gebirge. Das Bindemittel ist meist kalkig, fehlt aber örtlich oft so sehr, daß nur ein loser Feg- oder Stubensand zurückbleibt, der in großen Gruben als ein geschätzter Bausand ausgebeutet wird. Dieses Fehlen des Bindemittels ist auf seine nachträgliche Auslaugung, bezw. Wanderung von oben nach unten unter dem Einfluß der Atmosphärilien zurückzuführen. Denn vielfach sind in Steinbrüchen die oberen Schichten nur als Bausand brauchbar, während unten sich gesunde feste Werksteinbänke einstellen, die dann einen sehr geschätzten, hellen, grobkörnigen, für feine Steinmetzarbeiten aber weniger geeigneten Baustein liefern.

Die Steinbrüche sind in dem Gebiet des Stubensandsteins, der selbst im Keuper die größten Flächen einnimmt und in den Waldbezirken des schwäbischen Frankens ähnlich wie im bayerischen die Hochflächen bildet, sehr zahlreich und liefern ihr Gestein selbst bis in größere Ferne. Bei nur gelegentlich zu starker Verkittung durch Kieselsäure gibt der Sandstein immer noch einen festen Schotterstein für Straßenbewalzung ab.

Die Mächtigkeit ist beim Stubensandstein größer als bei allen anderen Keuperablagerungen, übertrifft sie doch z. B. in den Löwensteiner Bergen mit über 150 m die des Gipskeupers bedeutend; sie sinkt im Darstellungsbereich wohl an keiner Stelle unter 50 m herab. Der Stubensandstein bildet die vorletzte Keupersteilstufe im Darstellungsbereich.

e) Die Knollenmergel oder Zanclodonletten.

Diese leicht der Erosion zum Opfer fallenden und daher nur unter der schützenden Decke des Räts bezw. Lias erhalten gebliebenen, meist roten Mergel, 25 bis 40 m mächtig, sind petrographisch den „bunten Mergeln" sehr ähnlich, enthalten aber kaum Steinmergelbänke, sondern bald häufiger, bald spärlich, Steinmergelknollen von wechselnder Größe. Ihre Eigenschaft, sich bei Wasseraufnahme zu blähen und dann umfangreiche Geländerutschungen zu veranlassen, hat die Knollenmergel zu der am meisten gefürchteten Keuperschicht für den Bauingenieur gemacht.

3. Der Obere Keuper oder das Rät.

Diese obersten Keuperschichten fehlen vielfach, so daß der untere Jura oder Lias unmittelbar auf dem Mittleren Keuper auflagert. Wo das Rät im Darstellungsbereich entwickelt ist (um Stuttgart-Eßlingen, Tübingen, an einigen Punkten im Mainhardter Wald und in den Murrhardter Bergen), erscheint es als ein fest verkieselter, feinkörniger hellgelblichgrauer Sandstein von etwa 2 m bis ausnahmsweise 6 m Mächtigkeit (Pfrondorf bei Tübingen), der einen geschätzten Bau-, Werk- und Pflasterstein liefert. Darüber folgt die Knochen-, Zähne- und Schuppenlage des Rätbonebeds, das, nicht überall entwickelt, zu den tiefsten Juraschichten überleitet.

Je weiter wir nach Osten zu wandern, desto seltener begegnen wir dem eigentlichen Rätsandstein. Ihn scheinen allmählich in dieser Richtung graue Tone zu ersetzen. Im Westen bildet das Rät die letzte Keupersteilstufe, gegen Osten oft im Verein mit den auflagernden Kalken des unteren Lias.

Der Jura.[1])

Mit dem Jura beginnt eine neue Zeit: Das Weltmeer hat von Süden her die trennende vindelizische Barre, den letzten Rest des einstigen karbonischen Vindelizischen Hochgebirges durchbrochen und flutet in breiter Front in unser Gebiet herein. Mit ihm kommt die individuen- und artenreiche Fauna des offenen Meeres, in dessen Absätzen diese Tiere begraben wurden, um nicht erst seit heute, sondern schon seit langem durch den Versteinerungsreichtum unsere schwäbische Alb und ihr Vorland in aller Welt bekannt zu machen (vgl. hiezu S. 49 u. 50!).

Denn die petrographische Entwicklung ist vielfach der Erhaltung selbst der feinsten und zartesten Verzierungen, oft sogar der Erhaltung der Weichteile besonders günstig; andererseits ist der Reichtum an Individuen und Arten beträchtlich und endlich hat der günstige Erhaltungszustand Künstler des Herausmeißelns dieser Schätze sich ausbilden lassen, so daß wohl keine nur einigermaßen bedeutende geologische Sammlung der alten und neuen Welt nicht ein oder das andere Stück von unseren schwäbischen Juraversteinerungen, namentlich von den Reptilien („Ichthyosaurier") aus Boll oder Holzmaden besäße.

Die oft gute Erhaltung, der Individuen- und Artenreichtum, die leichte Gewinnbarkeit, die Möglichkeit an zahlreichen Stellen, in allen Horizonten sammeln zu können, hat, seit durch F. A. Quenstedts[2]) palaeontologische Arbeiten unsere Schwabenalb weltweit bekannt geworden ist, immer wieder diese oder jene Schichtstufe und Tiergruppe als Sonderarbeit behandeln lassen, so daß wir über unseren Jura und seine Versteinerungen trefflich unterrichtet sind. Diese palaeontologischen ergebnisreichen Durcharbeitungen führten weiter zu sedimentpetro- und tiergeographischen Untersuchungen, welche allgemein palaeogeographische Schlüsse zuließen, so daß wir auch über diese Fragen ziemlich genau Bescheid wissen. Doch erscheint es zweckmäßig, hier die alte, in Schwaben eingebürgerte Quenstedt'sche Einteilung in drei Stufen mit je sechs Unterstufen noch zugrunde zu legen, trotzdem neuere Arbeiten manche abweichende Anschauungen bringen und andere Einteilungen im einzelnen befürworten.

Wir haben also nacheinander zu betrachten:

a) den Lias, Unteren oder Schwarzen Jura,
b) den Dogger, Mittleren oder Braunen Jura,
c) den Malm, Oberen oder Weißen Jura.

Jede dieser drei Schichtgruppen teilen wir in eine untere, mittlere und obere Abteilung, fassen also die alten Quenstedt'schen Stufen α u. β, γ u. δ, ε u. ζ je zusammen.

A. Der Lias, Untere oder Schwarze Jura.

Der Lias bildet, wie schon in der Einleitung gesagt ist, lediglich die oft weit ins Keupervorland vorspringende, an ihrem Nordrand in zahlreiche Außenposten bereits zerlappte Vorstufe unserer Alb. Da wir im unteren Lias eine Folge wetter-

---

[1]) Auf der geologischen Karte mit ui (Unterer), mi (Mittlerer), oi (Oberer Jura) bezeichnet.

[2]) Der Jura. Tübingen 1858. — Flözgebirge Württembergs 1843. — Cephalopoden 1846—49 (= Petrefaktenkunde Deutschlands. I. Band). — Ammoniten des schwäbischen Jura. 1883—88.

harter Kalke vor uns haben, so tritt dieser sofort als eine Steilkante im Landschaftsbilde hervor, die über den meist von düsteren Wäldern überkleideten Knollenmergeln emporstrebt. Im Gegensatz zu den vorhergehenden waldbedeckten Schichtstufen der Keupersandsteine bildet der Lias eine vorwiegend vom Fruchtbau und von frischgrünen Wiesen eingenommene Hochebene, z. B. die Filderebene bei Stuttgart. Im einzelnen baut sich der Lias nach der oben gegebenen Einteilung aus drei Unterabteilungen auf.

1. Der untere Lias oder Lias α und β.

Für diese Unterabteilung paßt, abgesehen von einer nur örtlich mächtigeren Sandsteinschicht der Name „Schwarzer Jura" ausgezeichnet, herrschen doch dunkle Tone, vom Volk als „Schwaichel" bezeichnet, vor. Ihnen sind an drei Stellen Bänke von dunkelgrauen, fast schwarzen Kalken eingelagert.

Im einzelnen haben wir, örtlich freilich wechselnd, unmittelbar über dem Rät einen durch einen glattschaligen Ammoniten, *Psiloceras planorbe,* bezeichneten Kalkhorizont, der sich aber häufig, infolge Abgleitens auf den schlüpfrigen Knollenmergeln, namentlich dort, wo das Rät fehlt, der Beobachtung entzieht. Über ihm lagern dunkle Tone, denen, nochmals kurz an die vorhergegangene Festlandszeit erinnernd, als Strand- oder Küstenbildung der Angulatensandstein folgt, nach dem Leitammoniten *Schlotheimia angulata* benannt. Dieser Sandstein, feinkörnig, fest und hart, von Eisenschlieren durchschwärmt, gewinnt in einigen Gegenden örtliche Bedeutung. Die Burg Hohenzollern u. a. ist aus ihm erbaut. Das Volk nennt dieses Gestein den „Malb- oder Malmstein".

Darüber folgen, in schwarze Tone eingebettet, mehrere bis zu $^1/_2$ m dicke dunkle Kalkbänke, für die der Ammonit *Arietites Bucklandi* (Arieten-, Gryphaeen- und Arcuatenkalke) und die den Austern nahestehende *Gryphaea arcuata* leitend sind. Sie werden vielerorts zu Pflastersteinen verarbeitet (Stuttgarter Pflasterstein). Auf den von Regen reingespülten Pflastersteinen zeigen sich vielfach die weißen Schalenquerschnitte der oben genannten Versteinerungen.

Eine vierte Unterstufe, die schwarzen Schiefer mit dem kleinen Seeigel *Cidaris olifex* und mit der Seelilie *Pentacrinus tuberculatus,* reichlich bitumenhaltig, spielt nur in der „Steinlach", südlich von Tübingen, eine Rolle.

Der nun folgende Lias β setzt sich im wesentlichen aus dunklen Tonen zusammen In $^3/_4$ seiner Höhe treffen wir auf eine weitdurchgehende Kalkbank mit dem Zweischaler *Pholadomya ambigua.* Leitend für die unteren Tone ist der Armfüßler *Rhynchonella Turneri,* für die oberen die Ammoniten *Oxynoticeras oxynotus* und *Arietites (Ophioceras) raricostatus.*

2. Der mittlere Lias oder Lias γ und δ.

Auch in diesem Teile walten mergelige Tone vor, die von mehreren höhenbeständigen Kalkbänken durchzogen werden. Bezeichnend für den unteren Abschnitt ist der Armfüßler *Terebratula numismalis,* für den oberen der bekannte Ammonit *Amaltheus margaritatus.* Die Kalke des unteren Teils eignen sich in der Aalener Gegend zum Kalkbrennen, während sie bei Nürtingen, Kirchheim (Teck) und im Zollerischen einen geschätzten Rohstoff zur Erzeugung von Romanzement darbieten, der in großen Brüchen gewonnen wird.

3. Der obere Lias oder Lias ε und ζ.

Für diesen oberen Abschnitt sind die schwarzen mergeligen Schiefer bezeichnend, nach dem reichlich in ihnen vorkommenden Zweischaler *Posidonia (Posidonomya) Bronni* Posidonienschiefer benannt. Dieser Schiefer ist bitumenreich und neuerdings unter die bergrechtlich dem Staate vorbehaltenen Mineralien eingereiht worden. Mehrere Gerechtsame zur Ausbeutung sind bereits verliehen. Daneben nutzt das Großgewerbe die eingelagerten „Tafelfleinse“ zu Tisch- und Billardplatten, Trennwänden und Wandbelägen aus. Darüber lagern, oft fehlend oder in ihrer Mächtigkeit sehr schwankend, mergelige Kalke mit dem Leitammoniten *Lytoceras jurense.*

Die Posidonienschiefer, vom Westen bis etwa nach Kirchheim-Boll anschwellend, dann sich bis in die Aalener Gegend stark verschwächend, treten fast überall im Gelände als eine freilich nicht hohe Steilkante hervor. Die Breite ihres Ausbisses ist trotz ihrer geringen Mächtigkeitswerte vergleichsweise am größten im gesamten Lias nächst den Arietenkalken.

Die Mächtigkeit des Lias ist im Westen bis etwa Kirchheim auf rund 100 m anzuschlagen, aber örtlichen Schwankungen unterworfen, nach Osten, gegen das Ries hin, schrumpft sie auf etwa 40 m zusammen.

B. Der Dogger, Mittlere oder Braune Jura.

Der Dogger baut die eigentlichen Vorberge der Alb auf und seine Schichten leiten oben unmittelbar über zum Steilanstieg, der mit dem Weißen Jura beginnt. Wie im Lias, so soll auch im Dogger die Quenstedt'sche Sechsteilung beibehalten werden; doch ist hier auf gewisse merkwürdige Wechselbeziehungen im Verhalten der einzelnen Stufen im Westen gegenüber dem Osten hinzuweisen.

1. Der untere Dogger oder Braun-Jura α und β.

Den unteren, in seiner Mächtigkeit durch unser ganzes Gebiet ziemlich gleich bleibenden Abschnitt bauen dunkle, schüttige Tone auf, mit dem Leitammonit *Harpoceras (Leioceras) opalinum,* dessen weiße, perlmutterglänzende Schalen fast überall zu finden sind. Nur wenige dünne Kalkbänke sind diesen Tonen eingelagert, die oft, namentlich unten, zu dezimeterdicken „Laibsteinen“ sich perlschnurartig aneinanderreihen.

Mit dem oberen Abschnitt, den Sandsteinen mit dem Leitammoniten *Harpoceras (Ludwigia) Murchisonae* bezw. dem Zweischaler *Pecten personatus* stellt sich eine durch den ganzen weiteren Jura fortsetzende Faziesverschiedenheit zwischen Westen und Osten ein.

Im Westen (Reutlingen, Hohenzollern) nur schwach entwickelt und landschaftlich nicht hervortretend, beginnen diese Personaten-Sandsteine in der Kirchheim-Boller Gegend sich bemerkbar zu machen, um dann im Rehgebirge (Donzdorf, Wißgoldingen) landschaftlich als eine deutliche Hochfläche mit einer bis 30 m hohen Steilkante beherrschend hervorzutreten, von der oft alte Burgen und Schlösser (Staufeneck, Ramsberg) ins Vorland herabschauen. Sie bilden also nur im Osten landschaftlich eine Schichtstufe. Diese Sandsteine, infolge ihres eisenschüssigen Bindemittels bräunlich gefärbt („Eisen“sandsteine), wurden früher in der Donzdorfer Gegend in vielen Brüchen gewonnen. Von hier gegen Nordosten und Süden nimmt das eisenschüssige Bindemittel so sehr zu, daß der Sandstein als Eisenerz bergmännisch gewonnen wird (Wasseralfingen bei Aalen und bis vor kurzem im Filstal bei Kuchen). Der Verlust der lothringischen Minetteerze hätte so den bei Kuchen im Filstal früher umgehenden, seit vier Jahrzehnten in Fristen liegenden Bergbau wieder zu neuem Leben erweckt, wenn nicht seine Wirtschaftlichkeit durch die jüngste Frachtsatzerhöhung in letzter Minute ungünstig beeinflußt wäre.

2. Der mittlere Dogger oder Braun-Jura γ und δ.

Der untere Teil, Braun-γ, setzt sich aus bald mehr sandigen, bald mehr tonigen Mergeln mit dem Leitammoniten *Hammatoceras (Sonninia) Sowerbyi* zusammen, denen im Westen, etwa bis Reutlingen-Nürtingen, die sehr bezeichnenden blauen Kalke mit dem leitenden Zweischaler *Pecten demissus* („Ochsenaugen“) auflagern.

Diese Kalke bilden eine ausgezeichnete landschaftlich hervortretende Steilkante für den Westen, die die soeben besprochene des Personatensandsteins im Osten ablöst. Sie werden bei Eningen unter Achalm gebrochen und zu Pflastersteinen, namentlich für Reutlingen, verarbeitet.

Im oberen Teil, Braun-δ, herrschen Kalke, nach den in ihnen vorkommenden Austern Ostreenkalke genannt, oben, unten aber Tone vor, die nach dem Riesenbelemniten (Teufelsfinger, Donnerkeil) *Belemnites gigantëus* Gigantëustone genannt werden.

Örtlich werden die oberen Schichten auch oolithisch und führen dann den Leitammoniten *Cosmoceras (Parkinsonia) bifurcatum* (Bifurcatenoolith). Oft heißt man diese örtlich recht verschiedenen ausgebildeten Schichten nach dem in ihnen vorkommenden Ammoniten *Stephanoceras coronatum* auch Coronatenschichten.

3. Der obere Dogger oder Braun-Jura ε und ζ.

Mehr oder minder fette Tone bauen diesen obersten Abschnitt des braunen Jura auf, in denen nur spärliche dünne Kalkbänke sich örtlich einschalten. Mancherorts ersetzen auch oolithische Bildungen diese faziell rasch wechselnden Ablagerungen, denen die Ammoniten *Parkinsonia Parkinsoni, Makrocephalites makrocephalos*, *Cosmoceras Jason* und *C. ornatum, Cardioceras Lamberti*, der Armfüßler *Rhynchonella varians* und *Belemnites semihastatus* zu Einzelnamen verholfen haben. Die Schichten sind meist durch Weiß-Jura-Schutt verhüllt.

Namentlich den Tonen im oberen Teil kommt die Eigenschaft zu, zu Rutschungen zu neigen, welche die Durchführung von Kunstbauten (Straßen und Eisenbahnen) in ihnen zu recht schwierigen Aufgaben für den Bauingenieur machen.

Die Mächtigkeit des Braunen Jura nimmt ebenfalls von Westen gegen Osten ab; an diesem Schwund ist aber Braun-α, wie überhaupt der untere Abschnitt, wenig beteiligt, so daß es im wesentlichen die höheren Schichten sind, die allerdings ziemlich rasch dünner werden und in denen einzelne Bänke überhaupt auskeilen. Bei einer fast gleichbleibenden Mächtigkeit der Opalinustone von etwa 110 m vermindert sich die Gesamtmächtigkeit des Braunen Jura von rund 200 m bei Reutlingen auf 120 m bei Bopfingen.

C. Der Malm, Obere oder Weiße Jura.

Mit dem weißen Jura sind wir an den eigentlichen, unser ganzes Gebiet von Westsüdwest nach Ostnordost durchziehenden Steilrand unserer Alb gelangt, deren weiße Stirn weit ins Land hinaus leuchtet. Der untere und mittlere Weiße Jura bilden den Steilsturz des Albrandes oder Albtraufes; der obere Weiße Jura dagegen lagert auf der sanft nach Südosten absinkenden Albhochfläche.

1. Der untere Weiße Jura oder Weiß-α und -β.

Dieser untere Abschnitt beginnt mit hellgrauen Tonen (Weiß-α), in die sich, nach oben an Häufigkeit und Dicke zunehmend, Bänke eines weißen, harten, splitterigen Kalkes mit *Ammonites transversarius* = Transversariusschichten einschalten, bis die Kalke so überhand nehmen, daß man vor einer geschlossenen Kalkwand steht (Weiß-β), in der die einzelnen Kalkbänke dicht gepackt aufeinanderliegen. Die Tone werden meist nach dem Armfüßler *Terebratula impressa* Impressatone benannt, während die Kalke bald als „wohlgeschichtete Kalke“, bald nach den Ammoniten *Peltoceras bimammatum* oder *Perisphinctes biplex* als „Bimammatus“- oder „Biplex“kalke bezeichnet werden.

2. Der mittlere Weiße Jura oder Weiß-γ und -δ.

Dasselbe Spiel, erst reine Tone, dann Kalkbänke dazwischen, bis der Kalk überhand nimmt und wieder eine geschlossene Kalkmauer bildet, wiederholt sich im mittleren Weißen Jura nochmals. Wo beide Stufen unmittelbar übereinander folgen, wie im hinteren Echaz-, Erms- und Lautertale, erkennt nur ein geübtes Auge, wo der Schnitt zwischenden unteren und mittleren Weißen Jura zu legen ist, während dies bei Reutlingen-Pfullingen, in der Göppinger Gegend durch das Zurücktreten des mittleren Weiß-Jura vom ersten, eigentlichen Albtrauf als einer zweiten Schichtstufe jedem sofort klar ist.

Bisher ist eine Schwierigkeit verschwiegen worden, die in der Ablagerungs- bezw. Schichtenbildungsart begründet ist und auf welche kurz eingegangen werden muß. Das Meer ist gegenüber der Lias- und Doggerzeit flacher geworden, so flach, daß sich riffbauende Schwämme und Korallen ansiedeln konnten. Kolonien dieser Riffbauer und der hier mit ihnen zu einer Lebensgemeinschaft vergesellschafteten Tierwelt blieben vielfach an derselben Stelle („Schwamm- und Korallenstotzen", wie diese Riffbildungen hier genannt werden) und reichen oft durch mehrere Abschnitte hindurch, sodaß, da ihre Bewohner mit denen des offenen Meeres in keine Wechselbeziehungen traten, es oft schwer fällt, solche andersgearteten, aber gleichalterigen Bildungen miteinander in das richtige Verhältnis zu bringen. Hier muß genügen, auf diese Schwierigkeiten der Gleichstellung der geschichteten Meeresabsätze (Normalfazies) mit denen der Riffe (Schwamm-, Scyphien- oder „Lochen"fazies — nach einer sehr bekannten Örtlichkeit, der Lochen bei Balingen —) hinzuweisen. — Hier auch nur auf die Hauptvertreter der den beiden Fazies eigentümlichen Faunen einzugehen, verbietet der Raum.

Diese eben geschilderten Schwierigkeiten der Faziesverschiedenheiten erlauben auch nicht, genauere Mächtigkeitsangaben zu machen. Im allgemeinen wiederholt sich aber das Bild der allmählichen Mächtigkeitsabnahme auch in diesem Teile des Weißen Jura von West nach Ost. Wir haben in der Balingen-Hechinger Gegend eine Mächtigkeit von etwa 400 m, die bei Reutlingen noch 300 m beträgt, bei Kirchheim-Göppingen auf 250 m zurückgeht und bei Aalen-Bopfingen, sowie am Riesrand auf den Mindestbetrag von 160—170 m herabsinkt.

3. Der obere Weiße Jura oder Weiß-ε und -ζ.

Die Verflachung des Meeres, die seit dem Weißjura-β sicher nachweisbar ist, hat weitere Fortschritte gemacht und das Flachmeer der schwäbischen Oberjurazeit beginnt sich in Lagunen, Buchten mit Inseln und Inselchen dazwischen aufzulösen. Wir begegnen in ihm keinem Vertreter des obersten Jura Norddeutschlands und Frankreichs, aber auch die bei Kelheim (Abt. III) vorkommenden, den obersten alpinen Juraformen verwandten *Diceraten* (Muscheln) fehlen. Somit endigen die Ablagerungen des Jura in unserem Darstellungsbereich früher als in Norddeutschland und Bayern, in welchen noch die Bildungen des Ober-Kimmeridge und Tithon zum Absatz kamen (vergl. S. 47).

Je nach den vorhandenen Strömungen gelangten in den einzelnen Meeresarmen petrographisch-lithologisch verschiedene Bildungen zum Absatz. Damit war eine Wanderung der Lebewesen verknüpft und es will bisher nicht gelingen, auf palaeontologisch-stratigraphischer Grundlage die

Gesteine unseres obersten Jura zu ordnen, zumal es bei manchen noch strittig ist, ob sie detrito- oder organogene Bildungen sind und welche Lebewesen im einzelnen sich an ihrem Aufbau beteiligen. Auch spielen vielleicht spätere Umwandlungen eine Rolle, welche die heutige Gesteinsbeschaffenheit so durchgreifend verändert haben, daß eine Deutung heute nicht mehr möglich ist.

Wir begnügen uns daher, lediglich nach petrographischen Merkmalen als Gesteine unseres Oberen Jura auf der Albhochfläche die Korallenkalke, die gelblichen Dolomite, den zuckerkörnigen Marmor und die Plattenkalke zu nennen, von denen die letztgenannten den Rohstoff für die blühende Portlandzementerzeugung des oberen Donautales und der Hochalb abgeben. (Ehingen, Allmendingen, Schelklingen, Blaubeuren, Ulm, Mergelstetten, Münsingen). Daneben werden sämtliche Kalke des Weißjura in Brüchen gewonnen und auf Schotter- und Pflastersteine, weniger — wegen ihrer großen Splitterigkeit — zu Bausteinen verarbeitet.

Mit diesen Bildungen schließt unser Jura ab; das Meer zog sich aus unseren Gegenden zurück und durch die ganze Kreidezeit und das ältere Tertiär war unser Gebiet Festland. Wir haben keinerlei Anzeichen, ob größere Gesteinsmassen abgetragen wurden, ob nachträgliche Veränderungen durch das Klima sich vollzogen oder vorbereitet haben, deren Folgen sich etwa erst noch später ausgewirkt haben oder auswirken konnten. Auch die spärlichen Reste, die uns das Alttertiär (Bohnerzbildungen) hinterlassen hat, geben auf alle diese Fragen keine oder nur eine bis heute unbefriedigende Antwort.

Känozoische Bildungen.

Das Tertiär.[1])

A. Schichtbildungen.

Indessen bleibt unser Gebiet nicht dauernd Festland, wenn auch das offene Weltmeer nicht mehr von ihm Besitz ergreift, sondern nur das „sarmatisch-pontische Mediterranmeer“ zu uns gelangt.

Wir können aber hier uns kurz fassen, da die hierher gehörigen Bildungen in unserem Darstellungsbereich nur einen kleinen Raum zu beiden Seiten der Donau einnehmen und ausführlicher in der Abteilung II dieses Abrisses behandelt worden sind.

Die frühere Einteilung des oberschwäbischen Tertiärs in:

4. Obere Süßwassermolasse = Obermiozän,
3. Brackwassermolasse = oberes Mittelmiozän,
2. Meeresmolasse = Mittelmiozän,
1. Untere Süßwassermolasse = Oberoligozän bis Untermiozän

gilt heute als verlassen. Doch ist es noch nicht gelungen, eine allseitig anerkannte Gliederung der einzelnen Schichten und ihre Einreihung in die jetzt gültige Tertiär-Einteilung durchzuführen, da noch beträchtliche Meinungsverschiedenheiten zwischen den Forschern, die die Gliederung auf grund der Weichtierfaunen durchzuführen sich bemüht haben, unter sich, wie auch mit denen, die die Wirbel- bezw. Säugetiere berücksichtigt wissen wollen, bestehen.

Die Ablagerungen umfassen nach diesen neueren Anschauungen von unten nach oben die Stufen des Aquitan, Burdigal, Vindobon (Helvet), Torton und (?) Sarmat. Doch gehen die Ansichten der einzelnen Forscher hinsichtlich

[1]) Auf der geologischen Übersichtkarte mit t bezeichnet.

der Einreihung in die Stufen selbst noch sehr auseinander, so daß es verfrüht erscheint, heute schon endgültig zu diesen Fragen Stellung zu nehmen.

Höchstwahrscheinlich pliozänen Alters sind wiederum gewisse Bohnerze auf der Alb, während die Stellung der „Juranagelfluh" noch strittig ist.

Soweit die Schichten, namentlich die kalkig entwickelten, größere Festigkeit besitzen, werden sie als Bausteine für Hochbauzwecke gewonnen und treten dann mit den Gesteinen aus dem oberen Weißen Jura in einen für sie vielfach nicht ungünstigen Wettbewerb.

B. Vulkanische Bildungen.

Wir können diese Darlegungen nicht abschließen, ohne kurz auch auf die vulkanischen Erscheinungen des Gebietes einzugehen. Von den Vulkanbergen des Hegau westlich vom Bodensee zieht sich gleichlaufend mit dem Albtrauf und der Kammlinie des einstigen varistischen Gebirges quer durch das württembergische Land bis zum Ries, allerdings mit Unterbrechungen ein Streifen einstiger Zeugen vulkanischer Tätigkeit.

1. Das Urach-Kirchheimer Vulkangebiet.

Vom Kugelberg N. von Gönningen bis nach Feldstetten auf 35 km in der WO.-Richtung, von Scharnhausen bei Hohenheim bis nach Engstingen auf ebensoviel Kilometer in der NS.-Richtung durchsetzen auf einer Fläche von etwa 1100 qkm 130 „Vulkanembryonen", wie W. Branca[1]) treffend diese Erscheinungen nannte, die Hochfläche der Alb und ihr Vorland bis in die Keuperlandschaft hinein.

Auf der Alb landschaftlich nicht hervortretend, bilden sie im Vorland meist schöne, steil- und gleichmäßig abgeböschte Kegelberge (Jusi, Florian bei Metzingen, Kalwerbühl bei Dettingen-Erms, Limburg, Hohbohl bei Weilheim unter Teck), deren Kern ein Pfropfen von Basalttuff (Basaltlava) bildet. Neben Bruchstücken der verschiedenen Schichtgesteine, die die heutige Alb aufbauen und in ihrem Untergrund anstehen, begegnen uns auch mannigfache alte Tiefen- und Ergußgesteine, sowie Gneise, die uns ein natürlich nur sehr lückenhaftes Bild von der Zusammensetzung des (varistischen) Grundgebirges unserer Alb geben.

Neben dem vorherrschenden Basalttuff tritt eigentlicher Basalt stark zurück. Nur etwa sechs Schlote bestehen ausschließlich aus diesem, und zwar aus einem sehr basischen Melilithbasalt (33,9% SiO_2; 9,9% Al_2O_3; 15,6% Fe_2O_3; 16,9% MgO; 15,2% Na_2O; 2,9% K_2O; 2,9% H_2O; 1,4% P_2O_5; 1,4% CO_2) mit Ausnahme vom Eisenrüttel (auf der Albhochfläche nördlich von Dottingen, westlich von Münsingen), der aus Nephelinbasalt besteht. Doch sind alle diese Vorkommen, wie auch die etwa 12 anderen, wo Basalt und Basalttuff miteinander vergesellschaftet sind, dem Abbau auf einen im Lande sehr begehrten Straßenschotter heute bis auf winzige Reste zum Opfer gefallen. Beim Basalt fallen in der sehr dichten dunklen Grundmasse die gelbgrünen Olivine als makroskopische Gemengteile in die Augen. Andere Mineralien, neben Kalkspat verschiedene Zeolithe, kommen, oft in Drusen schön auskristallisiert, gelegentlich vor.

Diese Embryonen stellen sich als Bildungen eines heute nicht mehr beobachtbaren vulkanischen Vorganges dar, bei dem magmatische Dämpfe die feste Erdrinde durchschlugen, dabei Fetzen und Brocken des Durchbruchkanales mit sich rissen, die aber alsbald in die Auspuffröhre zurückfielen und dort mit dem unmittelbar nachher aufdringenden Tuff, bezw. dem Basaltmagma selbst zusammen erstarrten. Zu länger anhaltender vulkanischer Tätigkeit ist es im Gegensatz zum Hegau nicht gekommen, da sich nirgends, auch nur in Ansätzen oder Spuren, eine Vulkankegelaufschüttung erkennen läßt. Die kegelförmige, an Vulkane erinnernde Gestalt der Tuffschlote im Vorland der

[1]) W. Branca, Schwabens 125 Vulkanembryonen. Jahreshefte d. Ver. f. vaterl. Naturkunde in Württemberg Bd. L u. LI. 1894. 1895.

Alb ist durch die Verwitterung und Abtragung geschaffen und dadurch bedingt, daß der Basalttuff der Verwitterung erheblichen Widerstand entgegensetzt, während allseitig um den Tuffpfropfen herum die leicht verwitternden Braun- und Schwarzjura-Schichten rascher der Abtragung anheimfallen und so sich ein immer steiler werdender Kegelberg bilden mußte.

Mit dem Ausblasen des Auspuffrohres hatte sich die vulkanische Kraft offenbar vollkommen erschöpft; die in das Rohr zurückgefallenen Gesteins- und Tuffmassen wurden alsbald verfestigt und damit war die Wunde in der Erdrinde wieder geschlossen.

Für die Albhochfläche haben die einzelnen Vorkommen dadurch eine besondere Bedeutung erlangt, daß die Basalttuffmassen im Gegensatz zu dem benachbarten klüftigen Weißjuragestein die atmosphärischen Wasser zurückzuhalten vermögen. Solche Stellen sind schon frühzeitig erkannt worden und die ältesten Siedelungen sind auf ihnen oder in ihrer unmittelbaren Nähe (z. B. Würtingen, Zainingen) gerade infolge des vom Tuff zurückgehaltenen Wassers gegründet worden, während die übrige verkarstete Albhochfläche wegen ihrer Wasserarmut gemieden wurde.

Auch zur Bildung von Maaren ist es gekommen; doch haben sich in unseren Albmaaren die Wassermassen infolge Klüftigkeit und Verkarstung des Nebengesteins nicht lange halten können (Steinheimer Becken!). Neben dem heute vermoorten Schopflocher Torfried (südlich von Weilheim unter Teck) ist das Randecker Maar das bekannteste Maar der Alb, das heute schon am Albtrauf gelegen und durch rückschreitende Erosion des Zipfelbaches, eines Zuflusses der Kirchheimer Lauter, angeschnitten, in nicht mehr ferner Zeit verschwunden sein wird.

Als ein heute noch erkennbares Zeichen der einstigen vulkanischen Tätigkeit auf der Schwabenalb kann der in mehreren Tiefbohrungen festgestellte außerordentlich geringe Wert der geothermischen Tiefenstufe[1]) gelten, die im Mittelpunkt des Uracher Vulkangebiets zu nur 11 m für 1° C. (Bohrlöcher von Neuffen und Grafenberg) ermittelt ist. Je weiter wir uns von hier entfernen, desto mehr nähert sich der Wert der geothermischen Tiefenstufe dem gewöhnlichen von etwa 30—35 m für 1° C.

2. Das Steinheimer Becken.

Das Steinheimer Becken (westlich von Heidenheim auf dem Aalbuch gelegen) stellt wiederum eine heute nirgends zu beobachtende Form einer vulkanischen Tätigkeit dar. Ihm fehlt im Gegensatz zu den Vulkanembryonen der Urach-Kirchheimer Gegend, wie auch zum Nördlinger Ries und dem Hegau jede Spur eines vulkanischen Gesteins; doch muß bei der Ähnlichkeit der ganzen Bildung, der wirren Lagerung älterer, heute in der Nähe nicht anstehender Schichten an eine ähnliche Entstehungsweise wie beim Ries (siehe S. 109) gedacht werden.

Dieser Kessel war im Miozän von einem See erfüllt, der die dortigen Kalksande mit ihrer reichen Fauna an niederen und höheren Lebewesen absetzte.

Sprudelkalke vulkanischer Entstehung finden sich auch bei Böttingen (Böttinger Bandmarmor) mit einer reichen, erst zum Teil bearbeiteten Fauna. Auch der Kohlensäuerling von Engstingen und die Kohlensäurequellen (Mofetten) von Niedernau, Obernau, Eyach im Neckartal, Imnau im unteren Eyachtal — nicht mehr im Darstellungsbereich — sind als letztes Abklingen einer vulkanischen Tätigkeit auf unserer Schwabenalb zu deuten.

Zusammenhänge der Tuffschlote mit Störungen und Verwerfungen haben sich nur in sehr vereinzelten Fällen ergeben; die große Mehrzahl aller Punkte mit vulkanischen Erscheinungen steht nach unserem heutigen Wissen in keinerlei Beziehungen zur Tektonik.

3. Das Ries.

An dem vulkanischen Kessel des Rieses bei Nördlingen nimmt Württemberg nur in einem geringen Maß Anteil. Er entfällt zum größten Teil auf Bayern und ist deshalb auf S. 106 besprochen worden.

---

[1]) Vergl. Jahresber. und Mitteil. d. Oberrh. geol. Vereins, N. F., X. S. 59—62 u. XI. S. 30—31.

Das Quartär.

A. Das Diluvium.

Während die beiden ersten Vorstöße des in der Eiszeit vordringenden Rheingletschers unser Gebiet nicht erreichten, überschritt der Vorstoß der Riß-Eiszeit die Donau bei Zwiefaltendorf und damit die südliche Grenze unseres Darstellungsbereiches und ließ seinen Endmoränenwall dort liegen (vgl. Abteilung II).

Andere ins Diluvium zu stellende Bildungen sind sodann die Löß- bezw. Lößlehmablagerungen, die sich meist im Schatten der aus Westen wehenden Winde in großer Verbreitung im Unterland finden. Im Württembergisch-Fränkischen und auf der Hochalb der Ulmer Gegend treffen wir wohl gleichaltrige lehmige Verwitterungsdecken an, an deren Bildung äolisch herbeigeführter Gesteinsstaub beteiligt sein kann.

Diluviales Alter haben dann noch die Sauerwasserkalke der Stuttgart-Cannstatter Gegend und Schotterstufen, die sich namentlich am Neckar in weiter Verbreitung finden, aber in die bekannte PENCK-BRÜCKNER'sche Eiszeiten-Einteilung sich nicht immer einpassen lassen.

Die tiefste etwa 6—8 m über dem heutigen Flußspiegel liegenden Stufe ist aber, wie abgerollte Scherben von Terra sigillata darin zeigen, recht jugendlicher Entstehung, so daß wir nur die höher gelegenen als sicher diluvial anerkennen können.

B. Das Alluvium.

Neben dem teils sandig-kiesigen, teils lehmigen Bildungen der Talauen, den Schuttkegeln am Ausgang der Nebentäler, den Schuttbildungen am Abhang der Alb und deren Fuß sind alluvialen Alters auch die meisten Kalktuffe, die sich in der Sohle zahlreicher nach Norden (Echaz) wie auch nach Süden entwässernder Albtäler (Lauchert, Ach, Lauter, Schmiecha, Blau) finden. Torfbildungen spielen im Darstellungsbereich nur eine untergeordnete Rolle (Sindelfingen, Ulmer Donauried).

III. Tektonik.

Das flache nach Südosten gerichtete Einfallen der meist SW.—NO. streichenden Schichten erfährt im großen und ganzen nur wenig Unterbrechung durch Störungen und Verwerfungen. Diese, die nur in der Nähe der Landeshauptstadt zahlreicher auftreten, lassen sich zu zwei Gruppen zusammenfassen, von denen die eine etwa N. 40—60° W., die andere N. 80° O. streicht. Letztere läßt sich zu einer nur für kurze Strecken unterbrochenen Bruchzone, die aus der Gegend westlich von Tübingen bis nach Heubach das Gebiet durchzieht, zusammenfassen, bei der einheitlich stets der Südflügel abgesunken ist. Gelegentlich zeigen sich auch schmale Gräben (bei Bebenhausen, Walddorf), die den aus der Freudenstadter Gegend vom Schwarzwald her ziehenden Seebronner Graben fortzusetzen scheinen.

Nicht ganz so einheitlich sind die NW.—SO.-Störungen, die unter sich auffallend gleichlaufen und meist die NO.-Schollen absinken lassen. Doch treffen wir auch das entgegengesetzte Verhalten, daß die SW.-Scholle abgesunken ist, so an der Schurwaldspalte, so daß die Landeshauptstadt in einem Grabenbruch zwischen der Hauptfilder- und der Schurwaldspalte liegt.

Die Verwerfungen unseres nördlichen Gebietes schließen sich hinsichtlich ihrer herrschenden Richtung den eben besprochenen an, zeigen aber mehrfach ein anderes Absinken. Ihre Zahl dürfte sich bei der geologischen Spezialaufnahme in 1:25000 wohl beträchtlich vermehren. Im Norden bei Heilbronn macht sich die Kraichgau-Baulandsenke dadurch bemerkbar, daß die

Schichten hier bei zwar gleichem Streichen nach NW. einfallen. Wo dies sich wieder in das gewohnte SO.-Einfallen wandelt, also die Firstlinie des fränkischen Sattels durchstreicht, ist noch nicht ermittelt, wie überhaupt unsere Kenntnisse der Tektonik des gesamten schwäbischen Frankens noch recht dürftige sind, da für dieses Gebiet die topographischen Unterlagen in 1:25000 zur Zeit noch fehlen. Die dem „Geognostischen Spezialatlas" in 1:50000 zugrunde liegenden Karten haben noch keine Höhenlinien, sondern nur Bergschraffen. Daher war das Erkennen von Schichtstörungen auf solchen Karten nicht leicht und nur vereinzelt heben die „Begleitworte" solche hervor. (Verwerfung südlich von Roth am See, Vellberger Verwerfung). Einige andere sind wohl schon bei den alten Aufnahmen richtig erkannt worden; doch mußte ihre Einzeichnung in die Karte unterbleiben, da der Altmeister schwäbischer Geologie, F. A. Quenstedt, unter dessen Leitung der „Geognostische Spezialatlas" ausgegeben wurde, das Vorhandensein von Verwerfungen im Schwabenlande leugnete.

IV. Technisch nutzbare Mineralien und Gesteine.[1]

Die Schichtenbeschreibung nimmt schon ausgiebig auf alle technisch nutzbaren Gesteine Rücksicht, so daß hier nur noch eine Aufzählung aller brauchbaren und technisch wirklich auch zur Zeit ausgenützten Gesteine nach ihrer Verwendungsart und -Möglichkeit gegeben zu werden braucht.

Auf Aufzählung aller Gewinnungspunkte ist verzichtet, weil sie doch einem steten Wechsel unterworfen sind und selbst große bekannte Steinbrüche erfahrungsgemäß oft innerhalb weniger Jahre stillgelegt werden, manche kleine Brüche, die nur zur Befriedigung eines örtlichen, augenblicklichen Bedarfes geschaffen werden, später wieder eingehen. Oft ändert das Gestein auch mit fortschreitendem Abbau seine Eigenschaften und wird für den ursprünglichen Zweck ungeeignet.

Bergbau auf Eisenerz im unteren Braunjura geht z. Z. um bei Aalen-Wasseralfingen (2 Flöze, von denen nur das obere gebaut wird) und (neuerdings wieder eingestellt) bei Kuchen.

Die Gewinnung der Bohnerze auf der Hochalb im Tagebaubetrieb hat aufgehört.

Bergbaulich gewinnen das Steinsalz des mittleren Muschelkalkes das Salzwerk Heilbronn A.-G. und der staatliche „König Wilhelm II -"Schacht bei Kochendorf.

Im Salinenbetrieb erzeugen Sudsalz die staatlich württembergischen Salinen Friedrichshall-Clemenshall bei Jagstfeld, die staatlich hessische Saline Wimpfen und die staatlich badische Ludwigssaline Rappenau. Die ehemalige deutschordensritterliche Saline bei Niedernhall ist eingegangen. Die Salinen Hall bei Hall und Wilhelmsglück bei Tullau am Kocher sind stillgelegt.

Als Bausteine für Hochbauten usw. werden verwendet:

1. Die Sandsteine des Buntsandsteins am unteren Neckar, der Lettenkohle (Haller Gegend), des Schilfsandsteins (Heilbronn, Stuttgarter Gegend), des Stubensandsteins (zahlreiche Brüche im ganzen Keupergebiet), des Rätsandsteins (Pfrondorf bei Tübingen, Nürtingen), des Angulatensandsteins (Plochingen), des Braun-Jura-β (Rehgebirge bei Donzdorf).

2. Die Kalksteine des Hauptmuschelkalkes, des Weißjura, der diluvialen (Cannstatt) und alluvialen Kalktuffe.

Für Herstellung von Straßenschotter und für Gleisbettung werden verwendet der Hauptmuschelkalk, mit dem 65 % der Gesamtlänge württembergischer Staatsstraßen beschottert werden, sodann die Kalke des Weißjura, im oberschwäbischen Diluvialgebiet die Kiese, vornehmlich der Endmoränen.

Schwarzkalk, hydraulischer Mörtel und Romanzement wird gebrannt aus den Mergelkalken des mittleren Lias.

Zur Portlandzementerzeugung dienen die Plattenkalke des obersten Weißjura, sonst noch die des unteren Weißjura (Balingen, Nürtingen) bezw. die des Hauptmuschelkalkes (Lauffen am Neckar).

[1]) Näheres siehe O. Fraas, Nutzbare Minerale Württembergs, Stuttgart 1860 und neuer: M. Bräuhäuser, Bodenschätze Württembergs, Stuttgart bei E. Schweizerbarth, 1912.

Gewöhnlicher Weißkalk wird aus Hauptmuschelkalk und den Weißjurakalken gebrannt.

Die Gipse des mittleren Muschelkalkes finden nur untergeordnete Verwendung als Düngegips, während die des Gipskeupers (Grundgipsschichten) zu Stuckgips, Rabitzwänden und ähnlichem verarbeitet werden, (Entringen, Asperg, Untertürkheim, Hessenthal).

Aus dem obermiocänen Böttinger Bandmarmor werden kleinere Kunst- und Gebrauchsgegenstände gefertigt.

Mühlsteine liefert der Stubensandstein des südlichen Schönbuchrandes, Wetzsteine der Kiesel- und Rätsandstein.

Quellen. Die atmosphärischen Niederschläge sickern, soweit sie nicht oberirdisch abfließen oder verdunsten, ein, werden von wassertragenden Schichten aufgehalten und zum Austritt als Schicht- oder Spaltquelle veranlaßt.

Solche Schichtquellen treten aus über den tonigen Dolomiten des Anhydritgebirges, in der Lettenkohle, im Gipskeuper (harte Wasser), über den „Bunten Mergeln" und den „Knollenmergeln". Im Lias und Braunen Jura sind es natürlich die Tone, die den Austritt von Schichtquellen veranlassen. Da diese aber reichlich vorhanden sind, ist die Zahl der Quellen an sich groß, ihre Schüttung aber meist gering. Wichtiger sind die auf den Tonen des Weißjura α und γ austretenden, oft recht starken Quellen, sowohl am Albtrauf, wie auch an der Südabdachung. Auch das in den Alluvionen der Talauen rinnende Wasser spielt örtlich oft eine nicht unwichtige Rolle und wird wegen der filtrierenden Wirkung der Kiesschichten viel als Trinkwasser verwendet.

Mineralquellen. Mineralquellen sind in unserem Gebiet nicht übermäßig verbreitet. Neben den zu Badezwecken ausgenützten Soolquellen der Salinen am unteren Neckar, ferner Hall, Niedernhall und Cannstatt kommen für Bäder nur die salinische Kochsalzquelle von Hoheneck und die Schwefelquellen von Bad Boll, Sondelfingen bei Reutlingen, Sebastiansweiler bei Ofterdingen (letztere alle aus dem Posidonienschiefer des Lias) in Betracht.

Als Tafelwässer sind die Cannstatt-Berger (Leuze, Neuner, Berger) Säuerlinge zu bezeichnen, die aber auch zu Badezwecken benutzt werden. Das Teusser Bad bei Löwenstein ist eine erdige Bittersalzquelle. Vorwiegend als Tafelwasser werden benützt die als alkalisch-muriatischen Stahlsäuerlinge anzusprechenden 2 Quellen bei Göppingen (Landerersche Sauerbrunnen, Staufenbrunnen), sowie die Quellen von Ditzenbach und Überkingen, die im oberen Filstal im Lias, bezw. Dogger austreten, ferner die auf einer Verwerfung zwischen Lias und Stubensandstein empordringende „Heiligenquelle" von Hildrizhausen („Sulzbrunnen", d. h. gipshaltiges Wasser), dem früher heilkräftige Wirkungen zugeschrieben wurden. Ähnliche Quellen sind im Bereich des Gipskeupers weit verbreitet, ihre Bedeutung als Heilwässer oder für Badezwecke haben sie verloren.

Am bekanntesten unter den Quellen des schwäbischen Blattanteiles ist die dem Röt (siehe oben S. 140) entstammende Karlsquelle von Bad Mergentheim, ein alkalisch-muriatischer Säuerling, dessen Glauber- und Bittersalzgehalt ihm den Marienbader Quellen und dem Kissinger Rakoczy-Brunnen ähnliche Heilwirkungen verleiht.

Ortsverzeichnis
zur Abteilung IV.

A. Bayerischer Anteil.

A.

Aalen 7, 50.
Abbach b/Kelheim 72, 132.
Abensberg 72, 84, 105, 123, 130, 132.
Absberg b/Gunzenhausen 31.
Achthal b/Traunstein 8.
Adelschlag b/Eichstätt 84, 96.
Aicha b/Wellheim 92.
Aisch (Fl.) 38, 40, 42.
Aislingen b/Dillingen 120, 122.
Albuch b/Nördlingen 133.
Alesheim b/Weißenburg 43.
Allerheim im Ries 109.
Allersberg (Bg.) b/Nördlingen 108.
Altdorf b/Nürnberg 27, 30, 31, 35, 49--52, 54, 55, 56, 58, 63, 67, 73, 76, 77, 117, 130, 131.
Altenberg b/Giengen 101.
Altenbürg b/Nördlingen 111, 112.
Altenthann b/Altdorf 31.
Alte Veste b/Fürth 26, 35.
Altheim b/Ulm-Heidenheim a. Br. 101.
Altmühl und Altmühltal 3, 31, 40, 42, 43, 76, 78 - 82, 84, 89, 91, 92, 94, 98, 115, 116, 118, 129, 131.
Altmühl-Gebiet 23, 79, 82, 89.
Altmühl-Jura 77.
Altstetten b/Wellheim 84.
Alpen 2, 5 bis 8, 101, 102, 105, 115, 125.
Amberg 64, 65, 66, 69, 91.
Amerbach b/Wemding 96, 111, 112.
Amerdingen b/Nördlingen 111.
Ammerfeld b/Wellheim 85.
Ammerndorf a. d. Biebert 39.
Anlauter und -Tal 76, 131.
Ansbach 2, 11, 19, 26, 29, 34 bis 39, 41, 42, 50, 56, 130, 131, 133.
Appetzhofen i/Ries 96.
Arnegg b/Ulm 95.
Attenbrunner Mühle b/Dollnstein 84.
Attenfeld b/Neuburg a. D. 95.
Aub b/Ochsenfurt 11.
Augsburg 6, 7, 8, 104, 114, 119.
Auerbach i/Opf. 65, 66.
Aufhausen b/Nördlingen 111.
Aufhausen b/Wassertrüdingen 114.
Aumühle b/Öttingen 112.

B.

Baden 11.
Baden b/Zürich 8.
Bachhagel b/Giengen 95, 99.
Backnang a/Murr (Württembg.) 11.
Balgheim b/Nördlingen 108.
Baldern b/Nördlingen 114.
Baltringen b/Laupheim (Württembg.) 100.
Bamberg 26, 30, 31, 34, 35, 63, 77, 106, 116, 117, 118.
Banz b/Staffelstein 54, 55.
Bayreuth 26, 27, 33, 40, 42, 51, 54, 55, 64, 65.
Bayerische Hochebene 7, 133.
Bayerischer Wald 4, 6, 7, 8, 102, 125, 129.
Bechhofen b/Ansbach 33, 34, 131.
Beilngries 65, 70, 76, 78, 129, 133.
Benk b/Bayreuth 26.
Berching a/Sulz 73, 75.
Berg b/Altdorf-Neumarkt 50, 55, 56, 131.
Bergheim b/Neuburg a. D. 85, 120, 124.
Bettwar b/Rothenbürg 13.
Betzenstein b/Gräfenberg-Pegnitz 81, 93, 94.
Beyerberg a/Hesselberg 28, 31, 51, 133.
Biebert (Fl.) 38, 39.
Biesenhart b/Wellheim 84.
Biessenhofen b/Kaufbeuren 119.
Bieswang b/Pappenheim 84.
Binswangen b/Wertingen 122.
Birkenfeld b/Neustadt a. Aisch 39.
Birnthon b/Nürnberg-Altdorf 32.
Bissingen b/Donauwörth 101.
Bittenbrunn b/Neuburg a. D. 85.
Bockenfeld b/Rothenburg 41.
Bodensee 6, 100, 102, 106.
Böhmerwald 6.
Böhmfeld b/Ingolstadt 85.
Bollstadt b/Nördlingen 95, 111, 112.
Bopfingen (Württembg.) 68, 114.
Breitenfurt b/Dollnstein 80, 81.
Brenz und -Tal 90, 102, 129.
Brenzgebiet 90.
Bubenheim b/Treuchtlingen 97.
Buchberg (Bg.) b/Neumarkt 49, 66, 77.
Buchenhüll b/Eichstätt 84.
Buchthal b/Eichstätt 78.
Büchelberg b/Ansbach 39.
Bühl (Flur) b/Georgensgmünd 97.
Bullenheimer Berg b/Uffenheim 35.
Burgberg b/Erlangen 26, 35.
Burgberg von Nürnberg 35.
Burgbernheim b/Windsheim 12, 35, 36, 41, 42, 132.
Burgholz b/Neuburg a. D. 91.

Burgmagerbein b/Bissingen 101.
Burgstall bei Gunzenhausen 43.
Burgthann b/Altdorf 31, 52.
Burk b/Bechhofen 33.

C.

Cadolzburg 26, 34, 35.
Cham i/Bay. Wald 8.
Chausseehaus bei Rothenburg 17.
Coburg (Koburg) 28.
Crailsheim 11—15, 19, 20, 22, 35, 36, 38, 39.
Creglingen b/Rothenburg 14.
Cronheim b/Gunzenhausen 31, 43.

D.

Daiting b/Solnhofen 87, 133.
Dambach a/Hesselberg 28, 51, 133.
Dachau b/München 122, 123, 125.
Dachauer Moos 122, 125.
Deggendorf a/Donau 8.
Deggingen i/Ries 95.
Dettwang b/Rothenburg 18.
Dietenhofen b/Ansbach 35, 37.
Dietfurt b/Beilngries 129.
Dietingen a/Hochsträß b. Ulm 100.
Dillberg (Bg.) b/Neumarkt 77.
Dillenberg (Bg.) b/Cadolzburg 35.
Dillingen 101, 102, 120, 122.
Dinkelsbühl 11, 19, 31, 33—38, 40, 49, 52, 117.
Dischingen b/Heidenheim a. Br. 101.
Dittenheim b/Gunzenhausen 31.
Döllberg (Bg.) b/Neumarkt 49.
Dollnstein a. d. Altmühl 77, 78, 80, 81, 89, 92, 116.
Dombühl b/Ansbach 39.
Donau und Donautal 1, 2, 3, 6, 7, 23, 82, 84, 85, 90, 91, 92, 101—105, 113—116, 118, 120, 122—127, 129, 131, 133.
Donaugebiet 23, 50.
Donau-Main-Kanal 50, 54, 56.
Donaumoos 121, 123, 124, 125.
Donauschlucht b/Neuburg 85.
Donauwörth 63, 98, 101, 102, 106, 113, 120.
Dörlbach b/Altdorf 50.
Dörrmenz b/Kirchberg a. Jagst 11.
Dornberg b/Ansbach 41.
Dornstadt b/Oettingen 114.
Drachenfelsen b/Konstein 80.

E.

Ebermergen a. d. Wörnitz 101.
Ederheim b/Nördlingen 108.
Egautal b/Dillingen 101.
Eggmühl 8.
Ehingen a. d. Donau 99, 102, 120.
Eichelberg b/Eysölden 32, 49, 66.
Eichstätt 46, 72, 77, 78, 83, 84, 86—90, 94, 96, 116, 130, 131, 133.
Eisbuckel b/Regensburg 93.
Eiselsberg b/Wassertrüdingen 114.
Eitensheim b/Eichstätt-Ingolstadt 116.
Elchingen b/Ulm 100.
Ellenbrunn b/Rennertshofen 91.
Ellrichshausen b/Feuchtwangen 39, 42.
Ellwangen (Württembg.) 11, 19, 117.
Endsee b/Rothenburg 42.
Ensfeld b/Wellheim 84.
Eppingen i/Baden 11.
Erdinger Moos 122, 125.
Erkenbrechtshausen b/Crailsheim 20.
Erlangen 26, 31, 33, 35, 60, 73, 118, 131.
Erlbach b/Rennertshofen 85.
Eschenau b/Nürnberg 30.
Eschenbach b/Ansbach 34, 36.
Eschenbach i/Opf. 11.
Eselsberg b/Ulm 95.
Eubigheim b/Mergentheim (Württembg.) 12.
Eybrunn b/Regensburg 93, 94.
Eysölden b/Thalmässing 31, 66.
Exerzierplatz b/Eichstätt 96.

F.

Fäßleinsberg (Bg.) b/Roth a. S.-Hilpoltstein 32.
Ferthofen a/Iller 122.
Feuchtwangen 33, 34, 35, 73, 39, 41.
Fichtelgebirge 6, 66, 106.
Fiegenstall b/Weißenburg 28.
„Finkenstein" b/Riedensheim 85, 91.
Fischbach b/Nürnberg-Altdorf 32.
Flachsberg (Bg.) b/Neuburg a. D. 91.
Flüglinger Berg b/Weißenburg 43.
Forchheim 33, 118.
Frankenberg (Schl.) b/Uffenheim 41, 42.
Frankenhöhe 2, 13, 16, 29, 35, 37, 39, 40, 41, 128, 130.
Frankenjura 65, 68, 69, 71 bis 75, 79, 81, 84, 86, 88, 90, 91, 93, 94.
Freihung i/Oberpf. 36, 38.
Freising 123.
Freystadt a/Schwarzach 45.
Frickenfelden b/Gunzenhausen 43.
Fronhofen b/Bissingen 111, 112.
Fünfstetten b/Wemding 113.
Fürnried b/Sulzbach i. Opf. 93.
Fürth 26, 36, 132.

G.

Gaildorf a/Kocher (Württembg.) 11.
Gaismühle b/Crailsheim 20.
Gammesfeld b/Rothenburg 11, 12, 45.
Gammersfeld b/Wellheim 85, 92.
Galgenberg (Bg.) b/Abensberg 84.
Ganzenberg (Bg.) b/Niederaltheim (Ries) 78.
Gebsattel b/Rothenburg 16, 18, 42.
Geilsheim b/Wassertrüdingen 114.
Gerchsheim b/Würzburg 12.
Georgensgmünd b/Roth 97.
Gerolfingen b/Ingolstadt 120.
Gesees b/Bayreuth 55.
Gickelhausen b/Rothenburg 16.
Giengen a. d. Brenz 95, 100, 101.
Gmünd a. d. Rems (Württembg.) 11, 19, 43, 117, 118.
Gnadenberg b/Altdorf 67.
Gnotzheim b/Gunzenhausen 59.

Göggelsbuch b/Hilpoltstein (Mfr.) 31.
Gögging b/Abensberg 132.
Göppingen (Württembg.) 4, 43.
Göttingen 11.
Goldberg (Bg.) b/Nördlingen 133.
Gotthart (Schweiz) 4, 7, 8.
Grabfeld (Ufr.) 26, 106.
Gräfenberg b/Erlangen 65.
Gräfensteinberg b/Gunzenhausen 31
Grafenmühle b/Pappenheim 95.
Greding b/Eichstätt 73.
Grimmelfingen b/Ulm 102.
Grobschwart (Wald) b/Pappenheim 95, 133.
Großbellhofen b/Lauf 30.
Großberg b/Regensburg 93.
Großlellenfeld b/Gunzenhausen 34.
Großmehring b/Ingolstadt 72, 84.
Groß-Sorheim b/Harburg 108.
Grünau b/Neuburg a. D. 120, 121.
Grünsberg b/Altdorf 30.
Günz (Fl.) 104, 122.
Günzach b/Kaufbeuren-Kempten 119.
Günzburg a. d. D. 102, 121, 122, 123.
Gundelfingen a. d. Brenz 100, 103, 104, 105, 120.
Gundelsheim b/Gunzenhausen 31, 43, 78.
Gundremmingen b/Günzburg 122.
Gunzenhausen 7, 26–29, 31–35, 40, 42, 43, 45, 51, 57, 115, 116, 117.
Gustav-Adolf-Ruhe (-Denkmal) a/Hesselberg 76.

H.

Hagau b/Ingolstadt 120.
Hagenacker b/Solnhofen 80.
Hahnbach i/Opf. 36.
Hahnenberg (Bg.) b/Appetzhofen 96.
Hahnenkamm (Bg.) b/Gunzenhausen 51, 59, 64, 65, 76, 95.
Hainberg (Bg.) b/Mauern 91.
Hall (Württembg.) 22.
Harburg 77, 101, 111, 129.
Hartershofen b/Rothenburg 15.
Hartmannshof b/Hersbruck 77.
Haßberge 26, 29, 34, 37, 39, 40.
Haunstetten b/Beilngries 133.
Hausheim b/Neumarkt 50, 55.
Hechenberg b/Tölz 105.
Heerhof b/Nördlingen 111.
Hegau (Württembg.) 102, 106.
Heideck b/Roth a. S. 66.
Heidenheim a/Hahnenkamm 76, 95, 131, 133.
Heidenheim a. d. Brenz 90, 113.
Heilbronn (Württembg.) 11.
Heilsbronn b/Ansbach 36, 39.
Heldenfingen b/Heidenheim a. d. Brenz 101.
Heroldsberg b/Lauf 27, 30.
Herrieden b/Ansbach 36, 37, 133.
Hersbruck 64, 65, 77, 93, 133.
Herzogenaurach b/Erlangen 35.
Hesselberg (Bg.) b/Gunzenhausen 27, 28, 33, 43, 45, 48—54, 57, 59, 62, 64, 65, 68, 75, 76, 113, 133.
Hetzles (Bg.) b/Erlangen 60.
Hildburghausen 23.
Hilpoltstein b/Roth a. S. 45.
Hirnstetten b/Eichstätt 133.
Hirschau i/Opf. 36.
Hirschberg (Bg.) b/Beilngries 70, 78.
Hochsträß (Bg.) b/Dietingen 100, 102.
Höchstädt a. d. Donau 120.
Höttingen b/Weißenburg 28, 45.
Hof (Ofr.) 26.
Hohe Leite (Frankenhöhe) 35, 36.
Hohenberg b/Neumarkt 67.
Hohenloher Ebene (Württbg.) 13.
Hoher Buck (Bg.) b/Lentersheim am Hesselberg 114.
Holledau (Ndb.) 118.
Holzminden a/Weser 11.
Hürnheim b/Nördlingen 78, 95, 108.
Hütting i/Wellheimer Tal 85, 131.

J. I.

Jagst (Fl.) (Württembg.) 11, 14, 20, 22.
Jahrsdorf b/Hilpoltstein (Mfr.) 31.
Jenbachtal a/Wendelstein 8.
Iller (Fl.) 2, 103, 105, 114, 119, 120, 122.
Illschwang b/Sulzbach (Opf.) 93.
Ingolstadt a. d. Donau 84, 85, 103, 116, 120, 125.
Inn (Fl.) 6.
Joshofen b/Neuburg a. D. 85.
Ipf (Bg.) b/Bopfingen 114.
Isar (Fl.) 105.
Judeneidenfeld b/Velburg i. Opf. 133.

K.

Kaisheim b/Donauwörth 78.
Kalbensteinberg b/Gunzenhausen 31.
Kalchreuth b/Erlangen 30.
Kaltenbachgraben b/Miesbach 99, 100.
Kapfelberg b/Kelheim 94.
Kareth b/Regensburg 94.
Karlshuld i/Donau-Moos 121.
Karlsruhe 9.
Karolinen-Kanal b/Dillingen 122.
Karthause b/Regensburg 93.
Keilberg b/Regensburg 8, 113.
Kelheim 72, 84, 87, 89, 90, 94, 116.
Kemnath i/Opf. 11.
Kempten 39, 105.
Kesseltal b/Nördlingen 111.
Kinding a/Altmühl 77.
Kipfenberg a/Altmühl 94, 115.
Kirchberg a/Jagst 11, 14.
Kirchberg (Bg.) b/Schmähingen 111.
Kirchberg b/Simbach 103.
Kirchberg b/Ulm 103, 105.
Kircheneidenfeld b/Velburg i. Opf. 133.
Kittensee b/Velburg 133.
Kitzingen a/Main 12, 35, 36.
Klein-Sorheim b/Harburg 78, 101.
Klosterberg (Bg.) b/Steinheim 109.
Koburg (Coburg) 28.
Kochendorf i/Württembg. 11.
Kocher (Fl.) i/Württembg. 11, 12, 14, 22, 129.

Königsbronn (Württembg.) 133.
Königslachen b/Schrobenhausen 121.
Königstein b/Hersbruck-Vilseck 93.
Könnersdorf b/Neumarkt 63.
Konstein b/Wellheim 79, 80, 84, 92.
Kreuzberg (Bg.) b/Klein-Sorheim 78.
Kreuzfelsen b/Dollnstein 80.
Kulmbach (Oberfr.) 33, 37.

L.

Laber (Fl.) 129.
Laisacker b/Neuburg 72, 89.
Landershofen b/Eichstätt 84, 116.
Landshut 39, 103, 118.
Landstrost (Schloß) b/Günzburg 104, 105, 122.
Langenaltheim b/Solnhofen 4, 72, 83, 84, 86, 88, 131.
Langenau b/Ulm 99, 100, 102.
Langensteinach b/Uffenheim 16.
Langenzenn b/Fürth 35—39, 41, 131.
Langwaid a/Lech 8.
Lauf b/Nürnberg 27, 30, 32, 130.
Lauingen a. d. Donau 120, 122.
Laupheim b/Ulm 118.
Lech (Fl) 2, 119, 122, 124.
Lechnergraben b/Obersiegsdorf 8.
Lehrberg b/Ansbach 26, 37, 39, 41.
Leinburg b/Nürnberg 31, 58, 117.
Leipheim b/Günzburg 103, 105.
Lellenfeld b/Gunzenhausen 31.
Lengenfeld b/Ansbach 37, 131.
Lentersheim a/Hesselberg 43, 114.
Leyerberg (Bg) b/Erlangen 60
Lichtenau b/Ansbach 37, 38, 39, 130.
Lichtenfels a/Main 63, 69.
Lindenhardt b/Bayreuth-Pegnitz 65.
Lindenhof b/Bayreuth 33.
Lindleinssee b/Rothenburg 17.
Lohr b/Rothenburg 16, 20.
Lorenzer Wald b/Nürnberg 117, 118.
Ludersheim b/Altdorf 54, 131.
Ludwigsburg (Württembg.) 9.
Ludwigshöhe b/Ansbach 36, 38.
Ludwigs-Kanal (= Donau-Main-Kanal) 58.

M.

Mähringen b/Ulm 95—99.
Main (Fl) 23, 34, 108, 127, 129.
Mainbernheim b/Kitzingen 12.
Maingebiet 13, 16.
Maisach b/München 123.
Marienhöhe (-Berg) b/Nördlingen 108, 133.
Marienstein b/Tegernsee-Schliersee 8.
Marienstein b/Eichstätt 78.
Markt-Bergel b/Windsheim 39, 41.
Marktbreit a/Main 15, 85, 108.
Marxheim a. Donau, b/Neuburg 122.
Mauern b/Rennertshofen 85, 91,
Mauren b/Harburg 111, 112.
Maxbruch b/Solnhofen 84.
Meckenhausen b/Hilpoltstein-Freystadt 45.
Mehlberg (Bg.) b/Dornstadt 114.
Meilenhofen b/Wellheim-Nassenfels 84.
Meiningen 11.
Meitingen a/Lech 122.
Mergentheim (Württembg.) 12.
Mering b/Augsburg 104.
Michelbach (Tauber-Ursprung) 14.
Miesbach (Oby.) 99, 100.
Mindorf b/Hilpoltstein 45.
Mistelgau b/Bayreuth 55.
Mittelrhein-Gebiet 6.
Mittelricht b/Neumarkt 53.
Möckenloh b/Eichstätt-Nassenfels 84.
Möhren b/Treuchtlingen 78, 131.
Möning b/Neumarkt 55, 59.
Möninger Berg 49, 58, 66.
Mörnsheim b/Solnhofen 4, 73, 82—89, 92, 95, 131.
Mörnsheimer Hart 95.
Möttingen i/Ries 78.
Moritzberg (Bg.) b/Nürnberg 49, 58, 63, 66.
Mosbach a/Neckar 12.
Mühlbachtal b/Dennenlohe 43.
München 103, 122, 123, 125.
Münster a/Donau, b. Donauwörth 122.
Münster b/Straubing 8.
Musterholz (Wald) b/Riedensheim 91.

N.

Naab (Fl.) 129.
Nagelberg (Bg.) b/Treuchtlingen 66, 75.
Nassenfels b/Neuburg 72, 85, 89, 92, 95, 96, 124.
Neckar (Fl.) 127, 129.
Neckargebiet 49.
Neidenfels b/Crailsheim 20.
Nersingen b/Ulm 120
Neuburg a. d. Donau 46, 72, 82 bis 85, 88—92, 94, 96, 104, 105, 114, 116, 118—124, 131.
Neuendettelsau b/Ansbach 36.
„Neue Welt“ (Flur) b/Solnhofen 95.
Neuhausen b/Rennertshofen 85.
Neukirchen b/Hersbruck-Sulzbach 93.
Neumarkt i/Oberpf. 27, 46, 49, 50, 51, 53, 54, 55, 56, 58, 63 bis 68, 73, 76, 77, 93, 94, 125, 126, 130, 131, 132.
Neustadt a/Aisch 33, 35, 36, 37, 39, 131.
Neustadt a/D. 116, 123, 124.
Neustädtlein b/Bayreuth 65.
Niederaltheim a/Ries 78.
Niederbayern 103
Niederhaus, Ruine, b/Hürnheim (Ries) 78.
Niederstotzingen b/Ulm 102, 121.
Nördlingen 3, 4, 7, 96, 97, 108, 111, 133.
Nonnenberg (Bg) b/Altdorf 63, 66
Nürnberg 3, 11, 26–36, 40, 49, 52, 69, 73, 98, 116, 117, 118, 127, 130, 131, 133.

O.

Oberarnbach b/Berg im Gau (Donaumoos) 121.
Oberdachstetten b/Ansbach 39.
Obereichstätt a. d. Altmühl 84, 92, 133.
Oberferrieden b/Altdorf 31.
Oberfränkischer Jura 80.
Oberhausen b/Neuburg a. D. 91.
Oberkirchberg b/Ulm 102, 103.
Oberkochen a/Kocher (Württembg.) 129.
Oberleinleiter b/Heiligenstadt (Ofr.) 106.
Obermässing b/Hilpoltstein-Greding 66.
Obernbreit b/Marktbreit 15
Obernzenn b/Ansbach 39.
Oberpfälzer Jura 81.
Oberpfälzer Wald 7, 66.
Oberrheingebiet 6.
Obersiegsdorf b/Traunstein 8.
Ochsenfeld b/Eichstätt 96
Odenwald 6.
Oehringen (Württembg.) 13.
Oerlinger Tal b/Ulm 95.
Oettingen i/Ries 31, 96, 108, 112.
Oettinger Forst 53.
Offenstetten b/Abensberg 72, 84, 120, 130.
Offingen b/Günzburg 103, 105, 122.
Opfenried b/Wassertrüdingen 53.
Ornbau b/Gunzenhausen 115.
Osterburken (Württembg.) 12.
Osterhofen a. D. 105.
Osternohe b/Schnaittach 65.
„Osterwiese“ (Flur) a/Hesselberg 68.
Ottendorf b/Hall (Württembg.) 22.
Ottensoos b/Lauf 30, 131.
Otting b/Wemding 96, 111, 112.
Ottmannsfeld (= Ottmarsfelden) bei Weißenburg 45.

P.

Paar und Paartal 89, 114, 119, 124, 131, 211.
Pappenheim a. d. Altmühl 72, 78.
Passau 100, 101, 102.
Paulushofen b/Beilngries 78.
Pegnitz (Fl.) und -Tal 65, 117.
Pegnitz (Ort) 66.
Petersbuch b/Titting 78.
Peterswörth b/Günzburg-Gundelfingen 120.
Pettenhofen b/Neuburg-Ingolstadt 121
Pfalzpoint a. d. Altmühl 87, 89
Pfofeld b/Gunzenhausen 28, 43, 51.
Pierheim b/Hilpoltstein (Mfr.) 45.
Pietenfeld b/Eichstätt 84.
Plankstetten b/Beilngries 70.
Pleinfeld b/Treuchtlingen-Nürnberg 26, 34, 35, 97, 118.
Pöttmes b/Schrobenhausen 124
Poikam a. d. Donau, b/Abbach 94.
Pollenfeld b/Eichstätt 133.
Polsingen i/Ries 111.
Prackenfels b/Altdorf 30, 58.
Prethalmühle b/Altdorf 30.
Pulverturm b/Regensburg 93.
Pyrbaum b/Neumarkt i. Opf. 31.

R.

Rain b/Donauwörth-Neuburg 105.
Raitenbuch b/Weißenburg 95.
Raitenbucher Forst 133.
Rammingen b/Ulm 95, 99.
Rasch b/Altdorf 30, 50, 55, 58, 131.
Ratzinger Berg b/Miesbach 100.
Rauhe Alb 2.
Rebdorf b/Eichstätt 78, 84, 116.
Rednitz-Tal 117.
Regen (Fl.) i/Bayer. Wald 129.
Regensburg 8, 39, 69, 84, 91 bis 94, 105, 113, 116. 125.
Rehlingen b/Treuchtlingen 78.
Reimlingen b/Nördlingen 96.
Reinhausen b/Regensburg 93, 94.
Reisberg (Bg.) b/Böhming 85.
Reisensburg b/Günzburg 104, 105.
Rennertshofen b/Neuburg a. D. 85, 92, 116, 130.
Reutlingen (Württembg.) 4, 7.
Rezat (Fl.) 2.
Rezat, schwäbische 43—45.
Rhein (Fl.) 23, 127
Rhein-Donau-Wasserscheide 50
Rheingebiet 2
Rheinisches Schiefergebirge 3.
Rheintal 3, 129.
Rhön (Gebirge) 106.
Ried i/Wellheimer Tal 84
Riedenburg a/Altmühl 94.
Riedenheim b/Röttingen a/Tauber 11.
Riedensheim b/Neuburg a. Donau 85, 96.
Riedhausen b/Günzburg 121.
Ries b/Nördlingen 4, 5, 6, 11, 73, 75, 76, 78, 95, 96, 101, 106-114, 119, 130, 131-133.
Rimselrain b/Tolz 105.
Rittersbach b/Roth (Mfr.) 97.
Röckingen a/Hesselberg 75.
Röthenbach b/Altdorf 30.
Rohrbach b/Weißenburg 97.
Rollhofen b/Schnaittach 30.
Rosenbuck (Bg.) b/Dornstadt 114.
Roth b/Nürnberg 26, 32, 33, 35, 118.
Rothenburg o/Tauber 2, 3, 9 bis 22, 36, 39, 41, 42, 130, 132.
Rottendorf b/Würzburg 12.
Ruhbachtal b/Steinsfeld 17.
Ruhrgebiet 6.
Rumpelbach-Klamm b/Altdorf 30.

S.

Saargebiet 6, 11.
Salzburg 8.
Sammenheim b/Gunzenhausen 62.
Sandharlanden b/Abensberg 72, 84, 130.
Satteldorf b/Crailsheim 22.
Sattelweiler b/Crailsheim 20.
Schalkhausen b/Ansbach 39.
Schambach b/Weißenburg 75.
Scheinberg (Bg.) b/Uffenheim 35.
Scheinfeld i/Mfr. 35
Schernfeld b/Eichstätt 84, 86.
Schillingsfürst 35—39, 42.
Schliersee (Oby.) 8.

Schloßberg (Bg.) b/Thalmässing 49.
Schlößleinsbuck (Bg.) a/Hesselberg 43.
Schlüsselfeld b/Bamberg 35
Schmähingen b/Nördlingen 111.
Schnaittach b/Nürnberg-Hersbruck 27, 131.
Schnelldorf b/Ansbach 39.
Schönberg b/Lauf a. Pegnitz 30, 31, 32.
Schönfeld b/Eichstätt 86.
Schuttertal b/Nassenfels 121.
Schwabach 29, 36, 118, 130, 131.
Schwaben 7, 119.
Schwäbische Alb 4, 5, 6, 85.
Schwäbischer Jura 70, 89.
Schwäbisch-oberbayerische Hochebene 7, 96, 101, 103.
Schwanberg (Bg.) b/Kitzingen 35, 36.
Schwaningen, Ober- b/Gunzenhausen 43.
Schwarzach-Tal b/Neumarkt-Altdorf-Wendelstein 58, 76.
Schwarzwald 4, 6, 7, 125, 129.
Schweinfurt 108, 132.
Sebalder Wald b/Nurnberg 118.
Seensand b/Neuburg a. Donau 85.
Seubersholz b/Eichstätt 84.
Siechenhaus b/Rothenburg 14, 16.
Siegelsdorf b/Fürth 37, 131.
Sieglietzhof b/Erlangen 131.
Sieglohe b/Rennertshofen 91.
Simbach a/Inn 99, 103.
Sinnbronn b/Dinkelsbuhl 52.
Solnhofen b/Treuchtlingen 4, 72, 78, 80, 82, 83, 85–88, 90, 92, 95, 130, 131, 133.
Solnhofer Hart 95
Sontheim a/Brenz 129.
Sophienberg b/Bayreuth 54.
Spalt b/Nürnberg 31.
Spessart 6.
Spielberg b/Gunzenhausen 59
Spitzberg (Bg.) i/Ries 108, 133.
Staffelstein b/Lichtenfels 55, 59.
Staufen b/Heidenheim a. Brenz 101.
Staufer Berg b/Thalmässing 49.
Steegmühle b/Regensburg 18.
Steigerwald 13, 29, 34, 35–41, 128, 130.
Steinach b/Rothenburg 41, 42.
Steinbachtal b/Rothenburg 21.
„Steinerne Rinne“ b/Rohrbach 97.
Steinheim (Württembg.) 96, 106, 109.
Steinheimer Becken 109.
Steinhirt b/Steinheim 109.
Steinsfeld b/Rothenburg 15, 17, 20
Steppberg b/Neuburg a. D. 85, 92, 96.
Sterzing i/Tirol 7.
St. Michael b/Unterasbach 31
Störzelbach (Fl.) b/Weissenburg 43.
Stötten b/Ellwangen-Dinkelsbühl 50.
Stoffelberg (Bg.) b/Nördlg. 133.
Stopfenheim b/Ellingen 59
Straubing 8.
Stubersheim b/Ulm 95.
Stuttgart 23.
Suffersheim b/Pappenheim-Weißenburg 95.
Sulzach (Fl.) b/Feuchtwangen 38.
Sulzbach i/Opf. 66, 93.
Sulzbürg b/Neumarkt i/Opf. 49, 58, 63.
Sulzburger Berge 66.
Sulztal (Fl.) b/Beilngries 76.

T.

Talfingen b/Ulm 100.
Tandeler Berg b/Thalmässing 49.
Tauber und Taubertal 12, 13, 14, 18, 19, 22, 40, 41.
Taubergebiet 9, 16, 38.
Tegernsee 8.
Teilenhofen b/Gunzenhausen 59
Teisendorf i/Oby. 8.
Temmenhausen b/Ulm 101.
Teutoburger Wald 7.
Thalmässing i/Mfr. 49, 58, 66
Thüringen 11, 34.
Tiefenbach b/Crailsheim 20.
Titting a/Anlauter, b. Weißenburg 78.
Tölz i/Oby. 105.
Tomerdingen b/Ulm 95.
Traunstein i/Oby. 8.
Treidelheim b/Rennertshofen 91.
Treuchtlingen 63, 66, 72, 75, 77, 78, 97, 98, 113, 115, 130, 131.
Triesdorf b/Ansbach 33, 34.
Trommetsheim b/Weißenburg 31, 43.
Trommetsheimer Berg 59.
Trugenhofen b/Rennertshofen 84.
Tübingen (Württbg.) 23.
Türtelberg b/Geilsheim-Heidenheim 114.
Tütschengreuth b/Bamberg 34.
Tuttlingen (Württbg.) 11.
Tyrolsberg b/Neumarkt 49, 58, 66.

U.

Uffenheim i/Mittelfr 9, 12, 16, 35.
Ulm 95, 96, 99–105, 113, 114, 118, 119, 120, 123, 125, 129.
Unnersdorf b/Staffelstein 59.
Unterasbach b/Gunzenhausen 31.
Unterelchingen b/Nersingen 120
Unterhausen b/Neuburg 72, 84, 89, 90, 91.
Unterkirchberg b/Ulm 102, 103.
Untermödlingen b/Gundelfingen 99, 102.
Unterringingen b/Nördlingen 111.
Unterstall b/Neuburg a. D. 85.
Urach (Württembg.) 106, 111.
Usseltal b/Rennertshofen 85.

V.

Velburg i/Oberpfalz 81, 133.
Veldensteiner Forst b/Hersbruck-Pegnitz 93, 94.
Vestenberg b/Ansbach 42.
Vils (Fl.) b/Amberg 129.
Vilshofen a. D. 99, 101, 125.
Vogelberg (Bg.) b/Schrobenhausen 121.
Vogesen 7, 129.
Vogtland 6.
Vohburg a. D. 120, 124.
Vorbachtal b/Rothenburg 18.
Vorries 101, 111–114.

W.

Wachenzell b/Eichstätt 133.
Wagegg i/Allgäu 119.
Wallerstein i/Ries 96, 108, 133.
Wallersteiner Schloßberg 108.
Walkmühle b/Rothenburg 12.
Walting b/Pleinfeld 31, 78, 116.
Wasseralfingen i/Württbg. 133.
Wassertrüdingen 53, 114, 130, 131.
Weiboldsdorf b/Weißenburg 45.
Weiboldshausen b/Weißenburg 28.
Weiden i/Opf. 7.
Weidenbach b/Triesdorf 133.
Weidenstetten (Württembg.) b/Ulm-Heidenheim 101.
Weihenzell b/Ansbach 42.
Weilheim b/Donauwörth-Treuchtlingen 78, 96, 113.
Weimersheim b/Windsheim 36.
Weimersheim b/Weißenburg 43.
Weinsfeld b/Thalmässing 58.
Weißenburg a/Sand 28, 30, 31, 43, 45, 67, 72, 75, 77, 78, 97, 117, 118, 130, 132.
Wellheim b/Eichstätt 84, 92, 93, 93, 131.
Wellheimer Tal 72, 79, 80, 84, 85, 129.
Weltenburg, Kloster, a/D. 120.
Wemding v/Ries 78, 108, 111, 132.
Wendelstein b/Nürnberg 8, 34, 118, 130, 133.
Wendelsteiner Höhe 35.
Wenneberg (Bg.) i/Ries 108, 109, 110, 133.
Werngrund (Ufr) 11, 12.
Weserland 11.
Wettelsheim b/Treuchtlingen 76.
Wettringen a/Tauber 14.
Wieseth b/Herrieden 34, 131.
Wildbad b/Rothenburg 19.
Willibaldsburg b/Eichstätt 78.
Willitzleiter Wald b/Altdorf 56.
Windsbach i/Mfr. 33, 36.
Windsheim (Mfr.) 36, 38, 39, 41, 42, 132.
Winkelhaid b/Altdorf 30.
Winzerberg b/Regensburg 93, 94.
Wittelshofen a/Hesselberg 43.
Wörnitz (Fl.) und -Tal 3, 38, 40, 53, 95, 102, 108, 118, 129.
Wörnitz-Gebiet 23.
Wolfshöhe b/Schnaittach 30.
Wülzburg b/Weißenburg 43.
Würzburg 9, 11, 12.
Wurmbach, Ober- und Unter- b/Gunzenhausen 43.

Z.

Zant b/Ansbach 35.
Zell b/Neuburg a. D. 72, 89.
Zell a/d. Speck 85.
Zenn (Fl.) i/Mfr. 38, 40.
Zipplingen b/Nördlingen 111.
Zirndorf b/Fürth 34, 35, 36, 131.
Zöschingen b/Heidenheim a. Brenz 133
Zuchering b/Ingolstadt 120.
Zwiefalten b/Riedlingen i. Württembg. 102

B. Württembergischer Anteil.

A.

„Aalbuch" b/Aalen 135, 153.
Aalen 147, 148, 150, 155.
Ach (Fl.) 154.
Achalm (Bg.) b/Reutlingen 135, 137, 148.
Adelmannsfeldener Roth (Fl.) b/Aalen 136.
Aichelberg (Ort und Bg.) b/Göppingen 137.
Allmendingen b/Ulm 151.
Altmühl (Fl.) 136.
Asperg (Bg.) b/Ludwigsburg 156.

B.

Balingen b/Hechingen (Hohenzollern) 150, 155.
„Bauland" (nordöstl. Baden) 154.
Bebenhausen b/Tübingen 154.
Berg b/Stuttgart 156.
Bernhardus (Bg.) b/Gmünd 137.
Blau (Fl.) b/Ulm 154.
Blaubeuren b/Ulm 151.
Bodensee 152.
Böblingen b/Stuttgart 137.
Böttingen b/Urach 153, 155.
Boll b/Göppingen 146, 148, 156.
Bopfingen b/Aalen 149, 150.
Boßler (Bg.) b/Kirchheim unter Teck 137.
Bottwar (Fl.) b/Heilbronn 134.
Braunenberg (Bg.) b/Aalen 137.
Bromberg (Bg.) b/Tübingen 137.
Bühler (Fl.) b/Hall 136, 145.
Buocher Höhe b/Stuttgart 137.
Burladingen b/Hechingen (Hohenzollern) 136, 137.
Burren (Bg.) b/Göppingen 137.
Bußen (Bg.) b/Ehingen a. d. Donau 137.

C.

Cannstatt b/Stuttgart 154, 155, 156.
Clemenshall b/Heilbronn 155.
Crailsheim 136, 143.

D.

Dettingen a. Erms b/Urach 152.
Ditzenbach b/Geislingen a. Steig 156.
Donau (Fl.) 136, 137, 154.
Donzdorf b/Göppingen 135, 148, 155.
Dottingen b/Urach 152.
Dreifürstenstein (Bg.) b/Hechingen 137.

E.

Ebingen b/Hechingen 136.
Echaz (Fl.) b/Reutlingen 150, 154.
Ehingen a. d. Donau 151.
Einkorn (Bg.) b/Hall 137.
Eisenrüttel (Bg.) b/Urach 152.
Ellwangen b/Aalen 134.
Elz (Fl.) b/Neckarelz i. Baden 139.
Eningen b/Reutlingen 149.
Engstingen b/Reutlingen 152, 153.
Entringen b/Tübingen 156.
Enz (Fl.) b/Ludwigsburg 134, 143.
Erms (Fl.) b/Kirchheim unter Teck 150.
Eßlingen b/Stuttgart 145.
Eyach (Fl.) b/Rottenburg am Neckar 136, 150.
Eyach (Ort) b/Rottenburg am Neckar 153.

F.

Farrenberg (Bg.) b/Hechingen 135, 137.
Feldstetten b/Urach 152.
Fichtenberger Roth (Fl.) b/Hall 136.
Filder (Ebene) b/Stuttgart 134, 147, 154.
Fils (Fl.) b/Göppingen 138, 148.
Florian (Bg.) b/Reutlingen 137, 152.
Freudenstadt i. Schwarzwald 141, 142.
Frickenhofen b/Gmünd 134, 137.
Friedrichshall b/Heilbronn 155.
Fuchseck (Bg.) b/Göppingen 137.

G.

Gaildorf b/Hall 143.
Gönningen b/Reutlingen 152.
Göppingen 150, 156.
Grafenberg b/Reutlingen 153.
Gundelsheim b/Heilbronn 134, 137.

H.

„Härtsfeld" b/Aalen 135.
Hall 137, 138, 142, 143, 155, 156.
Hausen b/Hechingen 136.
Hechingen i/Hohenzollern 150.
Hegau (südöstl. Baden) a/Bodensee 152, 153.
Heidenheim a/Brenz 135, 136, 153.
Heilbronn a/Neckar 134, 137, 138, 144, 155.
Hessenthal b/Hall 156.
Heubach b/Gmünd 137, 154.
Heuchelberg (Bg.) b/Heilbronn 134, 136, 137.
Hildrizhausen b/Tübingen 156.
„Hochsträß" b/Ulm 135.
Hohbohl (Bg.) b/Kirchheim unter Teck 152.
Hoheneck b/Ludwigsburg 140, 156.
Hohenheim b/Stuttgart 152, 153.
Hohenloher Ebene b/Hall 134.
Hohenneuffen (Bg.) b/Kirchheim unter Teck 137.
Hohenrechberg (Bg.) b/Gmünd 135, 137.
Hohenstauffen (Bg.) b/Göppingen 135, 137.
Hohentannenberg (Bg.) b/Hall 137.
Hohenurach (Bg.) b/Urach 137.
Hohenzollern (Bg.) b/Hechingen 147, 148.
Holzmaden b/Göppingen 146.

J. I.

Jagst (Fl.) 134, 136, 141, 142.
Jagstfeld b/Heilbronn 134, 155.
Immendingen b/Tuttlingen a. d. Donau 135.
Imnau b/Horb a. Neckar 153.
Ingelfingen b/Hall 139.
Ipf (Bg.) b/Aalen 137.
Jusi (Bg.) b/Reutlingen 137, 152.

K.

„Kaltes Feld“ b/Göppingen 135.
Kalwerbühl (Bg.) b/Urach 152.
Kapfenburg b/Aalen 137.
Kelheim a. d. Donau 150.
Kernen (Bg.) b/Stuttgart 137.
Killer (Fl.) b/Hechingen 136.
Kirchberg a/Jagst b. Crailsheim 136.
Kirchheim unter Teck 147, 148, 150.
Kirchheimer Lauter (Fl.) 153.
Kochendorf b/Heilbronn 134, 138, 142, 155.
Kocher (Fl.) 134, 139, 141, 142, 143, 155.
Königsbronn b/Heidenheim 136.
Korber Kopf (Bg.) b/Stuttgart 137.
Kornberg (Bg.) b/Göppingen 137
Kraichgau (Baden) 154.
Kuchen b/Geislingen a. St. 148, 155.
Kugelberg (Bg.) b/Reutlingen 152.

L.

„Landgericht“ b/Ehingen a. d. Donau 135.
„Langes Feld“ b/Ludwigsburg 134.
Lauchert (Fl.) b/Hechingen (Hohenzollern) 136, 154.
Lauchheim b/Aalen 137.
Lauffen a/Neckar b. Heilbronn 155.
Lauter (Fl.) b/Kirchheim unter Teck 136, 150, 154.
Lein (Fl.) b/Hall 136.
Lichtenstein (Bg.) b/Reutlingen 137.
Limburg (Bg.) b/Kirchheim unter Teck 137.
Lochen (Bg.) b/Hechingen 150.
Löwenstein b/Heilbronn 156.
Löwensteiner Berge 137, 145.
Ludwigsburg 134, 142.
„Lutherische Berge“ b/Ehingen a. d. Donau 135.

M.

Magstadt b/Stuttgart 144.
Mainhardter Wald b/Hall 134, 145.
Mannheim 136.
Margarethhausen b/Hechingen (Hohenzollern) 136.
Mergelstetten b/Heidenheim 151
Mergentheim 140, 156.
Messelstein (Bg.) b/Göppingen 137.
Metzingen b/Reutlingen 137, 152.
Mistlau b/Crailsheim 136.
Mosbach a/N. in Baden 139, 141, 142
Münsingen b/Urach 135, 151, 152.
Murr (Fl.) b/Ludwigsburg 134, 143
Murrhardt b/Hall 134, 145.

N.

Neckar (Fl.) 135, 136, 139, 154, 156.
Neckarelz i. B. b/Heilbronn 139.
Neresheim b/Aalen 135.
Neuffen b/Kirchheim unter Teck 135, 143, 153.
Niedernau b/Rottenburg a. N. 153.
Niedernhall b/Hall 139, 155, 156.
Nördlingen i/Ries 153.
Nürtingen b/Kirchheim unter Teck 147, 148, 155.

O.

Obernau b/Rottenburg a. N. 153.
Oehringen b/Heilbronn 144.
Ofterdingen b/Hechingen 156.
Olgafels (Bg.) b/Reutlingen 137.
Oeschingen b/Tübingen 137.

P.

Pfäffingen b/Hechingen (Hohenzollern) 136.
Pfrondorf b/Tübingen 145, 155.
Pfullingen b/Reutlingen 150.
Plochingen b/Stuttgart 155.

R.

Ramsberg (Bg.) b/Göppingen 148.
Randecker Maar b/Kirchheim unter Teck 153.
Rappenau b/Heilbronn 134, 155.
Rauber (Bg.) b/Kirchheim unter Teck 137.
Rauhe Alb b/Urach 135.
Rechberg (Bg.) b/Gmünd 135, 137.
Rehgebirge b/Gmünd 135, 148, 155.
Rems (Fl.) b/Ludwigsburg 134, 143.
Reutlingen 148, 149, 150, 156.
Ries b/Nördlingen 135, 148, 150, 152, 153.
Rosenstein (Bg.) b/Gmünd 137.
Roßberg (Bg.) b/Tübingen 137.
Roth a. See b/Crailsheim 155.
Rothenburg o. T. 143.

S.

Salmendingen b/Hechingen 137.
Scharnhausen b/Stuttgart 152.
Scheffach b/Hall 136.
Schelklingen b/Ulm 151.
Schmiecha (Fl.) b/Hechingen (Hohenzollern) 136, 154.
Schönberg (Bg.) b/Reutlingen 137.
„Schönbuch“ b/Tübingen 134, 154.
Schopfloch b/Kirchheim 153.
Schurwald b/Eßlingen a. N. 134, 154.
Sebastiansweiler b/Hechingen 156.
Seebronn b/Rottenburg a. N. 154.
Sindelfingen b/Stuttgart 154.
Sondelfingen b/Reutlingen 156.
Starzel (Fl.) b/Hechingen 136.
Staufeneck (Bg.) b/Göppingen 148.
Steinheim b/Heidenheim 153.

Steinlach b/Tübingen 147
St. Johann b/Urach 137.
„Strohgäu“ b/Ludwigsburg 134.
Stromberg (Bg.) b/Ludwigsburg 134, 136
Stuifen (Bg.) b/Gmünd 135, 137.
Stuttgart 144, 145, 147, 154, 155.
Sulzbach b/Hall 136.

T.

Tauber (Fl.) 136, 141, 142, 143.
Teck (Bg.) b/Kirchheim unter Teck 135, 137.
Teusser-Bad b/Heilbronn 156.
„Teutschbuch“ b/Riedlingen 135.
Tübingen 145, 147, 154, 155.
Tullau b/Hall 155.

U.

Ueberkingen b/Geislingen a. St. 156.
Uffenheim i/Mittelfranken 142
Ulm 137, 151, 154.
Untertürkheim b/Stuttgart 156.
Urach 137, 153.
Ursulaberg (Bg.) b/Reutlingen 137.

V.

Vehla (Fl.) b/Hechingen (Hohenzollern) 136.
Vellberg b/Hall 137, 155.

W.

Waldburg (Bg.) b/Stuttgart 137.
Walddorf b/Tübingen 154.
Waldenburg b/Hall 134.
Wasseralfingen b/Aalen 137, 138, 155.
Weilheim b/Kirchheim unter Teck 134, 152, 153.
Weißenstein b/Gmünd 137.
Welzheim b/Gmünd 134.
Wilhelmsglück b/Hall 155.
Willmandingen b/Hechingen (Hohenzollern) 137.
Wimpfen b/Heilbronn 134, 155.
Wißgoldingen b/Gmünd 148.
Wörnitz (Fl.) 136.
Würtingen b/Urach 153.
Wüstenroth b/Heilbronn 134, 137.

Z.

Zaber (Fl.) b/Heilbronn 134.
Zainingen b/Urach 153.
Zipfelbach (Fl) b/Kirchheim unter Teck 153.
Zwiefaltendorf b/Riedlingen a. d. Donau 137, 154.
Zwingenberg i/Baden 139

www.ingramcontent.com/pod-product-compliance
Lightning Source LLC
LaVergne TN
LVHW081337011026
849161LV00013BB/2947
* 9 7 8 3 4 8 6 7 5 5 5 0 3 *